OPUSCULES

MATHÉMATIQUES,

OU

MÉMOIRES sur différens sujets de GÉOMÉTRIE,
de MÉCHANIQUE, d'OPTIQUE, d'ASTRONOMIE &c.

Par *M. D'ALEMBERT, de l'Académie Françoise, des
Académies Royales des Sciences de France, de Pruffe &
d'Angleterre, de l'Académie Royale des Belles - Lettres de
Suéde, & de l'Institut de Bologne.*

TOME SECOND.

A PARIS,

Chez DAVID, rue & vis-à-vis la grille des Mathurins.

M. DCC. LXI.

AVEC APPROBATION ET PRIVILÉGE DU ROI.

TABLE
DES MÉMOIRES
Contenus en ce second Tome.

QUINZIÉME MÉMOIRE.

OPUSCULES

OPUSCULES
MATHÉMATIQUES.

DIXIÉME MÉMOIRE.

Réfléxions fur le calcul des Probabilités.

I.

A régle ordinaire de *l'analyfe des jeux de hazard*, eft celle-ci : *multipliez le gain ou la perte que chaque événement doit produire, par la probabilité qu'il y a que cet événement doit arriver; ajoutez enfemble tous ces produits, en regardant les* fertes comme des gains négatifs; & vous aurez l'efpérance du joueur, ou, ce qui revient au même, la fomme

que ce joueur devroit donner avant le jeu, pour commencer à jouer but-à-but. Aucun Analyste, que je sache, n'a
jusqu'ici révoqué cette régle en doute, & tous s'y sont
conformés dans les calculs qu'ils ont faits des différentes
probabilités. Il se trouve néanmoins des cas où elle paroît
être en défaut, & qui vont faire la matiere de quelques
réfléxions.

I I.

Le premier de ce cas est celui dont il est fait mention
dans le Tome V des Mémoires de l'Académie de Pe-
tersbourg. Pierre joue avec Jacques à *croix* ou *pile*, à
cette condition, que si Pierre amene *croix* au premier
coup, Jacques lui donnera un écu; s'il n'amene *croix*
qu'au second coup, deux écus; si au troisiéme coup,
quatre écus; si au quatriéme, huit écus, & ainsi de suite
en progression Géométrique; on demande l'espérance de
Pierre, ou ce qu'il doit donner à Jacques pour jouer
avec lui à jeu égal.

Suivant les régles ordinaires, la probabilité que *croix*
arrivera au premier coup, est $\frac{1}{2}$, au second coup $\frac{1}{4}$, au
troisiéme $\frac{1}{8}$, &c. & ainsi de suite; donc conformément
à la régle ci-dessus, l'espérance ou l'enjeu de Pierre seroit
$1 \times \frac{1}{2} + 2 \times \frac{1}{4} + 4 \times \frac{1}{8} + $ &c. $= \frac{1}{2} + \frac{1}{2} + \frac{1}{2}$ &c. à l'infini
$= \infty$; c'est-à-dire, que Pierre devroit donner à Jacques
avant de commencer le jeu, une somme infinie, pour
jouer avec lui à jeu égal. Or, indépendamment de ce
qu'une *somme infinie* est une chimere, il n'y a personne

qui voulût donner pour jouer à ce jeu, je ne dis pas une fomme infinie, mais même une fomme affez modique. La régle paroît donc être en défaut, au moins pour ce cas.

III.

La premiere idée qui fe préfente pour la juftifier, eft de dire, que fi l'efpérance où l'enjeu de Pierre fe trouve infini, c'eft parce qu'on fuppofe tacitement que le jeu doit ou peut durer un tems infini; c'eft-à-dire, que *croix* peut n'arriver qu'après un nombre infini de jets. Or, dira-t-on, cette fuppofition eft abfurde; car il faudra bien que *croix* arrive enfin après un nombre de jets *fini*, fi grand qu'on voudra. Le jeu propofé ne doit donc pas durer toujours, ne le fauroit même, & par conféquent l'efpérance de Pierre n'eft que finie.

I V.

A cela je réponds d'abord qu'on fuppofe gratuitement que *croix* doit arriver *néceffairement* après un nombre fini de coups; car il eft dans l'ordre des chofes poffibles (telles que l'analyfe ordinaire des jeux de hazard les confidere) que *pile* arrive à tous les coups, & que par conféquent *croix* n'arrive jamais. L'analyfe des jeux de hazard (telle encore une fois que tous les Mathématiciens l'ont fuivie jufqu'à préfent) fuppofe que toutes les combinaifons font également poffibles, chacune en particulier. Que l'on joue, par exemple, en 60

coups, au lieu de jouer en un nombre de coups indéfini; le nombre des combinaisons possibles est 2^{60}, & sur
ces combinaisons il y en a une qui n'amenera jamais
croix; mais cette combinaison est regardée par les Analystes, comme étant aussi possible, qu'aucune des autres
combinaisons prise en particulier. Il est donc possible
(au moins en suivant les principes adoptés jusqu'à présent par les Analystes) que *croix* n'arrive jamais; & par
conséquent on ne doit point reprocher au calcul précédent, ni cette supposition, ni la conséquence nécessaire
qui en résulte, savoir une somme infinie pour l'espérance
ou l'enjeu de Pierre; ou bien, si on attaque cette supposition, il faudra nécessairement réformer, à plusieurs
autres égards, l'analyse des probabilités; c'est ce que nous
discuterons plus bas.

V.

En second lieu, je veux bien supposer que *croix* arrivera enfin *nécessairement* après un nombre fini de coups;
il est au moins évident qu'on ne sauroit fixer ce nombre
de coups, qu'il est *indéterminé* ou *indéfini*; d'où je conclus deux choses; 1°. que quelque somme finie qu'on
assigne pour l'espérance ou l'enjeu de Pierre, cette somme pourra être au-dessous de celle qu'il doit donner
réellement à Jacques. Supposons, par exemple, qu'on
assigne trente écus pour l'espérance de Pierre; on aura
donc supposé que *croix* doit arriver *nécessairement* en
soixante coups; ce qui est absurde. Car il est évident (§.
précédent) qu'en se bornant à considérer ce qui est ri-

goureufement poffible, *pile* peut arriver foixante fois de fuite; & d'ailleurs pourquoi *croix* arriveroit-il *néceffaire-ment* en foixante coups, plutôt qu'en cinquante-neuf ou en foixante-un? Il en fera de même de toute autre fuppofition qu'on pourroit faire. 2°. Si on dit que la fomme qui indique l'efpérance de Pierre, eft *finie* & *indétermi-née*, on ne fait qu'éluder la queftion; car il eft évident qu'on peut fuppofer deux joueurs qui jouent enfemble aux conditions propofées; il eft évident de plus que Pierre doit avoir à ce jeu un grand avantage, & il s'agit de favoir comment eftimer cet avantage inconnu; car il eft évident encore que cet avantage n'eft pas infini, quoique le calcul femble le donner plus grand qu'aucun avantage fini. Voilà donc un cas, très-poffible dans les jeux de hazard, où la régle eft en défaut; cette régle n'eft donc pas générale.

V I.

En troifiéme lieu, je fuppofe que l'on joue en un nombre fini de coups, par exemple, en cent coups; on trouvera que Pierre doit donner cinquante écus à Jacques. Or il n'y a point de joueur qui voulût donner cette fomme en pareil cas; car il faudroit, pour qu'il rattrappât cette fomme en jouant, que *croix* ne vînt qu'au feptiéme coup; & affurément Pierre croiroit trop rifquer d'attendre que ce cas arrivât.

V I I.

Un Géometre célébre de l'Académie des Sciences,

plein de favoir & de fagacité, avec lequel je raifonnois un jour fur cette queftion, m'en donna une folution qui paroît d'abord fatisfaifante, & qui eft très-fimple, quoique très-ingénieufe. » On ne doit point fuppofer, me » dit-il, que le nombre des jets foit infini, ni même in-» déterminé; car Jacques, quelque riche qu'on le fup-» pofe, n'a pas une fomme infinie en argent à donner » à Pierre; il n'a, & ne peut avoir qu'une certaine quan-» tité finie d'argent. Suppofons-le riche de 2^{99} écus, fom-» me exorbitante, & qui paffe le vraifemblable; il eft » évident qu'il ne pourra jouer au-delà de cent coups; » & qu'ainfi l'efpérance ou l'enjeu de Pierre eft cinquante » écus. Voilà ce que Pierre doit donner à Jacques pour » jouer avec Jacques à jeu égal : & en général fi le bien » de Jacques eft 2^x, ou entre 2^x & 2^{x+1}, il ne peut » jamais y avoir plus de $x+1$ coups poffibles, & l'efpé-» rance ou l'enjeu de Pierre fera $\dfrac{1+x}{2}$ écus «. Telle eft la folution imaginée par ce favant Géometre.

VIII.

Mais la remarque faite dans le §. VI, montre, ce me femble, l'infuffifance de cette folution, toute ingénieufe & toute fimple qu'elle eft. Car dans le cas propofé, où le bien de Jacques eft fuppofé 2^{99} écus, & où l'on joue en cent coups, il eft bien certain que Pierre croiroit rifquer beaucoup au-delà de ce qu'il doit, en donnant cinquante écus à Jacques. Pourquoi cela ? C'eft, comme

nous l'avons dit, qu'il faudroit, pour que Pierre rattrappât fa mife & au-delà, que *croix* n'arrivât qu'au feptiéme coup ; que , fuivant les régles ordinaires du calcul
des combinaifons, il y a 127 contre un à parier que *croix*
arrivera plutôt, auquel cas Pierre perdra fa mife en partie
ou en total ; & qu'une probabilité de 127 contre un eft
fi petite, qu'on ne doit point rifquer une fomme d'argent (même affez médiocre) vis-à-vis de cette probabilité, quand même le gain qui en pourroit réfulter ,
feroit immenfe. En voici la preuve. Qu'on propofe à
quelque homme que ce foit de gagner dix millions à
une Loterie de 128 billets, où il n'y a que ce feul lot de
dix millions ; fon efpérance & fon enjeu par conféquent,
ce qu'il devroit donner pour jouer au pair (fuivant les
régles ordinaires des probabilités) feroit $\frac{10000000}{128} =$
78125 #. Cependant quel feroit l'homme affez infenfé
pour rifquer cette fomme ?

I X.

Dirat-on que cette fomme ne peut pas être rifquée
par cette feule raifon, qu'étant trop forte, elle feroit
une bréche trop confidérable aux biens du Joueur ? Mais
1°. il s'enfuivra au moins de-là, que quelque grande que
foit la fomme efpérée (qui eft ici de dix millions) la
mife ne doit pas toujours y être proportionnelle, tout
le refte d'ailleurs égal ; & qu'ainfi il y auroit au moins
à cet égard des modifications à donner à la régle,
jufqu'à préfent admife par tous les Analyftes, que la

mife doit être proportionnelle à la fomme que l'on ef-
pere. 2°. Suppofons qu'au lieu de dix millions, le lot
ou la fomme efpérée ne foit que de 128 écus, il faudra
que le joueur donne un écu pour fa mife; & quoiqu'un
des 128 billets doive fortir de la roue, & que ce billet
puiffe être abfolument celui qui porte le lot, il n'eft
perfonne qui en ce cas ne doive regarder fa mife comme
de l'argent perdu, par le grand rifque qu'elle court. Il
eft vrai, que fi le joueur n'eft pas fort pauvre, cette
perte l'incommodera peu; mais enfin c'eft toujours une
perte; & dans l'analyfe des jeux de hazard, on confidere
la perte ou le gain d'une maniere abfolue, & indépendamment de la fortune des Joueurs.

X.

Que conclure de ces réfléxions? C'eft que *quand la
probabilité d'un événement eft fort petite, elle doit être
regardée & traitée comme nulle; & qu'il ne faut point
multiplier* (comme on l'a prefcrit jufqu'à préfent) *cette
probabilité par le gain efperé, pour avoir l'enjeu ou l'efpérance.* Par exemple, que Pierre joue avec Jacques en 100
coups, à cette condition que fi Pierre amene *croix* au
centiéme coup, & non auparavant, il recevra de Jacques 2^{100} écus: on trouve (en fuivant la régle ordinaire)
que Pierre devroit donner un écu à Jacques avant le
jeu. Or je dis que Pierre ne doit pas donner cet écu;
parce qu'il le perdra *certainement*, & que *croix* arrivera

certainement

certainement avant le centiéme coup, bien qu'il ne doive pas arriver *nécessairement.*

X I.

Pour confirmer ce que je viens de dire, je suppose qu'on jette une piéce en l'air cent fois de suite : il est certain ; 1°. que le nombre des combinaisons possibles est 2^{100}, c'est-à-dire, qu'il y a 2^{100} différentes combinaisons possibles de la maniere dont *croix* & *pile* peuvent arriver, lorsqu'on jette la piéce en l'air cent fois de suite ; ce qui fait en tout $2^{100} \times 100$ coups. 2°. Que si par conséquent on jette la piéce en l'air $2^{100} \times 100$ fois de suite, c'est-à-dire, qu'on recommence le jeu 2^{100} fois, il sera arrivé 2^{100} combinaisons de *croix* & *pile* pris dans cent jets consécutifs. 3°. Que par conséquent chacun des 2^{100} événemens se trouvera une fois, ou quelqu'un plusieurs fois, parmi les 2^{100} combinaisons que *croix* ou *pile* doivent produire dans ce cas. Or je dis qu'on peut parier sans rien craindre, que de ces 2^{100} combinaisons, celle qui amenera *croix* cent fois de suite, ou *pile* cent fois de suite, n'arrivera pas une seule fois dans les 2^{100} qu'on a (*hyp.*) recommencé le jeu, en jettant à chaque jeu la piéce en l'air cent fois de suite ; par conséquent quelqu'une ou plusieurs des combinaisons, où *croix* & *pile* se trouvent mêlés, arriveront nécessairement plusieurs fois dans ces 2^{100} fois. J'ajoute que les combinaisons qui arriveront le plus souvent, seront celles où *croix* & *pile* se trouveront le plus mêlés, c'eft-à-dire, où *croix* & *pile* ne fe trouveront pas un grand nombre de fois de fuite ; d'où il s'enfuit, ce me femble, qu'on doit regarder les combinaifons où *croix* & *pile* fe trouvent mêlés, comme les plus probables & les plus *poffibles* de toutes. Pour rendre cela encore plus fenfible, je fuppofe que 2^{100} Joueurs jettent en même-tems un écu en l'air, cent fois de fuite ; je dis que dans aucun de ces jets, on n'aura cent fois de fuite ni *croix* ni *pile*, & que par conféquent il y aura plufieurs jets qui donneront la même chofe ; & que les jets où *croix* & *pile* font entremêlés, fans fe trouver un grand nombre de fois de fuite, feront ceux qui feront répétés.

X I I.

C'eft qu'il faut diftinguer entre ce qui eft *métaphyfiquement* poffible, & ce qui eft poffible *phyfiquement*. Dans la premiere claffe font toutes les chofes dont l'exiftence n'a rien d'abfurde ; dans la feconde font toutes celles dont l'exiftence non-feulement n'a rien d'abfurde, mais même rien de trop extraordinaire, & qui ne foit dans le cours journalier des événemens. Il eft *métaphyfiquement* poffible, qu'on amene rafle de fix avec deux dez, cent fois de fuite ; mais cela eft impoffible *phyfiquement*, parce que cela n'eft jamais arrivé, & n'arrivera jamais. Dans le cours ordinaire de la nature, le même événement (quel qu'il foit) arrive affez rarement deux fois de fuite, plus rarement trois & quatre fois, & jamais cent fois confécutives ; & il n'y a perfonne qui en toute fûreté ne puiffe parier tout fon bien, quel que grand qu'il foit, que rafle de fix n'arrivera jamais cent fois de fuite.

XIII.

On peut donc, ce me femble, pofer pour régle, que quand la probabilité eft fort petite, on doit dans l'ufage ordinaire de la vie, la regarder comme zéro, & la traiter comme telle. Or fur cela on peut faire les queftions fuivantes.

1°. Quel eft le terme où la probabilité commence à pouvoir être regardée comme nulle ? Quelle eft la fraction qui exprime le premier terme de cette fuite de probabilités équivalentes à zéro ?

2°. Suppofé qu'on puiffe fixer ce terme, & que ce foit, par exemple, quand la probabilité eft $\frac{1}{1000}$, comment faudra-t-il eftimer les probabilités qui différent très-peu de celle-ci, quoiqu'un peu plus grandes, par exemple, les probabilités $\frac{1}{999}$, $\frac{1}{998}$, &c ? S'il ne faut pas regarder ces probabilités comme plus petites qu'elles ne font en effet, je demande comment la probabilité $\frac{1}{999}$ devient tout d'un coup $= o$ dans le cas où elle eft $\frac{1}{1000}$? L'expreffion de la probabilité peut-elle paffer ainfi brufquement & fans gradation, d'une expreffion finie à une valeur nulle ? Et s'il faut regarder ces probabilités comme plus petites qu'elles ne font, je demande fuivant quelle loi il faut les diminuer ? Si l'Analyfte répond qu'il l'ignore, en ce cas il doit convenir que la régle générale des probabilités eft fautive & imparfaite ; ce que nous voulions prouver.

3°. S'il faut diminuer ces probabilités $\frac{1}{9}$, $\frac{1}{99}$, $\frac{1}{99}$, $\frac{1}{599}$ &c. qui forment une efpèce de ferie, jufqu'à quel terme faudra-t-il les diminuer? S'il ne faut les diminuer que jufqu'à un certain terme, pourquoi faut-il s'arrêter à ce terme là? S'il faut diminuer tous les termes, même ceux qui contiennent des fractions affez grandes, comme $\frac{1}{4}$, $\frac{1}{2}$, &c. pour lors la régle des probabilités fe trouvera fautive & imparfaite, même dans le cas où la probabilité ne fera pas fort petite.

X I V.

En voilà plus qu'il n'en faut, ce me femble, pour montrer aux Mathématiciens que la régle générale du calcul des probabilités eft défeétueufe à certains égards. Je vais tâcher de le faire voir encore par d'autres exemples. Mais auparavant je propoferai une idée qui m'eft venue, pour eftimer dans les cas précédens le rapport des probabilités.

Je fuppofe, par exemple, qu'on jette une piéce en l'air quatre fois de fuite; on aura 2^4 ou 16 combinaifons différentes de *croix* & *pile* pris quatre à quatre. Si donc on recommence ce jeu un nombre de fois qui foit multiple de 16, ou, ce qui revient au même, fi 32 ou 64 &c. Joueurs différens jouent à la fois ce jeu, chacun en particulier, en jettant chacun un écu en l'air quatre fois de fuite; il eft évident que quelqu'une ou quelques-unes des 16 combinaisons se trouveront répétées. Or je crois que les combinaisons qui seront répétées le plus rarement, & qui peut-être n'arriveront point du-tout dans un grand nombre de jets, seront celles dans lesquelles *croix* se trouve quatre fois de suite, ou *pile* quatre fois de suite. D'après cette expérience, répétée un grand nombre de fois de suite, on pourroit peut-être estimer le rapport des probabilités, par le nombre des événemens. Il est vrai que le résultat pourra laisser des doutes ; & que d'ailleurs l'expérience seroit impraticable, si le nombre des jets, au lieu d'être de quatre, ainsi qu'on l'a supposé, étoit beaucoup plus grand, comme de cent ; mais voilà, ce me semble, le seul moyen de parvenir en ce cas à un résultat qui soit au moins approchant du vrai.

X V.

Venons aux autres exemples que j'ai promis dans l'Article précédent, du peu d'éxactitude du calcul ordinaire des probabilités.

Dans ce calcul, en combinant tous les événemens possibles, on fait deux suppositions qui peuvent, ce me semble, être contestées.

La premiere de ces suppositions est, que si un même événement est déja arrivé plusieurs fois de suite, par exemple, si au jeu de *croix* ou *pile*, *croix* est arrivé trois fois de suite, il est également probable que *croix* ou *pile* arriveront au quatriéme coup ? Or je demande si cette fuppofition eft bien vraie, & fi le nombre de fois que *croix* eft déja arrivé de fuite par l'hypothèfe, ne rend pas plus probable l'arrivée de *pile* au coup fuivant? Car enfin il n'eft pas vraifemblable, il eft même *phyfique-ment* impoffible que *pile* n'arrive jamais. Donc plus *croix* fera arrivé de fois confécutives, plus il eft vraifembla-ble que *pile* doit arriver le coup d'enfuite. Si cela eft, comme il me paroît qu'on ne fauroit guères en difcon-venir, la régle des combinaifons des événemens poffi-bles eft donc encore défectueufe à cet égard.

X V I.

Une autre fuppofition que l'Analyfe fait d'ordinaire, & qui a du rapport à la précédente, c'eft que dans le nombre des combinaifons poffibles, celle qui ame-nera plufieurs fois de fuite le même événement, eft auffi poffible que chacune des autres en particulier. Par exemple, dans un jeu où on doit jouer à *croix* ou *pile* en cent coups, on regarde la combinaifon qui amenera *croix* cent fois de fuite, comme auffi poffible que cha-cune de celles où *croix* & *pile* feront mêlés. Or je demande fi cette fuppofition eft bien jufte; puifqu'il eft *phyfiquement* certain (§. X & XI.) que *croix* n'arrivera jamais cent fois de fuite, & qu'il ne l'eft pas qu'une combinaifon où *croix* & *pile* feroient mêlés à volonté, n'arrivera pas. On peut réduire ceci à la queftion fui-vante. Que *A* repréfente *croix* & *B pile*, la combinai-fon *A A A A A A A* &c. doit-elle être regardée comme

auſſi poſſible que toute autre combinaiſon particuliere
à volonté, par exemple *A A B A B A B B* &c. où *croix*
& *pile* ſont mêlés ſans ordre & ſans ſuite ? C'eſt ce
que je ne crois pas, par la raiſon que j'ai déja dite plus
haut ; ſavoir, que la variété des événemens ſucceſſifs
eſt un phénomène conſtant de la nature ; & que leur ſimi-
litude conſtante ou répétée un grand nombre de fois,
eſt au contraire un phénomène qui n'arrive jamais.

X V I I.

Or ſi on ne doit pas regarder toutes les combinaiſons
comme également poſſibles ; ſi on doit rejetter, ou au moins
ſubordonner aux autres, celles qui ameneroient le même
événement un très-grand nombre de fois de ſuite, quelle
régle doit-on ſe faire ſur ce ſujet ? Doit-on étendre cette
reſtriction aux combinaiſons qui ameneroient le même
événement un petit nombre de fois de ſuite, par exemple, trois ou quatre fois ? Et ſi on ne doit pas l'étendre
juſqu'à ces combinaiſons, quelle eſt celle où il faudra
commencer ? Voilà, ce me ſemble, des queſtions bien
dignes d'exercer les Mathématiciens, ſuppoſé néanmoins
qu'il ſoit poſſible de les réſoudre.

X V I I I.

Autre inconvénient où l'on tombe dans le calcul des
Probabilités. J'ai déja remarqué dans l'*Encyclopédie*, au
mot *CROIX* ou *PILE*, que dans ce calcul on fait ſou-
vent une énumération fautive des événemens poſſibles.

Par exemple, on demande combien on peut parier d'a-
mener *croix* en deux coups? » Toutes les combinaisons
» possibles, répond-on, font celles-ci :

Premier coup.	Second coup.
Croix	*Croix*
Croix	*Pile*
Pile	*Croix*
Pile.	*Pile.*

» Or de ces quatre combinaisons la derniere seule fait
» perdre, & les trois autres font gagner; la probabilité
» est donc de trois contre un «.

Il est aisé de voir que cette énumération est fautive.
Car dès que *croix* sera arrivé au premier coup, le jeu
est fini, on n'en jouera pas un second; & ainsi les deux
premieres combinaisons *croix croix*, *croix pile*, se rédui-
sent à *croix* seule. Il n'y a donc que trois coups possibles;

Premier coup.	Second coup.
Croix	
Pile	*Croix*
Pile	*Pile*

D'où j'ai conclu à l'endroit cité, que la probabilité étoit
seulement de deux contre un, & non pas de trois contre
un. J'examinerai plus bas si j'ai eu raison de réduire la
probabilité au rapport de deux à un; mais il est au
moins bien certain que la maniere dont on prouve qu'elle
est de trois à un, est un paralogisme.

XIX.

XIX.

Le paralogifme eft encore plus grand, fi l'on parie d'amener *croix*, non pas en deux coups, mais en cent coups de fuite. Car dans ce cas, en fuivant le raifonnement ordinaire, on fuppofe que la combinaifon qui ameneroit *croix* cent fois de fuite, eft auffi poffible qu'aucune des autres en particulier. Or cette fuppofition (§. XVI.) eft au moins très-fufceptible de conteftation. Il eft donc au moins démontré, que cette maniere de réfoudre le Problême eft incertaine, & peut-être fautive.

X X.

Je fai qu'on peut envifager la chofe d'une autre maniere, & faire le raifonnement fuivant. » La probabilité » que *croix* arrivera au premier coup eft $\frac{1}{2}$; la probabi- » lité que *pile* arrivera au premier coup, eft pareillement » $\frac{1}{2}$; or dans ce fecond cas, la probabilité que *croix* ar- » rivera au fecond coup eft $\frac{1}{2} \times \frac{1}{2}$, & celle que *pile* arri- » vera au fecond coup eft $\frac{1}{2} \times \frac{1}{2}$; ainfi la fomme des pro- » babilités favorables, eft à celle des probabilités défa- » vorables, comme $\frac{1}{2} + \frac{1}{2.2}$ eft à $\frac{1}{2.2}$, ou comme » 3 à 1. Donc la probabilité eft toujours comme trois à » un, même en ne confidérant que les trois coups réel- » lement poffibles; favoir, *croix* au premier coup; *pile* » & *croix* au premier & au fecond coup; ou bien *pile* » & *pile* au premier & au fecond coup «.

C

XXI.

Je réponds en premier lieu, que je ne fai fi on doit eftimer par $\frac{1}{2 \cdot \frac{1}{2}}$ ou $\frac{1}{4}$, la probabilité qu'on amenera *pile* ou *croix* au fecond coup. Je conviens qu'il eft incertain fi on jouera un fecond coup ou non; & que la probabilité qu'on jouera ce fecond coup eft $\frac{1}{2}$: mais la probabilité qu'on amenera *pile* ou *croix* au fecond coup, fuppofe *néceffairement* qu'on jouera ce fecond coup: ainfi, multiplier la probabilité $\frac{1}{2}$ d'amener *croix* ou *pile* au fecond coup (en fuppofant qu'on joue ce fecond coup), par la *probabilité* $\frac{1}{2}$ qu'on jouera ce fecond coup, n'eft-ce pas regarder à la fois ce fecond coup comme devant avoir lieu, & comme étant néanmoins fimplement probable? Ce qui me paroît impliquer contradiction. Sans difficulté $\frac{1}{2}$ eft la probabilité d'amener *croix* à un coup quelconque, en fuppofant qu'on joue ce coup; mais s'il eft incertain qu'on joue ce coup, fi la probabilité qu'on le jouera, eft $\frac{1}{2}$, alors multiplier la premiere probabilité $\frac{1}{2}$ par la feconde $\frac{1}{2}$ n'eft-ce pas multiplier l'une par l'autre deux probabilités de différente nature, une probabilité (favoir la premiere) qui refte toujours $= \frac{1}{2}$, & une probabilité (favoir la feconde) qui ne refte pas toujours $\frac{1}{2}$, mais qui devient *certitude* dès qu'on la multiplie par la premiere? En effet la probabilité $\frac{1}{2}$ d'amener *croix* ou *pile*, fuppofe néceffairement qu'on jouera le coup; ainfi la combinaifon de cette probabilité avec la feconde fait changer à celle-ci de nature, & la suppofe *certaine*, de fimplement *probable* qu'elle étoit auparavant?

XXII.

Je réponds en fecond lieu, que cette maniere d'efti-mer les probabilités, eft fujette à toutes les difficultés dont nous avons parlé au commencement de ce Mé-moire. Car fuppofons qu'on joue, par exemple, en cent coups ; la probabilité que *croix* n'arrivera qu'au centiéme coup, feroit fuivant cette méthode $\frac{1}{2^{99}}$; ce qui fup-pofe que la probabilité que *pile* arrivera 99 fois de fuite, eft $\frac{1}{2^{99}}$. Or je demande s'il eft phyfiquement poffible que *pile* arrive 99 fois de fuite ; & fi par conféquent on ne doit pas (§. XII.) regarder la probabilité $\frac{1}{2^{99}}$ com-me égale à zéro? Si cela eft, il s'enfuivra ; 1°. que la régle eft fautive, au moins dans le cas où on joue un grand nombre de coups de fuite ; 2°. qu'elle eft au moins fort incertaine dans les autres, puifqu'il n'y a pas de raifon, par exemple, de ne pas diminuer la probabilité $\frac{1}{8}$ ou $\frac{1}{16}$ de quelque petite partie, fi la probabilité $\frac{1}{2^{99}}$ doit être regardée comme nulle.

XXIII.

Je viens maintenant aux difficultés qu'on peut faire fur la méthode que nous avons donnée Art. XVIII, pour déterminer le rapport des probabilités dans le cas où l'on joue à *croix* ou *pile* en deux coups. On convient d'abord (voyez l'*Encyclopédie* au mot G*AGEURE*) que les trois coups

> *Croix*
> *Pile Croix*
> *Pile Pile*

font à la vérité les feuls poffibles; mais on prétend qu'ils ne le font pas également; « car, dit·on, la probabilité « d'amener *croix* au premier coup eft égale à celle d'ame- » ner *pile* au premier coup. Or la probabilité d'amener » *pile* au premier coup, eft double de celle d'amener *pile* « au premier coup & *croix* au fecond, ou *pile* au premier coup & *pile* au fecond. Donc &c. «

Pour développer en quoi confifte, felon moi, le vice de ce raifonnement, j'emprunterai le langage des Logiciens ; & je dirai que dans cet argument le *moyen terme* n'eft pas le même dans les deux Propofitions. Car le moyen terme dans la premiere Propofition, eft la probabilité d'amener *pile* au premier coup, *avant d avoir joué ce premier coup.* Dans la feconde Propofition, le moyen terme eft la probabilité d'amener *pile* au premier coup, *comparée à la probabilité d'amener croix ou pile au fecond coup.* Or cette derniere probabilité (celle d'amener *croix* ou *pile* au fecond coup) fuppofe que le premier coup eft joué, & qu'il a donné *pile* ; ainfi cette derniere probabilité fuppofe que la premiere probabilité (celle d'amener *pile* au premier coup) n'eft plus une *probabilité,* mais une *certitude*. Le *moyen terme* eſt donc réellement différent dans les deux Propoſitions. En un mot il y a cette différence entre le coup *croix* & le coup *pile*, arrivant l'un ou l'autre au premier coup, que le coup *croix* n'amene point de ſecond coup, au lieu que le coup *pile* en amene néceſſairement un autre; ainſi il ne faut point comparer d'abord la probabilité de *croix* au premier coup, avec celle de *pile* au même premier coup, & enſuite la probabilité de *pile* au premier coup, avec la probabilité de *croix* ou *pile* au ſecond coup; mais la probabilité de *croix* au premier coup, avec celle de *pile* & *croix* au premier & ſecond coup, ou de *pile* & *pile* aux mêmes premier & ſecond coups.

XXIV.

Je ne voudrois pas cependant regarder en toute rigueur les trois coups dont il s'agit, comme également poſſibles. Car 1°. il pourroit ſe faire en effet (& je ſuis même porté à le croire), que le cas *pile croix* ne fût pas éxactement auſſi poſſible que le cas *croix* ſeul; mais le rapport des poſſibilités me paroît inapprétiable. 2°. Il pourroit ſe faire encore que le coup *pile croix* fût un peu plus poſſible que *pile pile*, par cette ſeule raiſon que dans le dernier le même effet arrive deux fois de ſuite; mais le rapport des poſſibilités (ſuppoſé qu'elles ſoient inégales), n'eſt pas plus facile à établir dans ce ſecond cas, que dans le premier. Ainſi il pourroit trèsbien ſe faire que dans le cas propoſé, le rapport des probabilités ne fût ni de 3 à 1, ni de 2 à 1 (comme nous

l'avons fuppofé dans l'*Encyclopédie*) mais un incommenfurable ou inapprétiable, moyen entr' ces deux nombres. Je crois cependant que cet incommenfurable ap-
prochera plus de 2 que de 3, parce qu'encore une fois
il n'y a que trois cas poffibles, & non pas quatre. Je
crois de même & par les mêmes raifons, que dans le
cas où l'on joueroit en trois coups, le rapport de 3 à 1,
que donne ma méthode, eft plus près du vrai, que le
rapport de 7 à 1, donné par la méthode ordinaire, &
qui me paroît exorbitant.

Pour bien fixer l'état de la queftion, tenons-nous en
au cas où l'on joue en deux coups. Il eft d'abord certain que la probabilité d'amener *croix* au premier coup,
eft égale à celle d'amener *pile* au même premier coup;
la difficulté fe réduit à favoir; 1°. quel eft le rapport de
la probabilité d'amener *pile* au premier coup, à la probabilité d'amener *croix* au fecond coup, quand on aura
amené *pile* au premier, & que par conféquent *il devra
y avoir* un fecond coup; 2°. fi la probabilité d'amener
pile au fecond coup, quand on aura amené *pile* au premier coup, eft égale ou un peu plus petite que celle
d'amener *croix* au fecond coup, quand on aura amené
pile au premier; & fi ces probabilités ne font pas égales,
quel en eft le rapport?

X X V.

Lorfqu'on joue en plus de deux ou trois coups, alors
le rapport des poffibilités ou probabilités devient encore

infiniment plus difficile à déterminer. Il est évident en effet que si on joue en quatre coups, par exemple, il est plus probable qu'on amenera *croix* au premier coup, que *pile*, *pile*, *pile*, *pile* en quatre coups consécutifs. Or le rapport de ces possibilités est encore, selon moi, inapprétiable, quoique ces possibilités soient réellement différentes. Je dis plus: il peut se faire que *pile*, *pile*, *pile*, *croix*, soient plus possibles (§. XV.)que *pile* 4 fois de suite: or comment comparer ces probabilités? Comment assigner leur rapport?

X X V I.

C'est par cette considération de la différente possibilité des cas (lorsque le nombre des jets est tant soit peu considérable) que je vais répondre à une objection qui m'a été faite, & qu'on peut voir dans l'Art. *GAGEURE* de l'Encyclopédie. Il s'ensuivroit, dit-on, une absurdité de ma manière de compter les probabilités; savoir, qu'on ne pourroit jamais parier avec avantage, d'amener une des faces A, d'un dez à trois faces A, B, C, en tant de coups qu'on voudroit. Car soit n ce nombre de coups, on trouveroit toujours que la probabilité est de $2^n - 1$ contre 2^n.

Par exemple, si $n = 3$, on trouvera que les combinaisons favorables sont A, BA, CA, BBA, BCA, CCA, CBA; & que les combinaisons défavorables sont BBB, BBC, BCB, BCC, CBB, CBC, CCC, CCB; ce qui donne le rapport de 7 à 8, ou de $2^3 - 1$ à 2^3.

Cette objection suppose que tous les cas sont également possibles dans l'énumération faite à ma maniere; or ils ne le sont pas; car *A* au premier coup est plus possible, par exemple, que *B* quatre fois de suite. Il est vrai que je crois difficile d'en assigner le rapport, & que la théorie ordinaire des Analystes sur cet objet me paroît peu satisfaisante; mais il suffit, pour répondre à l'objection, que tous les cas ne soient pas également possibles.

XXVII.

Concluons de toutes ces réfléxions; 1°. que si la régle que j'ai donnée dans l'*Encyclopédie* (faute d'en connoître une meilleure) pour déterminer le rapport des probabilités au jeu de *croix* & *pile*, n'est point éxacte à la rigueur, la régle ordinaire pour déterminer ce rapport, l'est encore moins; 2°. que pour parvenir à une théorie satisfaisante du calcul des probabilités, il faudroit résoudre plusieurs Problêmes qui sont peut-être insolubles; savoir, d'assigner le vrai rapport des probabilités dans les cas qui ne sont pas également possibles, ou qui peuvent n'être pas regardés comme tels; de déterminer quand la probabilité doit être regardée comme nulle; de fixer enfin comment on doit estimer l'espérance ou l'enjeu, selon que la probabilité est plus ou moins grande.

XXVIII.

Je ne parle point ici des considérations relatives à l'état

&

& à la fortune des joueurs ; confidérations effentielles fans doute à faire, mais qui demanderoient prefqu'autant de régles que de cas particuliers. C'eft d'après ces confidérations qu'on a effayé de réfoudre dans le To. V. des Mém. de Peterfbourg, la queftion propofée ci-deffus Art. II. Les vûes qu'on propofe fur cela, font fines & ingénieufes. Mais il y avoit peut-être d'autres réfléxions plus fimples à faire fur cette queftion, plus relatives à la queftion prife en elle-même, & plus indépendantes de l'état des joueurs ; & ce font, ce me femble, celles que nous avons faites au commencement de ce Mémoire, & qui ont fait naître nos autres doutes fur le calcul des probabilités. Ces doutes m'ont paru dignes d'être propofés aux Mathématiciens Philofophes. J'ai tout lieu de croire qu'ils en feront frappés comme moi, s'ils les examinent fans prévention.

Fin du dixiéme Mémoire.

ONZIÉME MÉMOIRE.

Sur l'application du Calcul des Probabilités à l'inoculation de la petite Vérole (a).

ON a tant écrit depuis quelques années pour & contre l'inoculation, & principalement en fa faveur, que le Public doit être aujourd'hui plus que fuffifamment inftruit fur ce fujet, & par conféquent fatigué d'avance de tout ce qu'on pourroit ajouter encore, pour éclaircir ou pour embrouiller la queftion. J'ai donc tout lieu de craindre que ce Mémoire n'ennuye déja par fon feul titre ceux qui me font l'honneur de m'entendre. Je me propofe au moins de ne pas les ennuyer long-tems; & pour leur tenir parole, j'entre promptement en matiere.

Cet écrit aura deux objets : 1°. de prouver que dans les calculs qu'on a faits jufqu'à préfent en faveur de l'inoculation, on n'a point encore, ce me femble, envifagé la queftion fous fon véritable point de vûe : 2°. que la

(a) Ce Mémoire a été lû à l'Affemblée publique de l'Académie Royale des Sciences, le 12 Novembre 1760.

difficulté, & peut-être l'impossibilité de réduire au calcul les avantages de l'inoculation, n'est point une raison pour la proscrire.

On n'inocule gueres avant l'âge de quatre ans ; depuis cet âge jusqu'au terme ordinaire de la vie, la petite Vérole naturelle détruit, selon les Inoculateurs, environ la septiéme partie du genre humain (*A*) ; au contraire, selon eux, l'inoculation enleve à peine une victime sur trois cens (*B*). Je ne prétends point leur contester ces faits, & je ne m'arrête qu'à la conséquence qu'ils en tirent ; donc, disent-ils, le risque de mourir de la petite Vérole naturelle est à celui de mourir de la petite Vérole inoculée, comme 300 à 7, c'est-à-dire, 40 à 50 fois plus grand.

Cette conséquence, ainsi présentée, peut être attaquée avec quelqu'apparence de droit par les adversaires de l'inoculation. Car en supposant, diront-ils, que le nombre de ceux qui périssent de la petite Vérole, soit 40 ou 50 fois plus grand que le nombre de ceux qui meurent de l'inoculation, s'ensuit-il que les deux risques soient entr'eux dans le même rapport ? La nature de l'un & de l'autre est bien différente. Quelque petit qu'on veuille supposer le risque de mourir de l'inoculation, celui qui se fait inoculer se soumet à ce risque dans le court espace de quinze jours, dans celui d'un mois tout

_____

(*A*) Voyez les Remarques à la fin de ce Mémoire.
(*B*) Voyez les Remarques à la fin de ce Mémoire.

au plus : au contraire le rifque de mourir de la petite
Vérole naturelle, fe répand fur tout le tems de la vie,
& en devient d'autant plus petit pour chaque année &
pour chaque mois. Si l'on veut faire, continueront-ils,
un parallèle éxact des deux rifques, il faut que les tems
foient égaux; il faut comparer le rifque de mourir de
l'inoculation, non pas vaguement & en général au rifque
de mourir de la petite Vérole naturelle dans tout le
cours de la vie, mais au danger qu'on court de mourir
de cette maladie pendant le même-tems où l'on s'ex-
pofe à mourir de l'inoculation, c'eft à-dire, dans l'efpace
de quinze jours ou d'un mois.

Il faut avouer que fi on admettoit cette maniere de
comparer les deux rifques, elle donneroit beaucoup
d'avantage aux adverfaires de l'inoculation. En effet, on
ne peut raifonnablement fuppofer (car on feroit dé-
menti par les faits) que la petite Vérole emporte par
mois (année commune) la trois centiéme partie du genre
humain; donc le nombre des victimes que la petite Vérole naturelle feroit périr en un mois, eft beaucoup
moindre que le nombre de celles qui feroient facrifiées
à l'inoculation. Donc on court moins de rifque de mourir
en un mois de la petite Vérole naturelle qu'on attend,
que de la petite Vérole qu'on fe donne. Or ne peut-on
pas, diront les adverfaires de l'inoculation, faire à chaque mois un raifonnement femblable? Donc, ajoute-
ront-ils, dans tout le cours de la vie, on ne pourra parvenir à aucun mois où l'inoculation foit réellement moins

à craindre que la petite Vérole naturelle ; par conséquent on fera toujours plus fage d'attendre la petite Vérole que de fe la donner (*C*).

Cet argument, qui n'a point encore été propofé, que je fache, d'une maniere auffi frappante, a quelque chofe de fpécieux. Cependant fi le calcul des Inoculateurs eft défectueux en ce qu'on y compare deux rifques dont la durée eft différente, celui des adverfaires de l'inoculation pêche auffi par le même côté, quoiqu'à la vérité fous un autre point de vûe. Celui qui fe fait inoculer, court, fi l'on veut, plus de rifque de mourir de la petite Vérole dans le mois, que s'il attendoit cette maladie ; mais le mois étant paffé, le rifque une fois couru s'éteint, & l'inoculé en eft délivré ; celui au contraire qui attend la petite Vérole, court, fi l'on veut, pour chaque mois un moindre rifque que l'inoculé ; mais le mois fini, le rifque fe renouvelle, & peut même devenir de jour en jour plus grand, au moins jufqu'à un certain âge.

Ainfi, pour favoir ce qu'on gagne ou ce qu'on rifque à fe faire inoculer, il ne fuffit pas d'avoir égard au danger que l'on court en un mois de mourir de la petite Vérole naturelle ; il faut ajouter à ce danger celui que l'on court de mourir de la même maladie dans les mois fuivans, jufqu'à la fin de la vie.

C'eft ici que la difficulté du calcul commence à fe faire fentir. Non-feulement on n'a point encore d'ob-

---

(C) Voyez les Remarques à la fin de ce Mémoire.

fervations fuffifantes pour conftater au jufte, ni même à-peu-près, quel eft le rifque qu'on court à chaque âge de mourir de la petite Vérole naturelle dans le courant d'un mois : mais quand on pourroit apprétier éxactement ce danger, pour chaque mois pris féparément, comment apprétier enfuite le rifque total, réfultant de la fomme de ces rifques particuliers, qui s'affoibliffent en s'éloignant, ncn - feulement par la diftance où on les voit, diftance qui tout-à-la-fois les rend incertains, & en adoucit la vûe, mais par l'efpace de tems qui doit les précéder, & durant lequel on doit jouir de l'avantage de vivre? Il faudroit pouvoir déterminer fuivant quel rapport un rifque de cette efpèce diminue, quand on l'envifage dans le lointain, & fuyant, pour ainfi dire, devant nous. Problême qui me paroît infoluble, & dont la folution d'ailleurs, quand elle feroit poffible, feroit vraifemblablement différente pour chaque individu, eû égard aux circonftances où il fe trouve (*D*).

Un très-grand Géometre, qui nous a donné fur l'inoculation un favant Mémoire Mathématique, a cherché à répandre fur ce fujet toute la lumiere dont il l'a cru fufceptible.

M. Daniel Bernoulli fuppofe d'abord, que parmi tous ceux qui n'ont pas eû la petite Vérole, & qui font de même âge, cette maladie en attaque conftamment un huitiéme chaque année; & qu'il périffe auffi un huitiéme

_____

(*D*) Voyez les **Remarques** à la fin de ce Mémoire.

de ceux qui en font attaqués. D'après cette hypothèfe, il détermine, par une Analyfe très-ingénieufe, la loi de la mortalité caufée par la petite Vérole naturelle. Il fuppofe enfuite que l'inoculation enleve une victime fur 200, & il en déduit la loi de mortalité dans l'hypothèfe de l'inoculation : comparant enfin les réfultats que les deux hypothèfes fourniffent, il détermine pour chaque âge le tems qu'on peut efpérer de vivre de plus, en fe faifant inoculer, qu'en attendant la petite Vérole.

Quelques éloges que cette théorie mérite, par l'habileté & la fineffe avec laquelle l'Auteur l'a développée, elle laiffe, ce me femble, beaucoup à defirer encore.

En premier lieu, la fuppofition que fait l'illuftre Mathématicien fur le nombre de perfonnes de chaque âge qui prennent la petite Vérole, & fur le nombre de ceux qui en meurent, paroît abfolument gratuite. Il n'eft nullement certain, il eft même plus que douteux, pour ne rien dire de plus, que la petite Vérole attaque conftamment (à quelque âge que ce foit) la huitiéme partie de ceux qui n'ont pas eû cette maladie; & il eft plus douteux encore qu'elle faffe périr conftamment (à quelque âge que ce foit) la huitiéme partie de ceux qu'elle attaque. Il faudroit favoir de plus, fi l'inoculation emporte toujours, comme on le fuppofe, la même partie conftante des inoculés, à quelque âge qu'on les inocule (*E*).

J'avouerai cependant que s'il n'y avoit que des diffi-

(*E*) Voyez les Remarques à la fin de ce Mémoire.

cultés de cette efpéce, qui empêchaffent de fixer par le
calcul les avantages de l'inoculation, ces difficultés n'auroient lieu, que vû l'imperfection actuelle de nos con-
noiffances fur cette matiere, & le petit nombre d'obfervations certaines qu'on a recueillies jufqu'à préfent.
En formant avec le tems des tables éxactes de ceux qui
prennent la petite Vérole à chaque âge, de ceux qui
en meurent, & du fort des inoculés, on parviendroit
dans la fuite à une connoiffance précife de la mortalité
du genre humain, dans l'hypothèfe qu'on laiffe agir la
petite Vérole naturelle, & dans l'hypothèfe de l'inoculation; & on auroit la différence de mortalité dans les
deux cas.

Mais qu'apprendra-t-on par cette différence de mortalité? On apprendra, je le veux, que *la vie moyenne* de
ceux qui fe font inoculer, c'eft-à-dire, le tems que
chacun d'eux peut raifonnablement efpérer de vivre après
avoir fubi l'inoculation, furpaffe la vie moyenne de ceux
du même âge qui prennent le parti d'attendre la petite
Vérole; on déterminera, pour chaque âge, de combien
la vie moyenne dans le premier cas eft plus grande que
dans le fecond; & par conféquent on aura, en comparant ces deux rifques, le tems qu'on peut efpérer d'ajouter à fa vie en fe faifant inoculer.

Or cette connoiffance ne me paroît pas fuffire pour
fixer d'une maniere fatisfaifante les avantages de l'inoculation. Afin de me faire mieux entendre, j'applique-
rai à un exemple le raifonnement que je vais faire. Je
fuppofe

fuppofe que la vie moyenne d'un homme de trente ans, foit trente autres années, c'eſt-à-dire, que, fuivant les tables de mortalité connues, il puiſſe raiſonnablement eſpérer de vivre encore trente ans, en s'abandonnant à la nature, & en ne ſe faiſant point inoculer. Je ſuppoſe enſuite, qu'en ſe ſoumettant à cette opération, ſa vie moyenne ſoit de 34 ans (*F*), c'eſt-à-dire, de quatre ans de plus que s'il attendoit la petite Vérole. Je ſuppoſe enfin, avec M. Bernoulli, que le riſque de mourir de l'inoculation ſoit de 1 ſur 200. Cela poſé, il me ſemble que pour apprétier l'avantage de l'inoculation, il faut comparer, non la vie moyenne de 34 ans à la vie moyen-ne de trente ; mais le riſque de 1 ſur 200, auquel on s'ex-poſe de mourir en un mois par l'inoculation (& cela à l'âge de trente ans, dans la force de la ſanté & de la jeu-neſſe), à l'avantage éloigné de vivre quatre ans de plus au bout de ſoixante ans, lorſqu'on ſera beaucoup moins en état de jouir de la vie.

En un mot, ſi on admet les ſuppoſitions précédentes, celui qui ſe fait inoculer, eſt à-peu-près dans le cas d'un Joueur, qui riſque un contre deux cens de perdre tout ſon bien dans la journée, pour l'eſpérance d'ajouter à ce bien une ſomme inconnue & même aſſez petite, au bout d'un nombre d'années fort éloigné, & lorſqu'il ſera beaucoup moins ſenſible à la jouiſſance de cette augmentation de fortune. Or comment comparer ce riſque préſent à cet

_____

(F) Voyez les Remarques à la fin de ce Mémoire.

avantage inconnu & éloigné? C'est sur quoi l'Analyse des probabilités ne peut rien nous apprendre. Toutes les régles de cet Analyse n'enseignent qu'à comparer un risque présent ou proche, à un avantage également présent ou proche, & non un risque présent à un avantage qui diminue par sa distance même, sans qu'on puisse estimer au juste, ni même à-peu-près, suivant quelle loi se fait cette diminution (*G*).

Voilà, il n'en faut point douter, ce qui rend tant de personnes, & sur-tout tant de meres, peu favorables parmi nous à l'inoculation. Le raisonnement que nous venons de développer, elles le font implicitement; sans pouvoir comparer éxactement leur crainte à leur espérance, elles prennent acte, si on peut parler ainsi, de l'aveu que font les Inoculateurs, qu'on peut mourir de la petite Vérole artificielle; elles voyent l'inoculation comme un péril instant & prochain de perdre la vie en un mois, & la petite Vérole comme un danger incertain, & dont on ne peut assigner la place dans le cours d'une longue vie. Ne pouvant donc faire un parallèle éxact des deux risques, & en fixer le rapport, la présence du premier les frappe plus que la grandeur incertaine du second; & l'on sait combien la présence ou la proximité d'un danger qu'on craint, ou d'un avantage qu'on espere, a de poids pour déterminer la multitude. Jouir du présent, & s'inquiéter peu de l'avenir, voilà la Logique

---

(*G*) Voyez les Remarques à la fin de ce Mémoire.

commune; Logique moitié bonne, moitié mauvaise, dont il ne faut pas espérer que les hommes se corrigent.

Pour rendre encore plus sensible l'impossibilité d'appliquer à cette matiere d'une maniere précise le calcul des probabilités, & pour développer même les sophismes qu'on pourroit faire à ce sujet, je joindrai ici le raisonnement suivant, auquel je prie qu'on fasse attention. Si l'inoculation étoit avantageuse par cette considération seule, que la vie moyenne des inoculés est plus grande que celle des autres hommes, elle seroit d'autant plus avantageuse, & on devroit être d'autant plus empressé de la pratiquer, qu'elle augmenteroit davantage la longueur de la vie moyenne. Or il est aisé d'imaginer une infinité d'hypothèses, où l'inoculation augmenteroit énormément la vie moyenne, & où néanmoins on seroit très-imprudent de se soumettre à cette opération. Voici, par exemple, un de ces cas. Je supposerai que la plus longue vie de l'homme soit de cent ans; que la petite Vérole soit la seule maladie mortelle, & que cette maladie enleve tous les ans un nombre égal d'hommes : dans ce cas la vie moyenne de ceux qui attendroient la petite Vérole, seroit de cinquante ans, puisque tous les hommes vivroient chacun cinquante ans, l'un portant l'autre, en ne se faisant point inoculer. Je suppose ensuite que l'inoculation une fois pratiquée délivre de la petite Vérole pour tout le reste de la vie ; & que par conséquent les inoculés soient sûrs de vivre cent ans, s'ils échappent à l'inoculation ; mais que cette opération enleve une vic-time fur cinq, enforte qu'il n'en réchappe que les quatre cinquiémes. Cela pofé, il eft très-aifé de voir que la vie moyenne de ceux qui feront inoculés, fera les quatre cinquiémes de 100 ans, c'eft-à-dire, de 80 ans, & par conféquent de 30 années plus grande que la vie moyenne de ceux qui s'abandonneront à la nature. Si donc on appliquoit à cette hypothèfe le raifonnement fondé fur l'augmentation de la vie moyenne des inoculés, on en concluroit que dans le cas préfent l'inoculation feroit très-avantageufe. Cependant je doute que dans ce même cas perfonne voulût prendre le parti de fe faire inocu-ler ; par la raifon, que le rifque de mourir de l'inocu-lation étant un danger inftant & préfent, & fe trouvant d'un contre quatre, eft plus que fuffifant pour balancer la certitude de vivre cent ans, après avoir échappé à cette opération. Envain répondroit-on que nous avons fait une fuppofition arbitraire, qui n'a point lieu dans l'état actuel de la vie des hommes. Cette fuppofition fuffit pour l'objet que nous nous fommes propofé, pour montrer que l'augmentation de la vie moyenne des inoculés n'eft pas un argument fuffifant en faveur de l'inoculation ; car encore une fois, fi ce principe étoit jufte, il feroit applicable à toutes fortes d'hypothèfes, fur-tout à celles où la vie moyenne des inoculés feroit confidérablement plus grande que la vie moyenne de ceux qui ne le font pas. Dans le cas imaginaire que nous avons pris, le rifque de mourir de l'inoculation eft très-grand, mais la vie moyenne est prodigieusement augmentée; dans le cas réel, le risque est sans doute beaucoup moindre, mais l'augmentation de la vie moyenne est beaucoup moindre aussi. Ce n'est donc ni la longueur seule de la vie moyenne, ni la seule petitesse du risque, qui doit déterminer à admettre l'inoculation; c'est uniquement le rapport entre le risque d'une part, & de l'autre l'augmentation de la vie moyenne, ou plutôt l'avantage que doit procurer cette augmentation relativement au tems & à l'âge où l'on en doit jouir. Or la difficulté est de fixer ce rapport.

La supposition que nous avons faite il n'y a qu'un moment, toute gratuite qu'elle est, peut conduire encore à une autre considération, qu'on n'a pas, ce me semble, assez faite en cette matiere. On a trop confondu l'intérêt que l'Etat en général peut avoir à l'inoculation, avec celui que les particuliers peuvent y trouver; car ces deux intérêts peuvent être fort différens. Par exemple, dans l'hypothèse que nous venons de faire, il est certain que l'Etat gagneroit à l'inoculation, puisqu'en sacrifiant un citoyen sur cinq, la société seroit assurée de conserver ses autres membres sains & vigoureux, jusqu'à l'âge de 100 ans; cependant nous venons de voir que dans cette même hypothèse, il n'y auroit peut-être pas de citoyen assez courageux ou assez téméraire pour s'exposer à une opération, où il risqueroit un contre quatre de perdre la vie. C'est que pour chaque individu, l'intérêt de sa conservation particuliere est le premier de tous;

l'Etat au contraire confidére tous les citoyens indiffé: remment; & en facrifiant une victime fur cinq, il lui importe peu quelle fera cette victime, pourvû que les quatre autres foient confervées. Or je demande fi aucun Légiflateur feroit en droit d'obliger les citoyens à l'ino- culation, dans la fuppofition (d'ailleurs fi favorable à l'Etat) qu'il en pérît un fur cinq, & que les quatre qui en réchapperoient, fuffent affurés de cent ans de vie? C'eft une queftion digne d'exercer les Arithméticiens politi- ques; mais on apprendra du moins par notre hypothèfe, que dans cette matiere délicate, l'intérêt de l'Etat & celui des Particuliers doivent être calculés féparément. On ne penfera pas, par exemple, comme le célébre Mathéma- ticien déja cité paroît l'avoir cru, que fi l'inoculation ne faifoit périr qu'une victime fur dix, elle feroit encore avantageufe, par cette feule raifon, qu'elle augmente- roit de quelques jours la vie moyenne (*H*).

Il paroît donc que tous les calculs qu'on a faits juf- qu'à préfent, pour déterminer les avantages de l'inocu- lation, font infuffifans & prématurés. Mais faut-il con- clure de-là que l'inoculation doive être profcrite? Je fuis bien éloigné de le prétendre. Toutes nos objections con- tre les calculs des Inoculateurs fe réduifent à prouver qu'on n'a ni obfervations ni méthodes affez éxactes, pour appuyer folidement ces calculs, & pour arriver à un ré- fultat précis & fatisfaifant. Mais combien d'occafions

---

(*H*) Voyez les Remarques à la fin de ce Mémoire.

dans la vie, où sans savoir précisément l'avantage qu'on peut espérer en prenant quelque parti, on est déterminé par le seul motif que cet avantage peut être très-grand ? Il ne s'agit plus que de savoir si l'inoculation est dans ce cas.

Je supposerai d'abord, comme je l'ai fait jusqu'ici, d'après les Inoculateurs, que l'inoculation augmente en effet la vie moyenne des hommes ; je reviendrai dans un moment sur cette supposition ; admettons - la d'abord pour vraie. Il est incontestable que dans cette hypothèse l'inoculation seroit avantageuse, si on ne couroit pas quelque risque de mourir en se soumettant à cette opération. Si donc ce risque étoit absolument nul, si tous les inoculés, sans exception, échappoient à la mort, il n'y a point de citoyen qui dût balancer à se faire inoculer. Or quoique l'inoculation ait fait périr quelques victimes, cependant les Inoculateurs assurent qu'aucun de ceux qui ont subi cette épreuve avec les précautions convenables, n'y a succombé. Des listes fidéles, disent-ils, prouvent que de douze cens inoculés bien choisis, & traités par la même personne dans le même lieu, il n'en est pas mort un seul. Il ne s'agit donc, ajoutent-ils, que de se mettre entre les mains d'un Médecin habile, sage & expérimenté ; & on peut alors se regarder comme sûr de sa guérison.

C'est-là, ce me semble, le point essentiel, auquel les Partisans de l'inoculation doivent s'attacher ; c'est à prouver qu'on n'en meurt point, quand elle est pratiquée &

conduite avec prudence ; c'est à prouver (autant que cela est possible en Médecine) que le petit nombre d'inoculés qui ont péri jusqu'à présent, ont été la victime, ou de leur imprudence, ou de celle de leurs guides, ou de quelques accidens particuliers, tout-à-fait étrangers à cette maladie. Il est certain, & c'est déja un préjugé favorable, que les Médecins sages qui ont pratiqué cette opération, n'ont jusqu'ici perdu aucun de leurs malades. Ces mêmes Médecins paroissent persuadés que plus ils la pratiqueront, plus il passera pour constant qu'on n'en meurt jamais, quand elle n'est pas faite au hazard. Or dans une matiere qui ne peut être susceptible de démonstrations rigoureuses, la grande probabilité du succès est un argument suffisant pour ne pas proscrire, pour encourager même des expériences utiles. C'est pourquoi si ces Médecins se tiennent assurés de ne faire périr aucun malade par l'inoculation, on ne sauroit trop les exhorter à la répandre : c'est le moyen le plus sûr de répondre à la principale objection contre l'inoculation, la crainte d'y succomber : crainte qui aura toujours beaucoup de force sur le commun des hommes, quelque peu fondée qu'on la suppose ; parce que d'un côté elle a pour objet un danger présent, & que de l'autre ils ne peuvent comparer avec assez de certitude le risque qu'ils courent à l'avantage qu'ils esperent.

Allons plus loin. Quand même l'inoculation, faite avec les précautions convenables, emporteroit quelques victimes en très-petit nombre sur une quantité infiniment

plus

plus confidérable qui en réchapperoit, ce ne feroit pas encore une raifon pour la condamner. En effet, il faut confidérer, que la petite Vérole naturelle emporte tous les ans, année commune, une certaine partie du genre humain, & par conféquent auffi une certaine partie tous les mois, c'eft-à-dire, dans un efpace de tems égal à celui où l'on fubit le rifque de l'inoculation. Ce nombre de victimes de la petite Vérole naturelle eft à Paris d'environ un fur 6000 par mois; c'eft-à-dire, que fur 6000 perfonnes vivantes, prifes au hazard & à tout âge, il en meurt une par mois de la petite Vérole (I); encore faut-il obferver, que des 6000 perfonnes actuellement vivantes, & de tout âge, dont il meurt une par mois de la petite Vérole naturelle, il y en a un très-grand nombre qui a déja eu la petite Vérole, & qui par conféquent ne doit point être compté parmi les 6000 perfonnes dont il s'agit. Suppofons que ce nombre à retrancher ne foit que de la moitié des 6000; alors le rifque de mourir de la petite Vérole en un mois, feroit de $\frac{1}{3000}$ pour tous les âges indifféremment. Il eft même certainement plus confidérable. Car on peut affurer, quoiqu'on n'ait point encore là-deffus d'obfervations exactes, que de toutes les perfonnes actuellement vivantes à tout âge, il y en a beaucoup plus de la moitié qui ont déja payé le tribut à la petite Vérole naturelle (K).

(I) Voyez les Remarques à la fin de ce Mémoire.
(K) Voyez les Remarques à la fin de ce Mémoire.

Si donc l'inoculation, qui enleve déja, comme on vient de le voir, fi peu de perfonnes, fe perfeétionnoit au point de n'en faire périr qu'une fur trois mille, ou fur un plus grand nombre, alors la partie du genre humain que la petite Vérole enleve chaque mois, ne feroit pas plus petite, ou même feroit plus grande que celle qui fuccomberoit à l'inoculation, fagement adminiftrée. En ce cas le danger de cette opération feroit réellement & abfolument nul; & perfonne au monde ne devroit craindre de s'y expofer, ou pour foi, ou pour les fiens; car alors on ne courroit pas plus de rifque, ou même on en courroit moins à fe donner la petite Vérole, qu'à attendre qu'elle vînt naturellement dans le courant du mois où on fe feroit inoculer; avec cet avantage de plus, que l'inoculation délivreroit pour le refte de la vie de la crainte d'une maladie affreufe & cruelle.

Or fi 1200 inoculés bien choifis, & traités avec prudence, ont échappé au danger de l'inoculation, n'y a-t-il pas lieu de croire que 3000 inoculés, choifis & traités de même, en réchapperoient? On affure qu'à Conftantinople, 10000 perfonnes inoculées avec précaution dans une feule année, ont fubi heureufement cette épreuve. Quand le fait feroit exagéré du triple, c'en feroit plus que nous n'en demandons.

Enfin, quand même le rifque de mourir de l'inoculation (fagement adminiftrée) feroit plus grand que celui de mourir de la petite Vérole naturelle dans le courant du même mois, ce rifque, s'il n'étoit en effet que de 1 sur 1200, seroit encore plus petit que celui de mourir de la petite Vérole naturelle dans l'espace de trois mois. Car, suivant le calcul qu'on vient de faire, le nombre de ceux qui meurent à Paris de la petite Vérole, année commune, est tout au moins de 1 sur 3000 en un mois; & par conséquent de 1 sur 1000 en trois mois (*a*). Donc le risque de mourir de la petite Vérole naturelle en trois mois, seroit au moins le même, & vraisemblablement plus grand, que celui de mourir en un mois de l'inoculation. Or risquer de mourir au bout d'un mois, ou dans l'espace de trois, est à-peu près la même chose pour le commun des hommes. On ne devroit donc pas balancer à préférer celui de ces deux risques qui délivre de la crainte de la petite Vérole naturelle; par-là on auroit l'avantage de s'assurer à la fois une vie plus longue & une plus grande tranquillité; avantage assez grand, pour l'emporter sur la légere probabilité de succomber à l'inoculation, en ne sacrifiant que deux mois de sa vie (*L*). Lorsqu'il est question d'un avanta-ge, même éloigné, il y a une infinité de cas, sur-tout dans le cours de la vie, où une probabilité très-petite de danger, qui balance cet avantage, doit être traitée comme si elle étoit absolument nulle. Ce principe, pour le dire en passant, est très-important dans la théorie des

---

(*a*) On verra dans les Notes que ce risque peut être porté, sans craindre de se tromper, à 1 sur 1500 en un mois; ce qui réduiroit absolument à rien (dans la supposition présente) le danger de l'inoculation.

(*L*) Voyez les Remarques à la fin de ce Mémoire.

jeux de hazard : il peut fervir à réfoudre des queftions épineufes & délicates, qui n'ont point été réfolues jufqu'ici, ou qui l'ont été mal, mais qui ne font pas de l'objet de ce Mémoire (*M*).

Il ne nous refte plus qu'à examiner la fuppofition que nous avons faite, que l'inoculation augmente la vie moyenne des hommes. Cette fuppofition eft fondée fur deux autres. 1°. Que l'inoculation garantiffe de la petite Vérole naturelle. 2°. Que l'inoculation n'emporte après elle aucune autre maladie mortelle ou dangereufe. Les obfervations, felon les Inoculateurs, paroiffent favorables jufqu'ici à la premiere fuppofition, ou du moins n'y paroiffent pas contraires. On n'a point encore, difentils, un feul exemple inconteftable d'un inoculé qui ait repris la petite Vérole ; & il faut avouer au refte que quand même le cas arriveroit, il pourroit être fi rare, qu'on feroit en droit de le regarder, dans la pratique, comme n'éxiftant pas (*a*). A l'égard de la feconde fuppofition, on ne fauroit, il eft vrai, démontrer en rigueur, que l'inoculation, en nous délivrant de la petite Vérole, ne nous rende fufceptibles d'aucune autre maladie dangereufe ; mais il eft encore plus vrai qu'on n'a pas de preuve du contraire. Jufqu'ici les inoculés paroiffent avoir joui d'une auffi bonne fanté après cette

---

(*M*) Voyez les Remarques à la fin de ce Mémoire. Voyez auffi le Mémoire précédent *fur le Calcul des probabilités.*

(*a*) Voyez la Note (*D*) n. 1.

opération, qu'auparavant. Un doute qui n'eſt point appuyé ſur des faits, n'eſt donc point un motif pour rejetter l'inoculation. Ce doute à la vérité ne pourra être entiérement détruit, que quand on ſe ſera aſſuré par l'obſervation de pluſieurs années, que l'inoculation augmente la vie moyenne des citoyens. Mais cette augmentation étant au moins déja très-probable, c'eſt une raiſon pour la conſtater rigoureuſement par l'expérience. Or cela ne ſe pourra faire qu'en pratiquant l'inoculation; en dreſſant des tables éxactes de ceux qui ſe feront inoculer à chaque âge, du petit nombre de ceux qui en mourront, & du nombre de ceux qui meurent à chaque âge de la petite Vérole naturelle.

Concluons de tout ce qui a été dit dans ce Mémoire, que ſi les avantages de l'inoculation ne ſont pas de nature à être appréciés mathématiquement, il eſt néanmoins vraiſemblable que ces avantages ſont réels pour ceux qui la ſubiront avec les précautions convenables; qu'il faut donc bien ſe garder d'en arrêter ou d'en retarder les progrès; & que c'eſt le ſeul moyen d'acquérir ſur cette matiere importante toutes les lumieres que l'on peut deſirer, pour mettre déſormais l'inoculation à l'abri de toute atteinte. Mes objections n'attaquent que les Mathématiciens qui pourroient trop ſe preſſer de réduire cette matière en équations & en formules; mais je me regarderois comme coupable envers la Société, ſi j'avois eû pour but de diſſuader mes concitoyens d'une pratique que je crois utile.

Il y auroit encore beaucoup d'autres réfléxions (*N*) à faire fur un fujet fi important ; mais il eft tems de finir cet Ecrit, dans lequel je ne crois pas que les Partifans ni les Adverfaires de l'inoculation m'accufent d'avoir marqué la plus légére partialité ; fes Adverfaires, puifque j'ai tâché de prouver que les calculs qu'on leur a op-pofés jufqu'à préfent, n'étoient peut-être pas fuffifans pour les convaincre ; fes Partifans, puifqu'en partant d'un fait avancé par eux, & qui ne paroît pas leur avoir été contefté, j'en conclus que l'inoculation mérite d'être encouragée.

(*N*) Voyez les Remarques à la fin de ce Mémoire.

Fin du onzième Mémoire.

NOTES

Sur le Mémoire précédent.

CE Mémoire ayant été fait pour être lû dans une Assemblée publique de l'Académie des Sciences, j'ai été obligé de le renfermer dans certaines bornes, & d'en supprimer les détails de calcul. Les Notes suivantes, qui sont très-étendues, suppléront à ce que je n'ai pû dire dans cet Ecrit.

(*A*) Suivant les Listes mortuaires, publiées en Angleterre, il meurt de la petite Vérole $\frac{1}{14}$ des enfans qui naissent ; à quatre ans il ne reste plus que la moitié de ces enfans, dont l'autre moitié a péri presque toute entiere par des maladies de l'enfance, différentes de la petite Vérole. Ainsi c'est à-peu-près la septiéme partie du genre humain, que la petite Vérole emporte depuis l'âge de quatre ans, jusqu'à la fin de la vie. Voyez *le Mémoire de M. de la Condamine.*

Au reste, cette proportion qui paroît avoir été adoptée en Angleterre pour la Ville de Londres, n'est pas la même pour toutes les autres Villes. M. Daniel Bernoulli dit qu'à Bâle, dans des Epidémies assez malignes de la petite Vérole, il n'en meurt pas un malade sur 20 ; ce qui seroit considérablement au-dessous de ce qu'il en meurt à Paris dans des cas femblables. M. Bernoulli eftime qu'à Bâle le nombre de ceux qui meurent de la petite Vérole, eft tout au plus la douziéme partie de ceux qui en font attaqués, & tout au plus la vingtiéme partie de ceux qui meurent ; ce qui feroit fort au-deffous du rapport $\frac{1}{7}$ que nous venons de fuppofer.

En général, il paroît que la mortalité de la petite Vérole doit être confidérablement plus forte dans les grandes Villes, que dans les petites ; & dans les Villes, que dans les Campagnes. Et fi l'inoculation faifoit périr partout à-peu-près une victime fur 300, elle feroit moins avantageufe, à proportion que la petite Vérole naturelle feroit moins dangereufe. Par exemple, à Bâle, l'avantage (en fuivant les calculs des Inoculateurs) ne feroit plus que dans le rapport de 300 à 20, ou de 15 à 1, beaucoup moindre par conféquent qu'à Paris. Cependant il eft vraifemblable, que moins la petite Vérole fera dangereufe dans un Pays, moins l'inoculation le fera de fon côté. Il n'y a que des obfervations & des tables éxactes qui puiffent fixer pleinement nos idées fur ce fujet; mais ces obfervations & ces tables nous manquent encore.

(B) Les Liftes de ceux qui font morts de l'inoculation varient beaucoup entr'elles. Suivant quelques-unes il eft mort un inoculé fur foixante ; fuivant d'autres, il n'en eft pas mort un fur douze cens. C'eft en prenant un milieu entre toutes les Liftes, qu'on a fixé le nombre des morts de l'inoculation, à environ 1 fur 300 ; mais il faut

avouer

avouer que cette eſtimation eſt très-imparfaite, & cela pour deux raiſons. 1°. Elle a été faite indifféremment ſur toutes les Liſtes de ceux qui ſont morts de l'inoculation, tant après avoir été inoculés au hazard & ſans préparation, qu'après avoir été inoculés avec les précautions convenables. Cette maniere d'évaluer les avantages de l'inoculation eſt peu éxacte. Car ſi on prend les inoculés au hazard, il en meurt bien plus de un ſur 300, & au contraire ſi on les inocule avec précaution, le nombre des victimes paroît être beaucoup moindre. Donc dans le premier cas, la ſuppoſition d'une victime ſur 300 eſt trop favorable à l'inoculation; & dans le ſecond elle lui eſt contraire. Or ce ſecond cas eſt celui que tout Partiſan de l'inoculation, & même que tout Philoſophe raiſonnable doit naturellement ſuppoſer. Car perſonne ne conſeillera l'inoculation à un ſujet mal ſain, ſur-tout s'il n'y eſt pas préparé. Nous faiſons d'avance cette derniere remarque, qui nous ſervira dans la ſuite de ce Mémoire à établir les avantages de l'inoculation, & ſur laquelle il paroît que les Partiſans de cette pratique n'ont pas appuyé, ou ont appuyé trop légérement; en quoi ils ont abandonné, ce me ſemble, leur véritable avantage; & ce qu'il y a de plus déciſif en leur faveur dans cette queſtion.

2°. Une autre raiſon pour laquelle le rapport de 1 à 300 eſt peu éxact, c'eſt que ce rapport eſt ſuppoſé le même pour quelque âge que ce ſoit. Nous ne pouvons à la vérité faire une autre ſuppoſition, faute d'obſer

vations fuffifantes ; mais on ne fauroit trop exhorter les
Inoculateurs à conftater par des expériences réitérées
quel eft ce rapport pour chaque âge, afin d'arriver là-
deffus à toute la précifion que le fujet peut comporter.
Quoi qu'il en foit, nous partirons du rapport de 1 à 300,
fuppofé par les Incculateurs même ; & c'eft d'après cette
fuppofition, que nous allons examiner les conféquences
qu'ils en tirent.

(*C*) 1. Pour fixer les idées, je fuppofe que le tems
où on eft fujet à la petite Vérole, foit depuis 5 jufqu'à
65 ans. Je fai qu'on a fouvent la petite Vérole plutôt &
quelquefois plus tard ; mais il faut remarquer en même
tems ; 1°. que fi on fait commencer le rifque de la petite
Vérole au moment de la naiffance, alors, fuivant la Note
(*A*) ci-deffus, on trouvera par les tables de mortalité
$\frac{1}{14}$ feulement de rifque au lieu de $\frac{1}{7}$; 2°. que fi on fuppofe que le rifque de la petite Vérole s'étende au-delà
de 65 ans, alors en prolongeant le tems de ce rifque, on
diminue d'autant à proportion le rifque d'en mourir en
un mois ; ainfi les deux fuppofitions que nous avons
faites, tendent à augmenter le rifque de mourir de la
petite Vérole, & font par conféquent (à cet égard) favorables aux Inoculateurs ; 3°. enfin on n'inocule guères
avant l'âge de 4 à 5 ans ; c'eft donc de ce point qu'il
faut partir pour apprétier les avantages de l'inoculation.

2. Cela pofé, imaginons pour un moment qu'il meure
tous les ans un égal nombre de perfonnes de la petite
Vérole ; il eft évident que le rifque d'en mourir dans

l'année, fera $\dfrac{1}{7.60}$; & que celui d'en mourir dans le

mois, fera $\dfrac{1}{7.60.12}$. Donc le rifque de mourir de

l'inoculation, eft à celui de mourir de la petite Vérole

(*dans le même tems*) comme $\dfrac{1}{300}$ eft à $\dfrac{1}{420.12}$; c'eft-

à-dire, comme 84 à 5, ou à-peu-près comme 17 à 1.
Ce rapport augmenteroit du double, fi on fuppofoit que
le rifque de mourir de l'inoculation ne s'étendît qu'à
quinze jours ; & fi on fuppofoit encore avec M. Bernoulli,
qu'il y a des Villes, comme Bâle, où le rifque $\frac{1}{7}$ fe réduit à $\frac{1}{20}$, les deux rapports feroient entr'eux comme

$\dfrac{1}{300}$ à $\dfrac{1}{20.60.24}$, ou comme 96 à 1.

3. On auroit tort de nous objecter que nous avons fait
une fauffe hypothèfe, en fuppofant qu'il meurt tous les
ans un égal nombre de perfonnes de la petite Vérole ;
cette fuppofition fans doute eft peu éxacte, mais nous
ne l'avons faite que pour nous expliquer plus aifément
par un exemple. Car dans toute autre hypothèfe, pourvû
qu'elle ne foit pas trop forcée, on trouvera toujours que
le rifque de mourir de l'inoculation en un mois, eft plus
grand que celui de mourir de la petite Vérole *dans le
même tems*. Suppofons, par exemple, que le nombre des
morts de la petite Vérole de 5 à 65 ans, foit chaque année en progreffion Arithmétique décroiffante depuis 5
ans jufqu'à 65, & qu'à 65 ans ce nombre foit $= o$; on
trouvera que le dernier terme de cette progreffion étant

fuppofé x, on a pour le premier terme $60\,x$, & pour la fomme des morts pendant les 60 ans, $(x + 59\,x) \times \dfrac{60}{2}$, qui doit être égal à $\dfrac{1}{7}$; donc $x = \dfrac{1}{7 \cdot 30 \cdot 60}$; d'où il eft aifé de voir que le rifque de mourir la premiere année eft $\dfrac{1}{210}$, & par conféquent le premier mois $\dfrac{1}{12 \times 210}$; que celui de mourir le premier mois de la feconde année eft $\dfrac{1}{210} \times \dfrac{59}{60} \times \dfrac{1}{12}$; que celui de mourir le premier mois de la troifiéme eft $\dfrac{1}{210} \times \dfrac{58}{60} \times \dfrac{1}{12}$ &c. & ainfi de fuite; or chacun de ces rifques eft fort au-deffous de $\dfrac{1}{300}$, qu'on fuppofe être le rifque auquel les inoculés s'expofent.

4. En général, fuppofons que le nombre de ceux qui meurent à chaque inftant de la petite Vérole foit $d\,u$, & qu'on ait $d\,u = A\,(60 - x)^n\,d\,x$, x exprimant un nombre quelconque d'années écoulées depuis 5 ans jufqu'à 65; on aura donc $u = - A\,\dfrac{(60 - x)^{n+1}}{n+1} + \dfrac{A \cdot 60^{n+1}}{n+1}$; qui doit être $= \dfrac{1}{7}$ lorfque $x = 60$; d'où l'on tire $A = \dfrac{n+1}{7 \cdot 60^{n+1}}$: donc $d\,u = \dfrac{\overline{n+1} \cdot d\,x}{7 \cdot 60} \times \left(1 - \dfrac{x}{60}\right)^n$: quantité qu'on peut prendre pour le nombre de ceux qui meurent de la petite Vérole chaque année à la fin du tems x; en regardant $d\,x$ comme $= 1$, & comme repréfentant une année de tems. Donc en général le rifque de l'inoculation fera à celui de mourir de la pe-

tite Vérole (*dans le même tems, c'est-à dire en un mois*) comme $\frac{1}{300}$ est à $\frac{n+1}{7 \cdot 60 \cdot 12} \times (1 - \frac{x}{60})$; ce rapport sera la premiere année, comme $\frac{1}{300}$ est à $\frac{n+1}{7 \cdot 60 \cdot 12}$ à très-peu-près, pourvû que le nombre n ne soit pas fort grand; parce que x étant $= 1$, $(1 - \frac{x}{60})$ est à-peu-près égal à l'unité.

Si l'on fait dans cette formule $n = 0$, ou $n = 1$, on retombera dans les deux cas des art. 3 & 4 ci-dessus. Si au lieu de $\frac{1}{7}$ on prenoit toute autre fraction, par exemple, $\frac{1}{10}$, pour représenter le risque de la petite Vérole naturelle, on trouveroit de même le rapport des deux risques (*a*).

5. Il faut remarquer cependant, qu'en supposant toujours $du = A(60 - x)^n dx$, la formule précédente du rapport entre les deux risques, n'est éxacte que pour la premiere année; & que dans les années suivantes, il faut, pour connoître le risque de mourir de la petite Vérole, multiplier ce risque par $\frac{a}{z}$, a étant le nombre des vivans à l'âge de cinq ans, & z le nombre de ceux qui vivent à $5 + x$ ans, & qui n'ont point encore eu la

---

(*a*) On pourroit encore supposer $du = Ac^{-x} dx$, c étant le nombre dont le Logarithme est l'unité. Mais comme la véritable loi des du est inconnue jusqu'ici, toutes ces hypothèses seroient arbitraires; nous ne voulons ici que faire sentir par différens exemples, que le risque de mourir de la petite Vérole naturelle en un mois, est plus petit que celui de mourir de l'inoculation.

petite Vérole ; ce qui augmente à la vérité le rifque de mourir de la petite Vérole en un mois, mais non pas au point de le rendre $= $ à $\frac{1}{300}$, qui eft le rifque de l'inoculation dans ce même tems d'un mois.

6. Par exemple, fi on fuppofe avec M. Daniel Bernoulli, que de 64 perfonnes de même âge qui n'ont point eu la petite Vérole, il en meurt une dans l'année, (fuppofition qui paroît néanmoins être trop forte, fur-tout quand on a paffé les 30 ans) on aura pour le rifque de mourir de la petite Vérole naturelle en un mois, la fraction $\frac{1}{64 \times 12} = \frac{1}{768} < \frac{1}{300}$.

7. Au refte, quelque hypothèfe qu'on veuille faire fur la loi de mortalité de la petite Vérole, il eft du moins certain, diront les Anti-inoculateurs, que faute d'obfervations & de tables fuffifantes, il n'y a aucun mois dans la vie, où on puiffe être affuré qu'on rifquera davantage de mourir de la petite Vérole naturelle, que d'en mourir par l'inoculation ; ainfi, concluront-ils, l'inoculation, à quelque âge que ce foit, eft, ou téméraire, ou tout au moins hafardée. Telle eft l'objection qu'ils peuvent faire, & qu'on ne nous accufera pas d'avoir affoiblie.

(*D*) 1. La raifon pour laquelle le rifque de mourir en un mois de la petite Vérole naturelle, eft fi peu confidérable, c'eft par le peu de probabilité qu'on aura la petite Vérole naturelle dans le mois. Car fi on doit l'avoir, alors le rifque eft beaucoup plus grand, favoir de $\frac{1}{7}$ environ, fuivant les Inoculateurs ; & fi on ne doit

pas l'avoir, en ce cas on se retrouvera encore le mois suivant dans le danger d'avoir la petite Vérole, & d'en
mourir. Au contraire, le risque qu'on court par l'inoculation (à la vérité en un mois) suppose qu'on a reçu effectivement la petite Vérole, & délivre de ce danger
pour le reste de la vie, lorsqu'une fois on en est échappé. Je dis pour le reste de la vie; car quand il ne seroit
pas rigoureusement prouvé que l'inoculation délivre absolument d'avoir la petite Vérole, au moins il paroît que
les inoculés n'ont pas plus à la craindre que ceux qui
l'ont déjà eûe naturellement. Or nous voyons que ceux
qui ont déjà eu la petite Vérole naturelle, ne la crai-
gnent plus; & les Médecins sont partagés sur la question,
si on a deux fois cette maladie; ce qui prouve au moins
que le cas est rare.

2. Voilà donc le point de vûe sous lequel on doit
comparer les deux risques; l'un plus grand (quoiqu'assez
petit en lui-même) mais ne devant durer qu'un mois
sur tout le cours de la vie; l'autre plus petit, mais devant se répéter à chaque mois: le premier de ces risques
sera nul dès qu'on y aura échappé; le second, dès qu'on
y aura échappé, recommencera tout de nouveau, &
pourra même aller toujours en augmentant de mois en
mois, au moins jusqu'à un certain âge. Ainsi la difficulté Mathématique de la question consiste à savoir comment on doit comparer ces deux risques. Le premier
(suivant les Inoculateurs) est $\frac{1}{300}$; & le second est formé de la somme des risques qu'on court à chaque mois,

chacun de ces rifques devant pourtant être diminué à raifon de l'éloignement du tems où chacun des mois eft placé. Car il eft clair que fi $\frac{1}{1300}$, ou toute autre fraction, exprime le rifque de mourir à 40 ans de la petite Vérole en un mois, pour ceux qui font parvenus à cet âge; ce rifque ne doit pas être eftimé $\frac{1}{1300}$ quand on l'envifage long-tems avant l'âge de 40 ans, par exemple, à l'âge de 5 ans; fur-tout quand on compare ce rifque au rifque $\frac{1}{300}$ de mourir de l'inoculation en un mois; parce que le rifque $\frac{1}{300}$ eft un rifque préfent & *inftant* de perdre la vie en un mois, & que le rifque $\frac{1}{1300}$ eft un rifque éloigné, & que l'on ne doit courir qu'après avoir vêcu 35 ans, c'eft-à-dire, après avoir profité des plus belles années de la vie. En un mot, le rifque de périr de l'inoculation, quelque petit qu'il foit, eft un danger *préfent*, & le rifque de mourir de la petite Vérole naturelle (quoique plus grand) eft un danger *éloigné*, qui fe répand fur tout le tems de la vie, & dont les différentes parties s'affoibliffent par degrés, en fe répandant fur cet efpace. Or par quelle méthode réduire ce dernier rifque en calcul? Comment en apprétier les différentes parties, & comment en évaluer la fomme?

3. La feule maniere dont il paroît qu'on puiffe comparer les deux rifques, eft celle-ci. On confidere la vie comme une loterie, d'où il fort un certain nombre de lots qui portent la mort; les inoculés mettent à cette loterie un billet de plus que les autres hommes; en conféquence de ce billet le lot de la mort peut fortir

pour

pour eux dans l'espace d'un mois; mais ce mois passé, le lot de la mort doit sortir plus tard pour eux, que pour ceux qui n'ont point mis ce billet. Or on demande quel est l'avantage des Joueurs à cette loterie, ou quel est le rapport de l'espérance des Joueurs qui n'ont point mis le billet, à l'espérance des Joueurs qui l'ont mis ? Je vais tâcher de donner dans la théorie suivante la seule réponse qu'on puisse faire à cette question ; & je ne dissimulerai point en même-tems ce que l'on peut encore desirer dans cette théorie, pour en être pleinement satisfait.

THÉORIE MATHÉMATIQUE
DE L'INOCULATION.

4. Soit *AO* (*fig.* 1.) une ligne indéfinie, qu'on suppose divisée en un nombre indéfini de parties très-petites *AB*, *BC*, *CD* &c. dont chacune représente une année. Supposons de plus qu'au point *K*, on éleve une perpendiculaire *AK*, qui représente le nombre de personnes qui naissent en même-tems dans un même lieu, & principalement dans une grande Ville, telle que Paris, Londres &c. Quand je dis *en même-tems*, je n'entends point par ce mot le même instant de tems pris rigoureusement, mais un espace de tems assez court, par exemple, celui d'une année : car on peut supposer sans erreur sensible, que s'il naît, par exemple, 20000 personnes par an à Paris, ces 20000 personnes naissent tout-à-la-

fois au commencement de l'année. Mais pour nous exprimer d'une maniere encore plus générale & plus éxacte, nous fuppoferons que AK repréfente en général un nombre donné de perfonnes, toutes du même âge, & vivantes au commencement A du tems indéfini AO.

5. Soit AR une portion de la ligne indéfinie AO, laquelle portion AR repréfente un certain nombre n d'années, enforte que $AR = n\,AB$; fuppofons de plus qu'à la fin du tems AR, le nombre de perfonnes qui exiftent encore, & qui reftent de la quantité AK qu'il y en avoit au commencement du tems AR, foit repréfenté par RE; & imaginons qu'à chaque point R de la ligne AO, on éleve de pareilles lignes RE, qui repréfentent le nombre d'hommes reftant: il eft évident; 1°. qu'on formera par ce moyen une courbe KEQ qui ira rencontrer la ligne indéfinie AO en un point Q, & que $\dfrac{AQ}{AB}$ exprimera le tems à la fin duquel les perfonnes dont le nombre eft repréfenté par AK, & qui exiftent en même tems, feront toutes mortes, fans qu'il en refte une feule; 2°. que toutes les perfonnes vivantes à la fois à la fin d'un tems quelconque AR, & dont le nombre eft repréfenté par l'ordonnée RE, feront du même âge; 3°. que puifque pendant l'efpace de tems $R\,r$, qu'on peut fuppofer d'une année, le nombre des vivans RE de même âge eft diminué de la quantité $E\varepsilon$, le nombre des vivans de ce même âge, s'il étoit RF, feroit diminué pendant le même tems $R\,r$ d'une quantité $F\varphi = \dfrac{E\varepsilon \times RF}{RE}$.

6. Imaginons maintenant par le point K la ligne KN indéfinie & parallèle à AO; & fur cette ligne élevons à chaque point G des perpendiculaires GH, marquant le nombre de perfonnes qui meurent de la feule petite Vérole pendant le tems AR, & qui par conféquent n'exiftent plus à la fin de ce tems AR par le ravage de cette feule maladie. Il eft aifé de voir; 1°. qu'on formera par ce moyen une courbe KHL; 2°. que comme il eft rare d'avoir la petite Vérole dans un âge avancé, par exemple, à 60 ans, fi on prend $AM = 60 AB$, la partie LS de cette courbe KHL, qui commence au point L, fera fenfiblement parallèle à l'axe, & pourra même lui être abfolument parallèle, fi AM exprime un âge auquel perfonne n'a plus la petite Vérole, comme 70 ou 75 ans, plus ou moins; 3°. que fi on mene HT parallèle à KN, les ordonnées LV repréfenteront le nombre de perfonnes mortes de la feule petite Vérole pendant le tems RM; & que par conféquent Xx repréfentera ce qui meurt de la feule petite Vérole pendant le tems Rr.

7. Cela pofé, foit $AK = k$; $AR = x$; $RE = y$; $GH = u$; on voit d'abord que fi toutes les perfonnes exiftantes à-la-fois au commencement A du tems AR, avoient eû la petite Vérole auparavant, il en périroit un moindre nombre pendant le tems AR, puifque l'une des caufes de mort, favoir la petite Vérole, n'exifteroit plus, ou du moins ne cauferoit plus que très-peu de morts; (Voyez cette Note D art. 1.). Ainfi à la fin du tems AR, le nombre des perfonnes de même âge qui vivroient

encore, feroit plus grand que RE. Suppofons ce nombre $= RF = z$; il eft évident, 1°. que $E\epsilon$ repréfentant la quantité dont le nombre RE eft diminué pendant le tems Rr, tant par la petite Vérole, que par d'autres maladies, $F\varphi = \dfrac{E\epsilon \times FR}{RE}$ repréfenteroit la quantité dont le nombre RF des perfonnes du même âge feroit diminué durant le même tems, *toutes chofes d'ailleurs égales*; 2°. que fi les perfonnes dont le nombre eft repréfenté par RF étoient fujettes à la petite Vérole, cette maladie en feroit périr pendant le tems Rr la quantité $X\xi = \dfrac{X\varkappa \times RF}{RE}$. Mais comme on fuppofe que toutes les perfonnes dont le nombre eft repréfenté par RF, ont eu la petite Vérole, le nombre $F\varphi$ qui devroit mourir dans le tems Rr, foit de la petite Vérole, foit autrement, doit être diminué de la quantité $f z = X\xi$, qui exprime ce qui périroit par la petite Vérole feule. C'eft pourquoi on trouvera $RF - r z$ ou $d z = \dfrac{E\epsilon \times RF}{RE}$

$- X\xi = \dfrac{z\,dy}{y} + \dfrac{z\,du}{y}$; je mets $+ \dfrac{z\,du}{y}$, & non

$- \dfrac{z\,du}{y}$, parce que z & y diminuent pendant que u croît.

8. On aura donc $d z = \dfrac{z\,dy}{y} + \dfrac{z\,du}{y}$; dont l'intégrale eft $z = y\,c^{\int \frac{du}{y}}$; c exprimant le nombre dont le Logarithme eft l'unité. On voit par cette équation;

1°. que z eſt toujours plus grand que y, excepté lorſ-
que $y = k$, & lorſque $y = o$; car dans le premier cas
$\int \frac{du}{y} = o$, & par conſéquent $z = y$; & dans le ſecond, $z = o$ auſſi-bien que y; 2°. que vers l'extrémité
de AQ, par exemple, au point M, où la courbe KLS
dégénére en une partie LS, qui eſt exactement ou ſenſiblement parallèle à l'axe, on a $c^{\int \frac{du}{y}} = $ à un nombre conſtant, ou éxactement, ou à-très-peu-près; de ſorte
que z eſt pour lors en raiſon conſtante, ou à-très-peu-
près conſtante avec y.

9. De-là il eſt évident; 1°. que ſi toutes les perſonnes qui exiſtent en même-tems en nombre AK au commencement du tems AR, ont eu la petite Vérole, enſorte
qu'elles n'ayent plus ou preſque plus à la craindre, le
nombre RF qui en reſtera à la fin du tems AR, ſera
plus grand que ſi ces mêmes perſonnes avoient la petite Vérole à craindre, & ſera plus grand dans le rapport du nombre $c^{\int \frac{du}{y}}$ à l'unité; 2°. qu'à la fin du
tems AQ, les perſonnes dont le nombre eſt repréſenté
par AK, ſeront toutes mortes, ſoit qu'elles n'ayent pas
eu la petite Vérole avant le commencement A du tems
AQ, ſoit qu'elles l'ayent eûe.

10. C'eſt pourquoi ſi de 20000 perſonnes, par exemple, qui naiſſent ou qui exiſtent en même-tems au même
âge, il n'en exiſte plus une ſeule au bout d'un certain

nombre *n* d'années, il n'en exiftera pas non plus une feule
au bout de ce même nombre d'années, quand même
ces perfonnes auroient eû toutes la petite Vérole avant
le commencement de ce nombre *n* d'années. Il ne faut
pas cependant conclure de-là que tout foit égal dans
les deux cas. Car 1°. comme la courbe KFQ eft toute
extérieure à la courbe KEQ, la *vie moyenne* de toutes
les perfonnes AK qui exiftent en même-tems & au
même âge, fera dans le premier cas égale à l'aire $AKEQ$
divifée par AK, & dans le fecond égale à l'aire $AKFQ$
divifée par AK. Ainfi dans le premier cas la vie moyenne
fera plus courte que dans le fecond, en raifon de $AKEQ$

à $AKFQ$; c'eft-à-dire, de $\int y\,dx$ à $\int y\,dx\,c^{\int \frac{du}{y}}$,
en prenant ces intégrales pour ce qu'elles font au point
Q. 2°. Si RE & $R'F'$ (*fig.* 2.) font faites égales à la
moitié de AK, les abfciffes correfpondantes AR, AR'
repréfenteront les tems au bout defquels dans les deux
cas le nombre AK des perfonnes vivantes au même âge
fera réduit éxaĉtement à la moitié, & par conféquent
le tems que chacune des perfonnes AK en particulier
peut raifonnablement efpérer de vivre; donc puifque
$AR < AR'$, ce tems fera plus petit dans le premier cas
que dans le fecond. C'eft pourquoi fi toutes les perfonnes repréfentées par AK, & de même âge, ont eu la
petite Vérole au commencement du tems AQ, leur vie
moyenne en fera plus longue, & chacune d'elles pourra
efpérer de vivre plus long-tems, que fi ces perfonnes AK

avoient encore la petite Vérole à craindre ; quoiqu'à la fin du tems AQ toutes foient mortes dans les deux cas.

11. Je fuppofe préfentement que parmi le nombre AK de perfonnes exiftantes au même âge, AK' (*fig.* 3.) repréfente toutes celles qui n'ont point eu la petite Vérole, ou un nombre quelconque d'entr'elles. Il eft d'abord évident qu'en traçant la courbe $K'F'Q$, qui foit telle que RF' foit à RF comme AK eft AK', cette courbe exprimeroit la mortalité des perfonnes AK', en fuppofant qu'elles euffent toutes eu la petite Vérole. Donc fi on les inocule toutes, & qu'il en furvive la partie Ak', alors traçant la courbe $k'f'Q$, qui foit telle que Rf' foit à RF comme Ak' eft à AK; cette courbe $k'f'Q$ exprimera la mortalité des inoculés. Donc la vie moyenne des inoculés AK' fera repréfentée par l'aire

$$\frac{Ak'f'Q}{AK'} = \frac{AKFQ}{AK} \times \frac{Ak'}{AK'} ; \text{ & fi on fait } A\Lambda = \frac{AK'}{2},$$

& $R'O = A\Lambda$, AR' marquera le tems que les inoculés AK' peuvent raifonnablement efpérer de vivre.

12. Il s'agit à préfent de favoir quelle feroit la mortalité des perfonnes AK' (dont on fuppofe qu'aucune n'a eu la petite Vérole) fi toutes ces perfonnes s'abandonnoient à la nature. Il eft d'abord évident que cette mortalité fera la même (c'eft-à-dire, que le nombre des furvivans après un tems quelconque, fera dans le même rapport avec AK') foit que le nombre AK' repréfente toutes les perfonnes qui n'ont point eu la petite Vérole fur le nombre AK des vivans au même âge, foit qu'il

n'en repréſente qu'une partie. Suppoſons donc que AK' repréſente toutes les perſonnes de même âge, & habitantes d'un même lieu, qui n'ont point eu la petite Vérole; & que $K'EQ$ (*fig.* 4.) ſoit leur courbe de mortalité. Soit $RE' = u'$ le nombre de perſonnes reſtantes après le tems AR ſur le nombre AK' de ceux qui n'ont point encore eu la petite Vérole à l'inſtant A; il eſt clair d'abord que ſi toutes les perſonnes u' avoient eû la petite Vérole, on auroit $-du' = -\dfrac{u'\,dz}{z}$, pour le nombre de perſonnes qui mourroient pendant le petit tems dt; à quoi il faut ajouter le nombre $+du$ de ceux qui meurent dans ce même-tems de la petite Vérole.

Donc $-du' = -\dfrac{u'\,dz}{z} + du$; or on a trouvé plus haut (n. 8.) $dz = \dfrac{z\,dy}{y} + \dfrac{z\,du}{y}$, ou $-dy = -\dfrac{y\,dz}{z} + du$; donc $\dfrac{dy - du'}{y - u'} = \dfrac{dz}{z}$; ou $y - u' = Pz$; P exprimant une conſtante. Or au point A, on a $z = y = k$ (en ſuppoſant $AK = k$); donc ſi on appelle k' la valeur de u' au point A, on aura $k - k' = Pk$; donc $P = 1 - \dfrac{k'}{k}$; donc $y - u' = z\left(1 - \dfrac{k'}{k}\right)$

$= y c^{\int \frac{du}{y}} \times \left(1 - \dfrac{k'}{k}\right)$; & $u' = y - y c^{\int \frac{du}{y}}$

$+ \dfrac{y c^{\int \frac{du}{y}} \times k'}{k}$. Il ne s'agit plus que de ſavoir

quelle

quelle eſt la valeur de k', ou le rapport de k' à k.

13. A cet effet, ſoit n un nombre quelconque de perſonnes vivantes à un certain âge donné; on peut ſavoir aſſez facilement (au moins à-peu-près) quel eſt parmi elles le nombre m de celles qui ont eu la petite Vérole; pour cela il ſuffiroit que quelques perſonnes zélées & éclairées, ſe chargeaſſent de faire là-deſſus des informations, & d'en dreſſer des tables. Donc $\dfrac{k'}{k} = \dfrac{n-m}{n}$;

& $u' = y - \dfrac{y\,e^{\int \frac{du}{y}}\ m}{n}$. Suppoſant donc qu'on ait pour chaque âge la valeur de $\dfrac{m}{n}$; on aura la courbe de mortalité $K'E'Q$ d'un nombre quelconque AK' de perſonnes qui n'ont point eu la petite Vérole; on connoîtra la valeur de leur vie moyenne $= \int \dfrac{u'\,dx}{AK'} =$

$\int \dfrac{y\,dx}{k} \times \dfrac{n}{n-m} - \int \dfrac{y\,dx\,e^{\int \frac{du}{y}}\ m}{k\,(n-m)}$. Pour connoître de même le tems $A\rho$ que chacune des perſonnes AK' peut raiſonnablement eſpérer de vivre, on fera $A\Lambda = \dfrac{AK'}{2}$, & on cherchera l'abſciſſe $A\rho$ correſpondante à $\rho O' = A\Lambda$.

14. Ainſi (fig. 3.) le rapport des vies moyennes ſera pour les inoculés, & pour ceux qui ne le font pas, celui de $\int \dfrac{z\,dx}{k} \times \dfrac{Ak'}{AK'}$, à $\dfrac{n\int y\,dx}{k\,(n-m)} - \dfrac{m\int z\,dx}{k\,(n-m)}$. Donc

suppofant $z = y + \omega$, on voit que la vie moyenne $\int \frac{y\,d\,x}{k}$, de toutes les perfonnes d'un même âge, prifes indiftinctement (telle qu'on la trouve dans les tables déja calculées) fera augmentée par l'inoculation à-très-peu-près de $\int \frac{\omega\,d\,x}{k} \times \frac{A\,k'}{A\,K'}$; & qu'elle fera diminuée par le rifque de la petite Vérole naturelle, d'une quantité $\frac{m\int \omega\,d\,x}{k\,(n-m)}$. Donc 1°. $\int \frac{y\,d\,x}{k}$ exprimant la vie moyenne marquée dans les tables jufqu'ici connues, $\int \frac{y\,d\,x}{k} - \frac{m\int \omega\,d\,x}{k\,(n-m)}$ fera la vie moyenne de ceux qui n'ont point eu la petite Vérole; 2°. $\left(\frac{\int y\,d\,x}{k} + \frac{\int \omega\,d\,x}{k} \right) \times \frac{A\,k'}{A\,K'}$, fera la vie moyenne des inoculés; 3°. par conféquent l'augmentation totale de vie moyenne, qu'on fe procure par l'inoculation, lorfqu'on n'a point encore eu la petite Vérole, fera $\left(\frac{\int \omega\,d\,x}{k} \right) \times \left[\frac{A\,k'}{A\,K'} + \frac{m}{n-m} \right] - \int \frac{y\,d\,x}{k} \times \left(1 - \frac{A\,k'}{A\,K'} \right)$.

De plus le rapport des tems qu'on peut efpérer de vivre dans les deux cas, fera celui de $A\,R'$ (*fig.* 3.) à $A\,p$ (*fig.* 4.).

1 ς. J'ai fuppofé dans les calculs précédens, que d'un nombre quelconque $A\,K'$ (*fig.* 3.) de perfonnes du même âge, qu'on inocule à l'inftant A, il en meurt à cet inftant A la partie $K'\,k'$; & cette fuppofition n'eft pas rigoureu-

fement éxacte : car ce nombre $K'k'$ ne meurt que pendant un certain tems, qui eft d'environ un mois, ou,
fi l'on aime mieux, de 15 jours. C'eft pourquoi ce n'eft
pas l'ordonnée $A K'$ qu'il faut diminuer de la quantité
$K'k'$, mais une autre ordonnée de la courbe $K'F'Q$
qui répond à une abfciffe égale à un mois. Or foit μ
cette ordonnée ; il eft vifible qu'en la diminuant de la
quantité $K'k'$, c'eft la même chofe que fi on diminuoit

l'ordonnée $A K'$ d'une quantité $= \dfrac{A K' . K' k'}{\mu}$; mais

comme μ differe très-peu de $A K'$, il s'enfuit qu'on

pourra mettre fans erreur fenfible $K'k'$ au lieu de $\dfrac{A K' . K' k'}{\mu}$.

Une plus grande éxactitude feroit fuperflue dans un
calcul tel que celui-ci, où il ne s'agit, & où il n'eft poffible d'arriver qu'à des *à-peu-près*.

16. Pour trouver les valeurs de $A R'$, $A \rho$ (*fig.* 3. & 4.)
il faut fuppofer d'abord que l'on connoiffe par des tables
de mortalité le nombre de perfonnes $K'k'$ qui meurent de l'inoculation, fur un nombre donné $A K'$ de perfonnes du même âge qu'on inocule : ce nombre, toujours
très-petit, ne doit pas vraifemblablement être le même
pour chaque âge ; c'eft-à-dire, que le rapport de $K'k'$ à
$A K'$ ne doit pas être conftant ; c'eft fur quoi on n'a pas
encore d'obfervations fuffifantes. Cela pofé,

17. On prendra d'abord le nombre AK des enfans qui
naiffent dans une même année : on faura par les tables
de mortalité, combien il meurt de ces enfans par an ;

& on formera par ce moyen une table, dont la première colonne verticale contiendra les différentes valeurs de l'abſciſſe *x* ou *A R* (*fig.* 1.), depuis *o* juſqu'à 90 ou 95 ans. La ſeconde contiendra les valeurs de *y* ou *R E*, c'eſt-à dire, le nombre des perſonnes reſtantes à la fin de chaque tems *A R*. Une troiſiéme colomne verticale contiendra les valeurs de *u* ou *G H*, c'eſt-à-dire, le nombre de perſonnes que la petite Vérole a emportées pendant les tems *A R* (*a*) Une quatriéme colomne contiendra les quantités correſpondantes $\int \frac{d u}{y}$, qu'il faudra multiplier par la ſoutangente *o*, 434294 de la Logarithmique des tables; j'appelle ces quantités ainſi multipliées ζ. Pour avoir les quantités χ, on ajoutera les Logarithmes des *y* avec les quantités correſpondantes ζ, & les quantités χ ſeront celles qui auront pour Logarithmes $\zeta + \text{Log.} y$. On écrira ces quantités χ dans une cinquiéme colomne. Dans une ſixiéme colomne on mettra les valeurs de $c^{\int \frac{d u}{y}}$, ou de $\frac{\chi}{y}$. Une ſeptiéme co-

---

(*a*) Il eſt vrai que ces valeurs de *G H* ne ſont point encore connues par les Tables de mortalité; mais il ſeroit facile, pour peu que le Gouvernement voulût ſe prêter à cette recherche utile, de former en 15 ou 20 ans des Regiſtres Mortuaires, d'après leſquels on dreſſeroit fort aiſément de pareilles tables; & comme ces tables ſi néceſſaires à la queſtion préſente, n'exiſtent pas encore, c'eſt une raiſon de plus pour eſpérer qu'on y penſera. Car ſans ce ſecours, on n'aura jamais que des calculs imparfaits & fautifs ſur les avantages de l'inoculation.

lomne marquera pour chaque âge le rapport de m à u, & une huitiéme celui de $n - m$ à n. La neuviéme co-lomne donnera le rapport de $K'k'$ à AK' (*fig.* 3.) pour chaque âge; c'eſt-à-dire, le rapport du nombre des morts de l'inoculation au nombre des inoculés. La dixiéme co-lomne ſera la valeur de $\int \frac{y\,dx}{k}$, c'eſt-à-dire, la vie moyenne propre à chaque âge, avant ou après la petite Vérole. La onziéme, la valeur de $\int \frac{z\,dx}{k} \times \frac{Ak'}{AK'}$, c'eſt-à-dire, la vie moyenne des inoculés. La treiziéme, le tems AR' que les inoculés peuvent eſpérer de vivre. La quatorziéme, la vie moyenne $\int \frac{u'\,dx}{k'} = \int \frac{y\,dx}{k}$

$$\times \frac{n}{n-m} - \int \frac{y\,dx\,c^{\int \frac{du}{y}}}{k(n-m)}\,m = \int \frac{y\,dx}{k} \times \frac{u}{n-m}$$

$$- \int \frac{m\,z\,dx}{k(n-m)},$$ de ceux qui n'ont pas eu la petite Vé-role; ou, ſi l'on veut, la quantité $\frac{m \int u\,dx}{k(n-m)}$, dont leur vie moyenne eſt plus courte que la vie moyenne générale $\int \frac{y\,dx}{k}$ de toutes les perſonnes du même âge, priſes indiſtinctement. La quinziéme enfin, le tems $A\rho$ (*fig.* 4.) qu'ils peuvent raiſonnablement eſpérer de vivre, c'eſt-à-dire, celui où ils ſeront réduits à la moitié; on aura ainſi pour chaque âge le rapport de AR' (*fig.* 3.) à $A\rho$ (*fig.* 4.).

18. Voilà tout ce que la théorie Mathématique peut

nous apprendre fur cette queſtion ; encore faut-il ſuppoſer qu'on ait par une bonne ſuite d'obſervations la valeur des u, celle de $\dfrac{m}{n}$ pour chaque âge, & celle de
$\dfrac{K'\,k'}{A\,K'}$ auſſi pour chaque âge. Juſqu'à ce qu'on connoiſſe ces valeurs, il ne ſera pas poſſible de rien établir de certain ſur l'augmentation de vie moyenne que
l'inoculation procure à quelque âge que ce ſoit.

19. On peut remarquer ſeulement ; 1°. que la quantité $\dfrac{m}{n}$
augmente à meſure qu'on avance en âge, & que par
conſéquent la quantité exprimée par le rapport $\dfrac{m}{n-m}$,
augmente continuellement ; 2°. qu'au contraire la quantité $\int \omega\, dx = \int (z - y)\, dx$, va en diminuant, ainſi
que la quantité k ; 3°. que l'expérience ſeule peut par
conſéquent décider dans quel cas la diminution $\dfrac{m \int \omega\, dx}{k\,(n-m)}$
de la vie moyenne, pour ceux qui n'ont pas eu la petite
Vérole, ſera la plus grande qu'il eſt poſſible ; 4°. que
pour connoître les quantités u & $\dfrac{m}{n}$, & par conſéquent celles qui en dépendent, il n'eſt pas néceſſaire
d'avoir des obſervations particulieres pour chaque âge ; il
ſuffit d'en avoir pour cinq ou ſix âges différens ; & on
déterminera à-très peu-près les valeurs correſpondantes
aux autres âges par la méthode connue des *interpola-
tions*, & des courbes de *genre parabolique* ; 5°. que la
diminution de la vie moyenne par le riſque de la petite

Vérole naturelle, & son augmentation par l'inoculation, sont différentes, quand on ne prend que ceux qui attendent la petite Vérole, & quand on prend le total des personnes vivantes à chaque âge; & que la diminution dans le second cas est différente de ce qu'elle est dans le premier, ainsi que l'augmentation. Le premier cas est celui qui intéresse chaque particulier à part; le second cas est celui qui intéresse la totalité de l'Etat. Ainsi les calculs doivent être différens pour les deux cas. Dans le premier cas, la diminution de la vie moyenne est

$$\int \frac{\omega\, d\, x}{k} \times \frac{m}{n-m};$$ dans le second cas elle est $=$

$$\int \frac{\omega\, d\, x}{k};$$ dans le premier cas, l'augmentation de vie

moyenne par l'inoculation est $\int \frac{\omega\, d\, x}{k} \times \frac{A\, k'}{A\, K'}$

$$-\int \frac{y\, d\, x}{k}\left(1-\frac{A\, k'}{A\, K'}\right)+\int \frac{\omega\, d\, x}{k} \times \frac{m}{n-m}=\int \frac{\omega\, d\, x}{k}$$

$$+\int \frac{\omega\, d\, x}{k} \times \frac{m}{n-m}-\int \frac{z\, d\, x}{k}\left(\frac{A\, K'-A\, k'}{A\, K'}\right); \text{ dans}$$

le second l'augmentation est $\int \frac{\omega\, d\, x}{k}-\int \frac{z\, d\, x}{k} \times$

$$\left(\frac{A\, K'-A\, k'}{A\, K}\right):$$ donc excepté le cas de $m=0$ & de

$A\, K=A\, K'$, l'augmentation est différente dans les deux cas; & la diminution aussi, excepté le cas de $n=2\, m$.

20. On peut encore remarquer; 1°. que l'aire de la courbe de mortalité $K\, E\, Q$ (*fig.* 1.) représente à-peu-près le nombre des Habitans d'un même lieu, en posant que le nombre de ceux qui en sortent, soit à-peu-

près égal au nombre de ceux qui y entrent; car il naît chaque année un nombre d'enfans $= AK$, & il meurt une quantité de personnes $= \int dy = AK$; 2°. Donc le nombre total des vivans est $= AK$ multiplié par la vie moyenne. 3°. Par la même raison le nombre des vivans depuis un âge quelconque AR jusqu'à l'âge AQ, est $= RE$ multiplié par la vie moyenne qui répond à AR. 4°. Si on fait $AR = 30$ ans, on trouvera par ce moyen, en consultant les tables de mortalité, que l'aire REQ est à-peu-près la moitié de l'aire $AKEQ$, c'est-à-dire, qu'il y a à-peu-près autant d'hommes vivans de 0 ans à 30 ans, que de 30 à 100. Cette remarque nous sera utile dans la suite.

(E) 1. D'un côté, les Inoculateurs assurent, que dans les 4 premieres années de la vie, on est moins sujet à la petite Vérole que dans les suivantes; car on a vû plus haut (Note A), que, suivant eux-mêmes, presque tout ce qui meurt avant quatre ans, (c'est-à-dire, environ la moitié de l'espéce humaine) meurt avant d'avoir eu la petite Vérole. D'un autre côté, plusieurs Médecins prétendent (Voyez le Journal de Médecine de Janvier 1761) que dans les 10 premieres années de la vie on est dix fois plus sujet à la petite Vérole que dans les autres. En admettant ces hypothèses, la plus grande probabilité d'être attaqué de la petite Vérole, seroit depuis 4 ans jusqu'à 10. En même-tems, il ne paroît pas moins certain, que la petite Vérole est d'autant plus dangereuse qu'on est plus avancé en âge. C'est pourquoi si $\frac{1}{n}$ exprime

à

à chaque âge la fraction ou partie des *non variolés* qui a la petite Vérole, & $\frac{1}{n\,m}$ la partie qui en meurt ; il y a lieu de croire que $\frac{1}{n}$ est d'abord assez petit, & qu'il augmente ensuite, pour recommencer à diminuer après l'âge de 10 ans, & pour redevenir très-petit vers l'âge de 50 à 60 ans ; & que $\frac{1}{m}$ augmente à mesure que l'âge augmente, sur-tout depuis 15 ans jusqu'à la fin de la vie.

2. Il est vrai que la table de M. Bernoulli ne s'étend que depuis 0 ans jusqu'à 24 ans. Mais 1°. il paroît croire lui-même qu'il a fait le nombre $\frac{1}{n}$ de ceux qui ont la petite Vérole, trop grand pour la premiere année de la vie ; 2°. sur un nombre égal de personnes de 20 ou 24 ans d'une part, & de l'autre d'enfans de 4, 5, 6, &c. ans qui auront la petite Vérole, peut-on raisonnablement supposer qu'il n'en mourra pas davantage dans la premiere classe que dans la seconde ?

3. Aussi les suppositions de M. Bernoulli conduisent-elles à des conséquences qui ne paroissent pas fort vraisemblables ; par exemple, à celle-ci, que dans le cours de la neuviéme année de la vie, il meurt par la seule petite Vérole les deux tiers de ce qui meurt par toutes les autres maladies prises ensemble. Il y a, ce me semble, tout lieu de douter que l'expérience confirme jamais cette effrayante conclusion.

(*F*) 1. Ces suppositions n'ont rien de forcé, même

dans les principes des Inoculateurs. Suivant M. Bernoulli, il y a quatre ans de différence de vie moyenne pour les enfans de 5 ans qui n'ont pas eu la petite Vérole, & pour ceux qui l'ont eûe; & suivant le même Géometre, il doit y avoir à-peu-près le même gain pour les personnes de 30 ans, dont la vie moyenne est d'ailleurs d'environ 30 années par les tables de mortalité; ce seroit donc environ 34 ans pour les inoculés, ou plus éxactement (Note *D.* art. 14.) un peu plus de 30 ans pour ceux-ci, & environ 26 pour les non-inoculés.

2. En admettant cette supposition, & en supposant de plus que le risque de mourir de l'inoculation soit $\frac{1}{200}$, celui qu'on inocule à 30 ans, risque $\frac{1}{200}$ d'avancer sa mort d'environ 26 ans, contre l'avantage d'augmenter d'un septiéme ce qui lui reste de tems à vivre, & sa vie totale d'un quatorziéme, dont il ne devra jouir qu'à 56 ans. Or en ce cas le risque est-il égal ou plus grand que l'avantage? Voilà la question qu'il faut résoudre, pour apprétier mathématiquement (dans les hypothèses précédentes) les avantages ou les risques de l'inoculation.

(*G*) 1. Avant que de développer cette difficulté, il ne sera pas inutile d'en proposer une autre, qui est générale pour l'estimation de la mortalité. Elle tombe sur la maniere d'apprétier les degrés de probabilité de la vie. Si on s'en tient sur cela aux régles ordinaires des probabilités, & qu'on regarde la vie comme une espéce de Loterie ou de jeu de hazard, on trouvera que l'*espérance* de chaque Joueur ou homme, est égale à la somme des

perſonnes vivantes à la fin de chaque année $A R$ (*fig.* 1.)
diviſée par le nombre $A K$ des perſonnes vivantes au
commencement A du tems $A Q$; ce qui donne l'aire entiere $A K E Q$ diviſée par $A K$: c'eſt à-dire, que l'*eſpérance* de chaque homme eſt égale au tems que doivent vivre
tous ces hommes pris enſemble, ce tems étant diviſé
par le nombre des hommes; comme dans une Loterie
où chaque joueur a pris un billet, l'*eſpérance* de chaque joueur eſt égale à la ſomme des lots diviſée par le
nombre des billets. Il ſemble donc, ſuivant cette premiere maniere ſi naturelle d'enviſager la choſe, que le
tems que chaque homme peut eſpérer de vivre, doit être
cenſé égal à ce qu'on appelle communément, *ſa vie
moyenne.*

2. Cependant il y a une autre maniere tout auſſi plau-
ſible d'enviſager la queſtion, qui donne un autre réſultat.
C'eſt de chercher le tems $A R$, au bout duquel il ſera
mort la moitié des vivans $A K$; & de regarder ce tems
comme celui qu'on peut eſpérer de vivre: puiſqu'on
peut parier au pair ou un contre un, qu'on ſera encore
vivant au bout de ce tems. Ce tems $A R$ eſt différent de
celui qui donne la *vie moyenne*; excepté dans un ſeul cas
qui n'a pas lieu dans la nature: c'eſt le cas où $K E Q$ ſeroit
une ligne droite, c'eſt-à-dire, où il mourroit chaque année un nombre égal de perſonnes. Or laquelle doit-on
préférer de ces deux manieres d'eſtimer la durée de la
vie? Elles paroiſſent toutes deux également plauſi-
bles, quoiqu'elles donnent des réſultats très-différens.

Par exemple, la durée de la vie des enfans nouveaux nés, eſt eſtimée, ſuivant la premiere méthode, de 26 ans à-peu près par les calculs de M. Halley; & la durée de la vie de ces enfans, eſtimée ſuivant la ſeconde méthode, eſt d'environ 8 ans. (*Voyez la Table inſérée à la fin du ſecond Volume de l'Hiſtoire Naturelle de Mʳˢ de Buffon & d'Aubenton*). Cela vient de ce qu'il meurt une quantité prodigieuſe d'enfans dans la premiere année de la vie.

3. En ſuppoſant cette premiere difficulté réſolue, celle que nous avons touchée dans notre Mémoire, ſubſiſtera encore dans toute ſa force. Suppoſons que *a* ſoit *l'eſpérance de vivre*, ou la durée de la vie, eſtimée de l'une ou l'autre des deux manieres précédentes; & que *a + c* ſoit *l'eſpérance de vivre* pour les inoculés. Il eſt viſible 1°. que celui qui ſe fait inoculer, acquiert l'eſpérance de vivre après le tems *a*, un nombre d'années $= c$; 2°. qu'il riſque $\frac{1}{300}$, ou, ſi l'on veut, en général $\frac{1}{n}$ de ſacrifier en un mois, en 15 jours, &, pour ainſi dire, tout d'un coup (car cela revient à peu-près au même pour un tems ſi court) tout le tems *a* qu'il peut eſpérer de vivre. On pourroit donc regarder $-\frac{a}{n}$ comme le riſque, & *c* comme l'eſpérance, ſi toutes choſes étoient d'ailleurs égales. Mais il faut remarquer 1°. que le riſque $-\frac{a}{n}$ eſt couru dans le mois, & pour ainſi dire dans le jour; au lieu que l'eſpérance de vivre un nombre *c*

d'années, est rejettée au bout du tems a. Et quand même on ne regarderoit pas l'espérance c comme diminuée par le tems a au bout duquel elle est placée, on ne peut guères se dissimuler que le risque $- \frac{a}{n}$ ne soit augmenté par le peu de tems durant lequel il est couru, sur-tout lorsqu'il s'agit de la vie, c'est-à-dire, du plus précieux de tous les biens. Or en quelle raison le risque $- \frac{a}{n}$ est-il augmenté par cette briéveté de tems? C'est sur quoi on ne peut faire que des hypothèses. 2°. Si le tems a, au bout duquel les années d'espérance c sont placées, atteint jusqu'à un âge avancé, comme de 60 ans & plus, il est évident, que pendant ces années c, on sera sujet aux infirmités de la vieillesse; & qu'ainsi l'espérance c doit être diminuée à cet égard : puisque le tems qu'on souffre, est proprement un tems à retrancher sur la véritable durée de la vie, sur la vie proprement dite. Or suivant quelle loi cette quantité c doit-elle être diminuée? C'est encore sur quoi on ne peut faire que des hypothèses, toujours vagues & peu satisfaisantes.

(*H*) 1. J'en dis autant de ceux qui ont prétendu qu'on devroit se faire inoculer, quand l'inoculation ne diminueroit le risque de mourir de la petite Vérole, que de la moitié, du tiers, du quart &c. Il me semble que dans cette assertion on n'a pas assez fait d'attention à la différence d'un risque présent où l'on s'expose, à un risque

éloigné & incertain. Il meurt, dit-on, de la petite Vérole naturelle, un feptiéme de ceux qui en font attaqués ; s'il mouroit un quatorziéme des inoculés (ce qui
réduiroit le rifque à la moitié) oferoit-on dire que dans
ce cas l'inoculation dût être pratiquée ?

2. J'ai été bien furpris, je l'avoue, de lire dans un Ouvrage de Médecine, que *l'éloignement* du rifque ne devoit être ici compté pour rien. Sur ce pied-là, un rifque
de la vie qu'on doit courir dans le jour, & un rifque
pareil qu'on ne doit courir qu'au bout de 30 ans, feroient égaux ; qui pourra le croire ?

(*I*) Selon les obfervations faites en Angleterre, la
petite Vérole emporte $\frac{1}{14}$ du genre humain. Il meurt à
Paris 20000 perfonnes par an ; M. *de la Condamine* conclud de-là qu'il meurt à Paris (année commune) environ 1400 perfonnes de la petite Vérole. En fuppofant le
nombre des Habitans de cette Ville de 700000 ames,
c'eft environ 1 fur 500 qui meurt de la petite Vérole
en un an, & par conféquent 1 fur 6000 en un mois. On
pourra, dans la fuite, avec des Liftes éxactes, connoître
plus précifément ce rapport, & même, ce qui eft effen-
tiel, les variétés de ce rapport fuivant les différens âges.
Mais pour le préfent nous fommes obligés de nous borner à cette eftimation, qui même eft beaucoup au-deffous de la vérité ; car on va voir que le nombre de ceux
qui meurent de la petite Vérole, eft beaucoup plus grand.

(*K*) En voici la preuve. De toutes les perfonnes
actuellement vivantes, depuis le moment de la naiffan-

ce jufqu'à 100 ans, il y en a à-peu-près autant (fuivant les tables de mortalité) depuis 30 ans jufqu'à 100 ans, que depuis 0 ans jufqu'à 30 (Note *D* , Art. 20.). Donc de toutes les perfonnes actuellement vivantes, le nombre de celles qui exiftent depuis 0 ans jufqu'à 30 ans, eft à-peu-près la moitié du tout. Or à 30 ans prefque tout le monde a eu la petite Vérole ; donc le nombre des perfonnes qui n'ont pas eu la petite Vérole, prifes depuis 0 ans jufqu'à 100 ans, differe très-peu du nombre de celles qui ne l'ont pas eûe depuis 0 ans jufqu'à 30 ans. Or ce dernier nombre eft évidemment plus petit, & beaucoup plus petit, que le nombre total des perfonnes vivantes depuis 0 ans jufqu'à 30 ans. Donc le nombre de perfonnes actuellement vivantes, & qui n'ont pas eu la petite Vérole, eft moindre & beaucoup moindre, que la moitié du nombre total des perfonnes vivantes.

(*L*) 1. La plûpart des hommes ayant la petite Vérole long-tems avant 30 ans, on peut fuppofer fans rifque, que le nombre de ceux qui n'ont pas eu la petite Vérole avant cet âge, eft tout au plus la moitié de ceux qui parviennent à ce même âge, & par conféquent tout au plus le quart du total des vivans. Or, cela pofé, le rifque de mourir de la petite Vérole, feroit au moins de $\frac{1}{1505}$ par mois ; & par conféquent prefqu'égal à celui de l'inoculation, fagement adminiftrée.

2. Si le rifque de mourir de la petite Vérole à chaque âge, étoit de $\frac{1}{64}$ par an, comme le veut M. Bernoulli, ce rifque feroit de $\frac{1}{768}$ en un mois, & par conféquent

plus grand que le risque $\frac{1}{11100}$ de l'inoculation, sagement administrée. Mais le calcul que nous avons fait, porte sur des suppositions moins gratuites, & n'est guères moins favorable à l'inoculation.

3. Il est vrai qu'on y a supposé, faute d'observations suffisantes, que le risque $\frac{1}{3000}$ de la petite Vérole naturelle, est le même pour tous les âges ; or il est peut-être plus grand pour quelques-uns. Mais aussi il faut remarquer ; 1°. que dans ce cas il seroit plus petit pour d'autres âges ; 2°. que le risque total $\frac{1}{3000}$ pour tous les âges pris indifféremment, est certainement fort au-dessous de la vérité, comme on l'a prouvé art. 1. de cette Note.

(*M*) 1. Quelques Partisans de l'inoculation ont fait en sa faveur le raisonnement suivant. Il meurt en un mois à-peu-près une personne sur trois cens ; donc en supposant le risque de l'inoculation de 1 sur 300, ce risque n'est pas plus grand que celui de mourir dans le même-tems de toute autre maladie accidentelle, & qu'on ne peut ni prévoir, ni prévenir. Ce raisonnement ne me paroît pas concluant. Car il faudroit, pour qu'il fût juste, que de trois cens personnes *inoculées au hazard*, il n'en mourît qu'une, comme de trois cens personnes *prises au hazard*, il n'en meurt qu'une en un mois par les autres maladies. Or le nombre des victimes de l'inoculation paroît être beaucoup plus grand que de 1 sur 300, quand on inocule sans précaution, comme les Listes mortuaires le prouvent. Au contraire de 300 personnes saines & bien choisies, il n'en meurt aucune par l'inoculation:

lation : & il y a lieu de croire qu'il n'en mourroit non
plus aucune en un mois, si on les abandonnoit à la nature. Ainsi, quoique le raisonnement dont il s'agit, ne
soit pas concluant en faveur de l'inoculation, il ne sauroit du moins être rétorqué contr'elle.

2. Un autre raisonnement qu'on a fait en faveur de
l'inoculation, ne me paroît pas non plus assez concluant.
Il consiste à prouver que celui qui attend la petite Vérole, risque à-peu-près autant d'en mourir, que celui qui
l'a déja. Je ne dispute point contre les calculs qu'on a
faits là-dessus ; mais on a oublié d'avoir égard à cette différence essentielle entre les deux cas, que celui qui a déja
la petite Vérole, court risque d'en mourir dans très-peu
de jours, & que l'autre ne risque peut-être d'en mourir
qu'au bout d'un grand nombre d'années. Or cette différence de tems doit en mettre une prodigieuse dans l'estimation des deux risques, & dans le parallèle qu'on en
fait. C'est à quoi, je le répete, les Partisans de l'inoculation n'ont point eu assez d'égard. Je me flatte qu'on
en conviendra, si on fait attention à toutes les réfléxions
que nous avons exposées sur ce sujet, dans notre Mémoire, & dans les Notes précédentes.

3. Indépendamment de cette considération, je pourrois contester encore la supposition qu'on fait, que celui
qui attend la petite Vérole, à quelque âge que ce soit,
risque presqu'autant d'en mourir, que celui qui a cette
maladie ; parce que le risque d'avoir la petite Vérole,
diminue à mesure qu'on avance en âge. Quand il seroit

vrai, comme on le prétend, que de 100 enfans qui
naiffent, quatre feulement feront éxempts de la petite
Vérole, & que par conféquent la probabilité qu'on doit
l'avoir, eft de 24 fur 25 lorfqu'on vient au monde; cette
probabilité diminue vraifemblablement à mefure qu'on
vieillit, & à l'âge de 40, 50 ans &c. & par-delà, elle n'eft
peut-être plus que de 1 fur 25. C'eft fur quoi les obfervations feules peuvent nous inftruire parfaitement. Mais
ce que nous venons de dire, fuffit pour montrer que le
raifonnement précédent eft appuyé fur une fuppofition
hazardée, & que d'ailleurs ce raifonnement n'eft pas
concluant, même pour ceux qui admettroient la fuppofition.

(*N*) 1. Il y a d'autres confidérations curieufes à faire
fur l'inoculation, & en général fur la vie des hommes;
confidérations qui rendent encore plus difficile l'application du calcul des probabilités à l'inoculation.

La premiere eft celle-ci : que dans les premieres années de l'enfance, & dans les dernieres années de la
vieilleffe, les hommes font fujets à beaucoup de maux
& de maladies; qu'ainfi on peut regarder la vie pendant
cet efpace de tems, comme étant réellement accourcie;
puifqu'une partie de cette vie eft à charge. C'eft pourquoi on peut regarder, par exemple, le tems *phyfique*
de la vie *A S* (*fig.* 5.) qui fuit la naiffance jufqu'à un
certain âge, comme étant *réellement* réduit à un certain
tems plus petit *T S*, égal au tems pendant lequel on
n'a point fouffert; & en général *A L* étant un tems *phy-*

fique quelconque donné de la vie, on ne devra cenfer ce tems égal qu'au tems BL, pendant lequel on a joui de la vie fans fouffrir, & qu'on peut appeller le tems de la *vie réelle*. Par ce moyen on tracera une courbe ATB, qui d'abord, c'eft-à-dire, au point A, touchera prefque fon axe, qui fera enfuite convexe vers ce même axe, jufqu'à ce qu'enfin à un certain point T, elle vienne à faire avec cet axe un angle prefqu'égal à 45 degrés, quoiqu'un peu plus petit, comme il le doit toujours être; cet angle fubfiftera à-peu-près de cette grandeur, pendant le tems SL qui repréfente les plus belles années de la vie; & la courbe TB fera pour lors à-peu-près une ligne droite, faifant avec SL un angle d'un peu moins de 45 degrés; après cela la courbe deviendra concave vers fon axe, & lui fera prefque parallèle en O, vers les dernieres années de la vie.

2. Or cela pofé, il faudra dans les conftructions précédentes fubftituer aux abfciffes AR, les ordonnées correfpondantes RX, tout le refte demeurant d'ailleurs le même; c'eft-à-dire, qu'il faudra conferver les mêmes valeurs des ordonnées y & z, & changer feulement les abfciffes AR en RX.

3. Comme on a trouvé ci-deffus, dans le cas de l'inoculation, que le tems $A\rho$ que les inoculés peuvent efpérer de vivre, eft plus grand qu'un pareil tems AR pour les non inoculés, on aura évidemment $\rho\xi > RX$; ainfi le tems $\rho\xi$ qu'on peut efpérer de vivre après avoir été inoculé, fera encore plus grand dans cette hypothèfe

que le tems $R\,X$ qu'on peut efpérer de vivre fans l'inoculation. Mais il reftera toujours fur le calcul précis des
avantages de l'inoculation, des difficultés femblables à
celles qu'on a expofées dans ce Mémoire & dans les
Notes ci-deffus.

4. J'ai fuppofé dans, l'art. précédent, que les inoculés
étoient précifément dans le même cas que les autres
hommes; c'eft-à-dire, que les tems $R\,X$ de la vie *réelle*,
répondans aux tems $A\,R$ de la vie *phyfique*, font les mêmes pour les inoculés, & pour ceux qui ne le font pas.
Cette fuppofition n'a rien qu'on puiffe contefter jufqu'ici
par les obfervations; il y a même lieu de croire que les
tems $R\,X$ font un peu plus longs pour les inoculés que
pour les autres; car ces inoculés une fois guéris, font
délivrés d'une maladie, favoir de la petite Vérole; &
cette maladie, même quand on n'en mourroit pas, eft
un mal qui doit être cenfé diminuer au moins de quelque chofe, le tems de la vie *réelle*. Au refte la différence
entre les deux états, eft fi petite à cet égard, qu'on ne
doit ni ne peut en tenir aucun compte.

5. Je ne crains pas qu'on objecte que l'inoculation
peut laiffer dans le fang le germe d'autres maladies,
même non mortelles, qui rendroient à cet égard le fort
des inoculés moins fa,orable par rapport au tems $R\,X$ de
la vie *réelle*. Car outre que l'expérience ne prouve point
cette prétention, je pourrois dire auffi que l'inoculation
raffermit le tempérament, & préferve de diverfes maladies; ainfi à cet égard le fort des inoculés feroit favo-

rable; mais dans l'incertitude je suppose tout égal. Les raisonnemens vagues de Médecine doivent être proscrits dans l'examen de cette question; les faits seuls doivent décider.

6. On demandera sans doute quelle doit être la loi des ordonnées de la courbe *A T X O*. Je réponds qu'on ne peut faire sur cela que des conjectures; cependant, pour donner là-dessus un essai de calcul, je crois qu'on ne s'écartera pas beaucoup de la vérité, si l'on suppose 1°. *A S* = 10 ans, qui est le tems où les dangers de l'enfance sont passés, & où l'on commence à jouir de la vie; 2°. que la courbe *A T* soit une Parabole ordinaire, dans laquelle les ordonnées soient comme les quarrés des abscisses; d'où l'on voit que l'angle en *T* étant (*hyp.*) de 45°, on aura *T S* = ½ *A S* = 5 ans; 3°. que *T B* soit une ligne droite, & que l'abscisse correspondante *S L* = 50 ans, savoir, depuis 10 ans jusqu'à 60; 4°. enfin que *L Q* = 40 ans, & que *B O* soit aussi une portion de Parabole, faisant en *B* un angle de 45°. avec son axe; ensorte que *O T'* = ½ *B T'* = 20. Ces suppositions, qu'on peut changer en d'autres, si on ne les approuve pas, approcheront peut-être assez de la vérité; mais je le répete, on est réduit ici aux conjectures.

7. Une seconde considération à faire par rapport à l'inoculation, & en général à la vie des hommes, c'est celle qui regarde l'utilité dont les hommes sont à l'Etat, ou le tems qu'ils vivent *réellement* pour l'Etat, & qu'on peut appeller leur *vie civile*. Je m'explique. Il est certain que

dans les premieres années de la vie, les hommes font non-feulement peu utiles à l'Etat, mais même qu'ils lui font à charge, puifqu'il faut les élever & les nourrir; ainfi le tems de leur vie par rapport à l'Etat dans les premieres années, c'eft-à-dire, le tems de leur *vie civile* dans ces premieres années, eft un tems qu'on doit confidérer comme négatif; il en eft de même des années de la décrépitude. C'eft pourquoi fi les abfciffes *A R* (*fig.* 6.) repréfentent les tems de la vie *phyfique*, les tems de la vie *civile* feront repréfentés par les ordonnées *R X* d'une courbe *A Y S X O*, qui d'abord aura des ordonnées négatives, qui coupera fon axe en *A* fous un angle de 45°, deviendra enfuite concave vers fon axe avec très-peu de courbure, en s'écartant toujours de ce même axe jufqu'à un point *Y*, dont l'abfciffe *A E* exprimera le tems où les hommes commencent à n'être, ni à charge, ni utiles, ou plutôt auffi utiles qu'à charge à l'Etat. Enfuite la courbe fe rapprochera de fon axe, en demeurant toujours concave, jufqu'à un point *S* où elle fera avec fon axe un angle de 45°. & dont l'abfciffe *A T* marquera le tems où les citoyens commencent à être entiérement utiles. Après cela notre courbe deviendra une ligne droite *S B*, jufqu'à un point *B* dont l'abfciffe *A L* exprimera l'âge où l'on commence à être moins utile à l'Etat par fon âge & fes infirmités; enfin elle fe rapprochera de fon axe, en devenant toujours concave, jufqu'à un point *O* qui répond à *A Q* = 95 ou 100 ans, & où elle fera avec fon axe un angle de

45° : & il faut remarquer qu'entre les points B & O, il y aura un point V où la courbe fera parallèle à fon axe; c'est celui qui répond au commencement Z de la décrépitude, qui est le tems où les hommes ne font plus qu'à charge à l'Etat.

8. Si on demande quelle loi on peut donner aux ordonnées de la courbe $A\,Y\,S\,X\,O$, j'imagine que ce ne fera peut-être pas s'écarter beaucoup de la vérité (dans une matiere auffi obfcure & auffi conjecturale que celle-ci) de fuppofer $A\,Y\,S$ une Parabole dans laquelle $A\,C =$ 20 ans, les points S & C fe confondant; ce tems $A\,C$ est celui où les hommes font cenfés n'avoir point encore vécu pour l'Etat. On fera enfuite $C\,L = 40$ ans, c'est-à-dire depuis 20 ans jufqu'à 60; $L\,Q = 40$ ans, depuis 60 jufqu'à 100; & $B\,V\,O$ fera une portion de Parabole ordinaire; ce qui donnera $V\,u = \frac{1}{2}\,B\,u = 10$ ans.

9. D'après ces fuppofitions, ou d'après d'autres femblables, & peut-être plus éxactes, qu'on pourra imaginer fur l'eftimation de la vie civile des hommes; voici les corrections qu'on pourra faire aux calculs de l'inoculation. Soit tracée d'abord la courbe $K'\,E'\,Q$, qui repréfente la courbe de *la vie phyfique* des inoculés, ou de ceux qui ne le font pas. A chaque point ϵ correfpondant à l'ordonnée $R\,E'$, on élevera l'ordonnée $\epsilon\,\xi = R\,X$, & qui fera pofitive ou négative, felon que $R\,X$ fera pofitive ou négative; on formera par ce moyen une courbe $K'\,\zeta\,\Omega\,\xi\,\omega$, qui aura d'abord des ordonnées négatives, qui coupera enfuite fon axe au point Ω ou $A\,\Omega = C\,D$,

& qui reviendra enfuite le couper au point ω, ou $A\omega = QO$. L'aire de cette courbe fera égale à l'aire $A\Omega\xi\omega$ moins l'aire $K'\zeta\Omega$, & exprimera la vie moyenne des hommes, par rapport à l'Etat (c'eft-à-dire, leur vie *civile*) foit que la courbe $K'E'Q$ repréfente la vie ordinaire des hommes, ou celle des inoculés.

10. Il n'eft pas douteux que cette confidération de la vie *réelle* & de la vie *civile* des hommes ne foit effentielle à la théorie Mathématique de l'inoculation, pour déterminer les tems où cette opération feroit la plus avantageufe, foit aux Particuliers dans le premier cas, foit à l'Etat dans le fecond ; c'eft-à-dire, pour déterminer les cas où la vie moyenne des citoyens (foit *réelle*, foit *civile*) feroit le plus augmentée par l'inoculation. Mais pour cela il faudroit commencer par avoir une bonne méthode pour eftimer la vie *réelle* & la vie *civile* des hommes ; or il n'eft pas poffible, comme nous l'avons déja dit, de parvenir fur ce fujet à une théorie fatisfaifante. Tout au plus peut-on fe flatter d'arriver à une eftimation approchée ; mais il reftera toujours quelque chofe de vague & d'arbitraire dans ces fortes d'eftimations. Ce qu'il y a de certain, c'eft que la vie *réelle*, & fur-tout la vie *civile* different beaucoup de la vie *phyfique* ; l'Effai de théorie que nous venons d'en donner, tout imparfait qu'il eft, en eft une preuve fuffifante.

11. Un favant Géometre m'a communiqué une maniere de calculer les avantages de l'inoculation, qui eft fort fimple, mais qui ne me paroît pas jufte. J'en ferai

mention

mention ici, parce que le fophifme en eft affez délicat.
Soit, dit-il, après avoir tracé la courbe de mortalité générale KEQ (*fig.* 7.), $Ee =$ au nombre des morts de
la petite Vérole pendant le tems AR; & ayant fait la
même chofe à chaque point E, foit tracée la courbe
KeZ, qui marquera par fes ordonnées Ge le nombre
de ceux qui meurent durant le tems AR par d'autres
maladies que la petite Vérole. Il eft vifible, dit ce Géometre, que NZ marquera le nombre de ceux qui meurent pendant le tems total AQ, par d'autres maladies
que la petite Vérole. Suppofons à préfent, continue-t-il,
que Kk foit le nombre de ceux qui meurent de l'inoculation; il eft clair qu'au bout du tems total AQ toutes
les perfonnes Ak feront mortes, puifque ce tems AQ
eft fuppofé le plus long terme de la vie; il eft clair de
plus que toutes ces perfonnes Ak mourront d'autres
maladies que de la petite Vérole; donc, continue toujours ce Géometre, fi on fait $NZ : Ge :: Ak$ eft à un
quatriéme terme Gi, ce terme Gi exprimera le nombre
de ceux, qui ayant été inoculés, meurent pendant le
tems AR par d'autres maladies que la petite Vérole; &
fi à ce nombre Gi on ajoute $io = Kk =$ au nombre
de ceux qui font morts à l'inftant A par l'inoculation,
on aura $Go =$ au nombre total des inoculés morts pendant le tems AR. Ainfi ce Géometre fe fert de la courbe
koQ pour repréfenter la courbe de mortalité des inoculés.

12. L'erreur de ce raifonnement eft, fi je ne me

trompe, dans la proportion $NZ : Ge :: Ak : Gi$. Pour le faire fentir, je fuppofe $Kk = 0$, & $QZ : Ee :: NZ : Ge$; donc, fuivant ce Géometre, Gi feroit $= GE$; c'eft-à-dire, que malgré l'inoculation, dont on fuppofe qu'il ne meurt pas une feule perfonne, il mourroit dans le même-tems autant de perfonnes que fi on n'avoit pas inoculé. Or cela ne fe peut, puifque l'inoculation faite à l'inftant A, & dont (*hyp.*) il ne meurt perfonne, fauve la petite Vérole à toutes les perfonnes AK, & par conféquent leur fauve une grande caufe de mort. Ainfi, quoiqu'à la fin du tems AQ, toutes les perfonnes AK foient mortes (parce que ce tems AQ eft (*hyp.*) le plus long terme de la vie) il eft certain qu'à la fin du tems AR, il devroit toujours y avoir plus d'inoculés vivans, furtout fi Kk étoit $= 0$.

13. Envain diroit-on que nous avons fuppofé gratuitement $QZ : Ee :: NZ : Ge$; car en général quelque fuppofition qu'on faffe fur le nombre des morts de la petite Vérole, il eft vifible que l'inoculation feroit avantageufe, s'il n'en mouroit perfonne, & fi cette opération fauvoit la petite Vérole. Or c'eft ce qui n'auroit pas lieu dans la conftruction que nous venons de rapporter ; cette conftruction, ou plutôt cette folution n'eft donc pas jufte.

14. Mais pour le faire voir d'une maniere encore plus nette, & qui rendra fenfible en même tems l'erreur du raifonnement dont il s'agit, je fuppofe $Kk = QZ$ (*fig.* 8.), c'eft-à-dire, que ceux qui meurent de l'inoculation à

l'inftant A foient en nombre égal à ceux qui mourroient de la petite Vérole naturelle pendant le tems total AQ; en ce cas, fuivant la conftruction de notre favant Géometre, Gi feroit $= Ge$, & la courbe koQ feroit parallèle, égale & femblable à la courbe KeZ; Ro feroit le nombre des inoculés vivans à la fin du tems AR, & l'on auroit $d(Ro) = -d(Ge)$. Or je dis que la différence de Ro devroit être $<$ que $-d(Ge)$. Car la différence de Ro exprime ceux qui meurent dans le tems infiniment petit Rr par d'autres maladies que la petite Vérole, fur le nombre de perfonnes Ro; & la quantité $-d(Ge)$ exprime ceux qui meurent dans le même tems par d'autres maladies que la petite Vérole fur un nombre de perfonnes $=RE$; donc puifque RE eft $>Ro$, il faut que $d(Ro)$ foit $<-d(Ge)$; car $d(Ro)$ doit être à $-d(Ge):: Ro : RE$.

15. L'erreur du raifonnement que nous réfutons, vient de ce qu'on y compare deux cas qui ne font pas femblables. Dans le premier qui eft celui de l'inoculation, tous ceux qui doivent mourir de la petite Vérole, en meurent, pour ainfi dire, au même inftant; dans le fecond ils meurent à différens âges, & dans toute l'étendue du tems AQ. Ainfi en fuppofant, par exemple, $Kk = QZ$, il refte, après le tems AR, plus de vivans RE non inoculés, que d'inoculés Ro. Or comme il meurt toujours plus de perfonnes (indépendamment même de la petite Vérole) fur un nombre de vivans plus grand, il eft aifé de conclure que le nombre de vivans RE

sera plus diminué durant le tems *R r* par d'autres maladies que la petite Vérole, que ne le sera pendant le
même-tems le nombre de vivans *R o*, aussi par d'autres maladies. Cependant la construction ou solution proposée suppose le contraire; par conséquent elle suppose
une chose fausse.

16. Voilà, ce me semble, en quoi consiste l'erreur de
cette solution, qui d'ailleurs est fort simple, & dont
l'élégance doit faire regretter qu'elle ne soit pas juste.

17. Que conclure de tout ce Mémoire? 1°. Que jusqu'à présent on n'a point calculé d'une maniere éxacte
& satisfaisante, les avantages de l'inoculation, ni pré-
senté la question comme elle le doit être. 2°. Qu'on
n'y a pas assez distingué deux questions différentes, l'avantage que l'Etat peut tirer de l'inoculation, & celui que
les Particuliers peuvent en espérer. 3°. Que pour calculer d'une maniere précise les avantages de l'inoculation, il faut d'abord & préliminairement avoir une bonne
méthode pour calculer la probabilité de la vie; méthode
sur laquelle on peut former des doutes bien fondés. 3°.
Que quand on aura cette méthode, il faudra en trouver une autre pour comparer le risque de mourir en un
mois ou 15 jours, ou en général en un tems fort court,
à l'espérance de vivre quelques années ou quelques mois
de plus au bout d'un tems fort éloigné; méthode très-
difficile, & peut-être impossible à trouver. 4°. Qu'il faudra trouver outre cela une bonne théorie pour parvenir
à comparer la vie *physique* des hommes avec leur vie

réelle & leur vie *civile*; théorie qui eſt pour le moins
auſſi remplie de difficultés. 5°. Enfin, & c'eſt-là le plus
facile, qu'il faudroit avoir des tables de mortalité, qui
marquaſſent l'âge des perſonnes mortes de la petite Vérole; tables qui nous manquent encore. Ces tables au
reſte ne pourroient être trop étendues ni trop multipliées ;
elles donneroient le moyen de calculer la mortalité de
la petite Vérole, pour les différens âges, pour les différens climats, pour les différentes ſaiſons, pour les Villes
& pour les Campagnes. On en déduiroit de combien le
danger de la petite Vérole diminue dans chacun de ces
cas la vie moyenne des hommes. On ſauroit auſſi par
ce même moyen quel eſt le danger de l'inoculation dans
ces différens cas, ſuppoſé qu'il y en ait encore pour l'inoculation ſagement pratiquée; & de combien cette opération augmenteroit la vie moyenne. Et ſi le danger de
l'inoculation ſe trouvoit nul, ou comme nul, alors l'augmentation de la vie moyenne ſeroit le véritable avantage réſultant de cette opération.

18. On voit donc, que ſoit faute de théories ſuffiſam-
ment éxactes, ſoit faute d'obſervations ſuffiſantes, on ne
peut juſqu'ici, & peut-être qu'on ne pourra de long-
tems parvenir à une bonne Analyſe Mathématique des
avantages de l'inoculation. Mais d'un autre côté, ſi les
Inoculateurs viennent à bout de conſtater par les faits,
ſans aucune replique, que le riſque de l'inoculation n'eſt
pas de 1 ſur 1200, ou même ſur un plus grand nombre, quand on la pratique avec les précautions néceſ-

faires (*a*), il faudra convenir que ce rifque devra pour lors être réputé nul, & qu'ainfi l'inoculation fera inconteftablement avantageufe, non-feulement à l'Etat, mais encore aux Particuliers.

19. On m'objectera peut-être que je n'ai point tenu affez de compte dans ce Mémoire des faits contraires à l'inoculation, & rapportés par fes adverfaires. Je réponds 1°. que mon objet n'a point été de difcuter des faits, mais d'examiner feulement les conféquences Mathématiques qu'on en tire, ou qu'on en peut tirer. 2°. Que les faits rapportés par les *anti-Inoculateurs*, ont été conteftés pour la plûpart par leurs adverfaires, & qu'ainfi je ne pouvois parler de ces faits pour en rien conclure de certain. 3°. qu'au contraire le fait des 1200 inoculés bien choifis, & guéris en Angleterre par M. Ranby, ne me paroît avoir été contefté de perfonne; & qu'en conféquence c'eft de cet unique fait *avoué* que je fuis parti, pour y trouver, finon des preuves démonftratives,

***

(*a*) On m'a objecté que fi on ne donnoit l'inoculation qu'à des Sujets bien conftitués, on ne gagneroit rien par-là, puifque vraifemblement ces Sujets auroient échappé à la petite Vérole naturelle. Je ne crois pas cette réfléxion jufte; car l'expérience prouve que les Sujets les plus vigoureux fuccombent pour le moins autant que les autres à la petite Vérole naturelle. Au contraire on a vû des Sujets foibles & mal fains, échapper à l'inoculation, après avoir été bien préparés. Le grand avantage de l'inoculation eft cette préparation que l'on donne aux Sujets qu'on inocule, & en conféquence de laquelle la petite Vérole doit être infiniment moins funefte.

au moins un préjugé favorable à la pratique de l'inocu-lation.

20. Qu'on se garde donc bien de proscrire cette opé-ration, puisque les faits qui lui sont avantageux, paroif-sent être jusqu'ici en beaucoup plus grand nombre que les faits contraires. Mais qu'on la pratique avec toute la prudence & toutes les précautions convenables, au point de faire évanouir le peu de crainte qu'elle peut encore laisser. Qu'on tâche de ne pas perdre, s'il est possible, un inoculé sur 3000, ou au moins sur 1500; alors l'inoculation ne devra plus faire de peur à personne; alors l'intérêt de l'Etat & celui des Particuliers seront les mêmes dans cette opération; & l'on pourra dans vingt ou trente années tout au plus, par des Listes éxactes & nombreuses, connoître au juste de combien l'inoculation augmente à chaque âge la vie moyenne des hommes. Cette augmentation de la vie moyenne sera pour lors le véritable avantage de l'inoculation; puisque le risque de cette opération sera entièrement nul, ou tout au plus égal à celui qu'on court d'avoir la petite Vérole & d'en mourir dans le même mois où l'on se fait inoculer.

Fin du onziéme Mémoire & de ses Notes.

DOUZIÉME MÉMOIRE.

Application de ma solution du Probléme des trois Corps, à la Théorie des Comètes.

I.

Soit *A* (*fig. 9.*) un corps lancé suivant une direction *A H* perpendiculaire à *A S*, & poussé vers le point fixe *S*, par une force qui soit en raison inverse des quarrés des distances, & qui au point *A* soit = *F*; supposons de plus que ce corps soit poussé par deux autres forces, dont l'une φ soit dans la direction du rayon vecteur *C S*, & dont l'autre π soit perpendiculaire au même rayon vecteur. J'ai démontré dans les Mémoires de l'Académie de 1745, que si on nomme

S C . . . . *x*,

S A . . . . *a*,

La vitesse en *C* . . . . *v*,

La différentielle de l'arc *A C* . . . . *ds*,

L'arc circulaire décrit du rayon *S A*, & compris entre

S A & S C . . . . *z*,

Enfin la vitesse en *A* . . . . *g*,

J'ai

J'ai démontré, dis-je, qu'en suppofant $u = \dfrac{a\,c}{x}$, on auroit pour l'équation de l'orbite AC décrite par le corps,

$$ddu + \frac{u\,d\zeta^2}{a^2} - \frac{a^2\,d\zeta^2}{g\,g\,u\,u} \times \left(\frac{F\,u\,u}{a\,a} + \varphi - \frac{\pi\,a\,d\,u}{u\,d\zeta} \right)$$

$$\times \left(1 - \frac{a\,d\,s}{v\,x\,x\,d\zeta} \int \frac{\pi\,x\,d\,s}{v} \right)^2 = 0.$$

I I.

J'ai démontré de plus dans le même Mémoire, que l'on aura en général $\dfrac{d\,s}{v} = \dfrac{x\,x\,d\zeta}{a\,a\,g} - \dfrac{d\,s}{a\,v\,g} \int \dfrac{\pi\,x\,d\,s}{v}$; & j'ai remarqué encore que fi la force π eft fuppofée très-petite par rapport à la force F, on pourra mettre dans le fecond membre de cette équation à la place de $\dfrac{d\,s}{v}$ fa valeur approchée $\dfrac{x\,x\,d\zeta}{a\,a\,g}$; ce qui donnera

$$\frac{d\,s}{v} = \frac{x\,x\,d\zeta}{a\,a\,g} - \frac{x\,x\,d\zeta}{a\,a\,g} \int \frac{\pi\,x^3\,d\,z}{a^3\,g\,g}.$$

I I I.

J'ai remarqué auffi dans le même Mémoire, que fi les forces φ & π font très-petites par rapport à la force $\dfrac{F\,a\,a}{x\,x}$, ou (ce qui eft la même chofe) $\dfrac{F\,u\,u}{a\,a}$, l'équation de l'art. I. fe réduira à $ddu + \dfrac{u\,d\zeta^2}{a^2} - \dfrac{F\,d\zeta^2}{g\,g} + \dfrac{2F\,d\zeta^2}{g\,g} \times$

$$\int \frac{\pi\,a^2\,d\,z}{u^3\,g\,g} - \frac{\varphi\,a^2\,d\zeta^2}{u\,u\,g\,g} + \frac{\pi\,a^3\,d\,u}{g\,g\,u^3\,d\,z} \times d\zeta^2 = 0.$$

N

I V

J'ai démontré de plus dans le même Mémoire, que si on fait $\frac{u}{a^2} - \frac{F}{gg} = \frac{t}{a^2}$, & $M = \frac{2F}{gg} \int \frac{\pi a^3 dz}{u^3 gg}$ $- \frac{\varphi a^2}{uugg} + \frac{\pi a^3 du}{ggu^3 d\zeta}$, on aura, en supposant $a = 1$, l'équation à intégrer $ddt + td\zeta^2 + Md\zeta^2 = 0$; & que l'intégrale de cette équation sera $t = \partial \cos. \zeta + c^{\zeta \sqrt{-1}}$

$$\int \frac{Md\zeta c^{-\zeta\sqrt{-1}}\sqrt{-1}}{2} - c^{-\zeta\sqrt{-1}} \int \frac{Md\zeta c^{\zeta\sqrt{-1}}\sqrt{-1}}{2},$$

∂ étant la valeur de t quand $\zeta = 0$, c'est à-dire, au point A.

V.

Enfin j'ai dit dans le même Mémoire, que si on veut faire disparoître les imaginaires de cette équation, il n'y a qu'à supposer, suivant les formules si connues des Géometres, $c^{\zeta\sqrt{-1}} = y\sqrt{-1} + \sqrt{1 - yy}$, & $c^{-\zeta\sqrt{-1}} = -y\sqrt{-1} + \sqrt{1 - yy}$, y exprimant le sinus de l'angle ζ; ce qui donnera tout de suite $t = \partial \cos. \zeta + \sqrt{1 - yy}$ $\int My d\zeta - y \int Md\zeta \sqrt{1 - yy}$, ou $t = \partial \cos. \zeta + \cos.$ $\zeta \int Md\zeta \sin. \zeta - \sin. \zeta \int Md\zeta \cos. \zeta$.

V I.

Dans cette équation la partie $t = \partial \cos. \zeta$ exprime l'équation de l'orbite non troublée par les forces φ & π; & la partie $\frac{c^{\zeta\sqrt{-1}} \int Md\zeta \sqrt{-1} c^{-\zeta\sqrt{-1}}}{2}$ ——

$$\frac{c^{-\frac{3}{2}V} - 1 \int M d\chi \, V - 1 \, c^{\frac{3}{2}V} - 1}{2}$$, ou, ce qui eſt la même choſe, coſ. $\chi \int M d\chi$ ſin. χ — ſin. $\chi \int M d\chi$ coſ. χ, exprime le changement que la perturbation cauſée par les forces φ & π produit dans la valeur primitive de t, ſavoir dans δ coſ. χ; & en ſuppoſant, comme ci-deſſus, $a = 1$, M ſera égale à $\dfrac{2F}{gg} \int \dfrac{\pi \, d z}{u^3 \, gg} - \dfrac{\varphi}{uugg}$ $+ \dfrac{\pi \, d u}{gg \, u^3 \, d\chi}$; quantité dans laquelle j'ai remarqué encore qu'on pouvoit mettre au lieu de u ſa valeur $\dfrac{F}{gg} + t$, ou $\dfrac{F}{gg} + \delta$ coſ. χ, qui auroit lieu dans l'orbite non troublée; pourvû que les forces perturbatives φ & π fuſſent très-petites par rapport à la force $\dfrac{Faa}{xx}$.

V I I.

Par toutes ces formules, il eſt facile de déterminer *au moyen des quadratures*, les perturbations de l'orbite des Comètes. En effet (comme je l'ai remarqué encore dans le Mémoire déja cité) ſoit que l'orbite d'une Comète ſoit fort inclinée ou non à l'Ecliptique, on peut toujours la regarder comme ſenſiblement plane, & trouver les forces φ & π qui agiſſent dans le plan de cette orbite, & qui ſeront ſenſiblement les mêmes que dans l'orbite non altérée. Pour trouver ces forces φ & π, il faut, comme je l'ai dit encore, avoir égard non-ſeulement à l'action des Planetes ſur la Comète, mais encore à l'action des mêmes Planètes sur le Soleil, qu'il faut transporter à la Comète en sens contraire. A l'égard du mouvement des nœuds & de la variation de l'inclinaison qui résultent des mêmes forces φ & π, j'ai donné dans le même Mémoire, les formules pour les trouver; formules que je rappellerai plus bas, pour indiquer les moyens d'en faire usage.

VIII.

1. Il est donc constant par tout ce qu'on vient de lire, que ma solution du Problême des trois corps, lûe en 1747 à l'Académie avant aucune autre, & imprimée dans les Mémoires de 1745, n'est pas moins applicable à la théorie des perturbations des Comètes, qu'à celle des Planetes, & que le Mémoire cité contient absolument tous les principes, & même toutes les formules nécessaires pour cette application.

2. Un savant Géometre a prétendu dans un Ecrit publié au mois d'Août 1759, que *jusqu'à ce moment* je n'avois point donné de solution du Problême des trois corps, applicable au mouvement des Comètes. Cependant il a reconnu depuis, qu'en 1754, dans *mes Recherches sur le Systême du Monde*, seconde Partie, pag. 230, j'avois donné une formule applicable à ce mouvement, cinq ans avant que personne pensât à le calculer. Si les occupations de ce Géometre lui eussent permis de jetter les yeux sur mon Mémoire de 1745, il auroit vû que la formule que j'ai donnée en 1754, ne diffère point

du tout de celles de mon Mémoire de 1745, puifque j'ai dit expreſſément dans ce dernier Mémoire, que pour faire évanouir les imaginaires de la valeur de t, il falloit faire $c^{z\sqrt{-1}} = $ ſin $z\sqrt{-1} + $ coſ. z, & $c^{-z\sqrt{-1}}$ $= - $ ſin. $z\sqrt{-1} + $ coſ. z, ce qui donne ma formule de 1754 par un calcul que le plus ignorant Algébriſte peut faire en un moment. Voyez auſſi ſur cela mon Mémoire intitulé *Réflexions ſur le Problème des trois Corps*, imprimé dans ce Volume.

I X.

1. Soit donc C (*fig.* 10.) une Comète, A ſon perihelie, S, le Soleil, dont nous appellerons auſſi la maſſe . . S

Le rayon vecteur JS de la Planete perturbatrice, réduit au plan de l'orbite de la Comète, ... ξ

L'angle JSC . . . . ζ

DB, La ligne des nœuds de l'orbite de la Comète & de l'orbite de la Planete perturbatrice,

L'angle JSB V

La tangente de l'inclinaiſon des deux orbites . . . . m

La maſſe de la Planete perturbatrice . . . . J

On aura la diſtance de la Planete perturbatrice au Soleil . . . . $\xi\sqrt{1 + m^2 \text{ ſin. } V^2}$.

La force ſuivant CS, réſultante de l'action de la Planete J ſur le Soleil, ſera $\dfrac{J \cdot \text{coſ. } \zeta}{\xi^2 (1 + m^2 \text{ ſin. } V^2)^{\frac{3}{2}}}$.

La force perpendiculaire à CS, & réſultante de la

même action, sera $\dfrac{J \text{ fin. } \zeta}{\xi^2 \left(1 + m\, m. \text{ fin. } V^2\right)^{\frac{3}{2}}}$.

La force fuivant CS, réfultante de l'action de la Planete J fur la Comète, fe trouvera . . . .

$$\dfrac{J \cdot x - J \cdot \xi \text{ cof. } \zeta}{\left(\xi^2 + x\,x - 2\,\xi\,x \text{ cof. } \zeta + \xi^2\, m^2 \text{ fin. } V^2\right)^{\frac{3}{2}}}$$

Et la force perpendiculaire à CS, réfultante de la même

action, fera $- \quad \dfrac{J\, \xi \text{ fin. } \zeta}{\left(\xi^2 + x\,x - 2\,\xi\,x \text{ cof. } \zeta + \xi^2\, m^2 \text{ fin. } V^2\right)^{\frac{3}{2}}}$.

2. De plus la Comète étant continuellement tirée vers S par une maffe $= S + C$, & avec une force réciproquement proportionnelle au quarré des diftances, on aura

$$\dfrac{F\, a\, a}{x\, x} = \dfrac{S + C}{x^2} .$$

3. Donc en faifant, pour abréger $a = 1$, ou plutôt; ce qui revient au même, fubftituant au lieu de l'angle $\dfrac{x}{a}$, la quantité $\mathfrak{z}$ qui repréfentera le même angle, en prenant le finus total pour l'unité, on aura pour les Comètes

$$F = S + C,$$

$$M = \dfrac{2\, S}{g\, g} \int \dfrac{\pi^3\, d\, z}{a\, a\, g\, g} - \dfrac{\varphi\, x^2}{g\, g} + \dfrac{\pi\, a^4\, d\, u}{u^3\, g\, g\, d\, \mathfrak{z}} ;$$

$$\varphi = \ldots \ldots \ldots \ldots \dfrac{J \cdot \text{ cof. } \zeta}{\xi^2 \left(1 + m^2 \text{ fin. } V^2\right)^{\frac{3}{2}}} +$$

$$\dfrac{J \cdot x - J\, \xi \text{ cof. } \zeta}{\left(\xi^2 + x^2 - 2\,\xi\, x \text{ cof. } \zeta + \xi^2\, m^2 \text{ fin. } V^2\right)^{\frac{3}{2}}} ,$$

$$\pi = \cdots \cdots \bullet \frac{J \cdot \sin \zeta}{\xi^2 \left(1 + m^2 \sin V^2\right)^{\frac{3}{2}}} \; \underline{\quad}$$

$$\frac{J \cdot \xi \sin \zeta}{\left(\xi^2 + x^2 - 2\,\xi\,x\cos\zeta + \xi^2 m^2 \sin V^2\right)^{\frac{3}{2}}} \cdot$$

X.

1. Subſtituant ces valeurs de φ & de π dans la quantité M des Art. IV & VI, & mettant pour F ſa valeur $S + C$, & pour u ſa valeur $t + \dfrac{F}{gg}$, ou $t + \dfrac{S+C}{gg}$ dans l'équation de l'Art. IV. qui exprime la valeur de t, & pour δ ſa valeur $a - \dfrac{S+C}{gg}$, on aura $\cdots \cdots$

$$u = a\cos\zeta + \frac{S+C}{gg} - \frac{S+C}{gg}\cos\zeta - \sin\zeta$$
$\int M\,d\zeta\cos\zeta + \cos\zeta\int M\,d\zeta\sin\zeta$, pour l'équation qui exprime la valeur de la quantité $\dfrac{aa}{x}$, x étant le rayon de l'orbite de la Comète. On voit de plus que ſi on fait $-\sin\zeta\int M\,d\zeta\cos\zeta + \cos\zeta\int M\,d\zeta\sin\zeta = \alpha$, α étant une quantité qui eſt cenſée très-petite par rapport à u, on aura à-très-peu-près $x = \dfrac{aa}{\dfrac{S+C}{gg} + \left(a - \dfrac{S+C}{gg}\right)\cos\zeta}$

$- \dfrac{a\,a\,\alpha}{\left[\dfrac{S+C}{gg} \left(a - \dfrac{S+C}{gg}\right)\cos\zeta\right]^2}$; ou, en nommant x' le rayon de l'ellipſe non altérée, $x = x' - \dfrac{\alpha\,x'\,x'}{a} \cdot$

2. De plus, le tems répondant à l'angle ζ & au rayon

veÆeur x , c'eſt-à-dire (Art. I I.)$\int \dfrac{x\ x\ d\ \tau}{a\ g} - \int (\dfrac{\ldots d\tau}{a\ g}$

$\int \dfrac{\pi\ x^3\ d\ z}{a^2\ g\ g})$, fera $\int \dfrac{a^3\ d\ \tau}{g\left[\dfrac{S+C}{g\ g} + (a - \dfrac{S+C}{g\ g})\ \text{coſ.}\ \tau\right]^4}$

$- \int \dfrac{2\ a^3\ a\ d\ \tau\,.}{g\left[\dfrac{S+C}{g\ g} + (a - \dfrac{S+C}{g\ g})\ \text{coſ.}\ \tau\right]^3}$

$- \int (\dfrac{a^3\ d\ \tau}{g\left[\dfrac{S+C}{g\ g} + (a - \dfrac{S+C}{g\ g})\ \text{coſ.}\ \tau\right]^2}$

$\int \dfrac{\pi\ a^4\ d\ z}{g\ g\left[\dfrac{S+C}{g\ g}+(a-\dfrac{S+C}{g\ g})\text{coſ.}\tau\right]^3})$, ou $\int \dfrac{x'\ x'\ d\tau}{a\ g} - \int \dfrac{2\ x'^3\ a\ d\tau}{a^3\ g}$

$- \int \dfrac{x'\ x'\ d\ \tau}{a\ g}\ \int \dfrac{\pi\ x'^3\ d\ z}{a\ a\ g\ g}.$

3. Toutes ces formules font une fuite néceffaire & fimple des principes que j'ai établis dans mon Mémoire de
1745 , & depuis dans mes *Recherches fur le Syſtéme du
Monde* , fur les quantités qu'on peut & qu'on doit négliger pour calculer les perturbations de l'orbite.

X I.

1. Quoiqu'on puiffe , au moyen de ces différentes formules , calculer les perturbations des Comètes , cependant le calcul en feroit fi pénible , par les quadratures
multipliées & compliquées qu'il exige , qu'il eſt néceffaire de chercher des méthodes pour l'abréger. M'étant
occupé de cet objet , voici celle que j'ai trouvée , & que
je

je vais expofer en fuivant la progreffion des idées qui l'ont produite.

2. Puifqu'on regarde le Soleil S (*fig.* 11.) comme immobile, & la Planète perturbatrice J' comme décrivant autour de S une ellipfe, dans un plan différent, fi l'on veut, de l'orbite de la Comète, il s'enfuit que le centre commun de gravité G des Corps S & J', décrira pareillement une ellipfe autour du centre S regardé comme immobile, & qu'il la décrira dans le même tems que l'ellipfe $J' O$ eft décrite par la Planete J' autour du point S.

3. De plus il eft évident que le point G eft attiré vers S par une force égale à celle qui attire ce Corps J', multipliée par $\dfrac{G S}{S J'}$; c'eft-à-dire, par une force égale

à $\dfrac{S+J}{J' S^2} \times \dfrac{G S}{J^I S} =$ (à caufe de $\dfrac{G S}{J' S} = \dfrac{J}{S+J}$)

$\dfrac{S+J}{G S^2} \times \dfrac{J^2}{(S+J)^2} \times \dfrac{J}{S+J} = \dfrac{J}{G S^2} \times \dfrac{J^2}{(S+J)^2}$;

donc la force attractive du point G eft en raifon inverfe du quarré de la diftance $G S$; & par conféquent le point G fe meut dans fon ellipfe autour de S, comme s'il la décrivoit, non d'un mouvement forcé, mais d'un mouvement libre.

X I I.

Donc tandis que la Comète C (*fig.* 12.) fe meut autour du Soleil dans fon orbite telle qu'elle eft, on peut fuppofer ou imaginer un point γ qui étant pouffé vers la Comète C, par une force réciproquement proportionnelle au quarré de la diſtance, decrive autour de cette Comète, comme une eſpéce de Satellite, une ellipſe égale & ſemblable à l'ellipſe décrite par le point G autour de S. Il faut ſeulement bien remarquer, que dans cette ſuppoſition, la force qui fera tendre continuellement le point γ vers C, & qui fera égale à $\dfrac{J}{C\gamma^2} \times \dfrac{J^2}{(J+S)^2}$, ne viendra point de l'attraction de la maſſe C; ce ſera une force abſolument étrangere à la gravitation, mais dont il eſt permis de ſuppoſer l'éxiſtence dans une hypothèſe purement Mathématique, comme l'eſt celle que nous faiſons ici. Il faut remarquer de plus que le point γ, en décrivant autour du point C l'ellipſe dont il s'agit, participe néceſſairement à tous les mouvemens du point C dans l'eſpace abſolu; ainſi ce point γ eſt animé par des forces égales & parallèles à celles qui agiſſent ſur la Comète C.

X I I I.

1. Donc les forces qui animent le point γ, conſidéré comme ſe mouvant dans l'eſpace abſolu, ſont;

1°. La force vers $C = \dfrac{J}{GS^2} \times \dfrac{J^2}{(J+S)^2}$; ou, ce qui eſt la même choſe, une force ſuivant $\gamma C = \dfrac{J}{J'S^2}$, à cauſe de $GS = \dfrac{J^{\frac{1}{2}}S \cdot J}{J+S}$.

2°. Une force ſuivant γL égale & dans le même ſens

que la force $\dfrac{J}{J'S^2}$ qui agit fur la Comète C fuivant CL
parallèle à $J'S$, & en fens contraire à la direction de
l'action de la Planète fur le Soleil.

3°. Une force fuivant $\gamma\,\Gamma$ parallèle à CS, & égale à

$$\dfrac{S+C}{S\,C^2} \text{ ou } \dfrac{S+C}{\Gamma\,\gamma^2}.$$

4°. Une force fuivant $\gamma\,i$ parallèle à $C\,J'$, & égale à

$$\dfrac{J}{J'\,C^2} \,,\ \text{ou } \dfrac{J}{\gamma\,i^2}.$$

2. Or en premier lieu, de ces quatre forces, les deux
premieres fe détruifent abfolument. Donc le point γ eft
attiré dans l'efpace abfolu par deux forces feulement ;
l'une vers Γ, qui fera égale à $\dfrac{S+C}{\gamma\,\Gamma^2}$; l'autre vers i,

qui fera $=\dfrac{J}{\gamma\,i^2}$.

3. La force fuivant $\gamma\,\Gamma$ fe change en deux autres for-
ces ; l'une fuivant $\gamma\,S=\dfrac{(S+C)\,\gamma\,S}{\gamma\,\Gamma^3}$; & l'autre fui-

vant $\gamma\,L=\dfrac{(S+C)\,S\,\Gamma}{\gamma\,\Gamma^3}=\dfrac{(S+C)\,.\,C\,\gamma}{\gamma\,\Gamma^3}$.

4. Donc le point γ fe meut dans l'efpace abfolu autour du point S fuppofé fixe, comme fi ce point γ étoit
attiré, 1°. vers S par une force $=\dfrac{(S+C)\,\gamma\,S}{\gamma\,\Gamma^3}$. 2°.

Suivant $\gamma\,L$ parallèle à $J'S$ par une force $=\dfrac{(S+C)\,.\,C\,\gamma}{\gamma\,\Gamma^3}$.

3°. Enfin avec une force $=\dfrac{J}{\gamma\,i^2}$ vers un point mo-

bile i, qu'on suppose se mouvoir autour de S, en décrivant une ellipse semblable à celle du point J', & à une
distance $iS = J'S - C\gamma = J'S - SG = \dfrac{J'S \times S}{S + J}$.

5. Cette derniere action suivant γi produit encore
deux forces ; l'une suivant $\gamma C = \dfrac{J}{\gamma i^2} \times \dfrac{iS}{\gamma i} = \dfrac{J.iS}{\gamma i^3}$;
l'autre suivant $\gamma S = \dfrac{J.S\gamma}{\gamma i^3}$.

XIV.

1. Si la distance SC de la Comète au Soleil est considérablement plus grande que la distance $C\gamma$ ou GS
qui est toujours très-petite, on pourra au lieu de la force
$\dfrac{(S+C)\gamma S}{\gamma \Gamma^3}$, écrire $\dfrac{S+C}{\gamma S^2} - \dfrac{3(S+C)\gamma C \operatorname{cof.}\gamma Si}{\gamma S^3}$;
& au lieu de la force suivant γL, la force $+ \dfrac{(S+C).C\gamma}{\gamma S^3}$
$\times \operatorname{cof.}\gamma Si$ suivant γS, & la force $\dfrac{(S+C)C\gamma \operatorname{fin.}\gamma Si}{\gamma S^3}$
perpendiculaire à γS.

2. De plus, au lieu des forces $\dfrac{J.iS}{\gamma i^3}$ & $\dfrac{J.S\gamma}{\gamma i^3}$;
suivant γC & γS, on peut substituer dans tous les cas ;
les forces équivalentes $\dfrac{J.S\gamma}{\gamma i^3} - \dfrac{J.iS \operatorname{cof.}\gamma Si}{\gamma i^3}$
suivant γS, & $- \dfrac{J.iS.\operatorname{fin.}\gamma Si}{\gamma i^3}$ perpendiculaire à
γS; & si la distance γS est fort grande par rapport à
la distance iS, on pourra encore, au lieu de ces deux

dernieres forces, fubftituer $\dfrac{J}{S\gamma^2} + \dfrac{3\,J.\,i\,S\,\text{cof.}\,\gamma\,S\,i}{S\gamma^3}$

$- \dfrac{J.\,i\,S\,\text{cof.}\,\gamma\,S\,i}{S\gamma^3}$ fuivant $\gamma\,S$, & $- \dfrac{J.\,i\,S\,\text{fin.}\,\gamma\,S\,i}{S\gamma^3}$

perpendiculaire à $\gamma\,S$.

X V.

1. Or lorfque la Comète fera dans les régions fupérieures de fon orbite où elle eft fort éloignée du Soleil, $S\gamma$ fera fort grande par rapport à $S\,i$, & à plus forte raifon par rapport à $C\gamma$; donc en combinant toutes les forces ci-deffus, & remarquant que $J.\,i\,S = \dfrac{J.\,J'\,S \times S}{S + J}$ $= S \times C\gamma$, & que $(S + C)\,C\gamma$ peut être cenfé égal à $S.\,C\gamma$, on trouvera qu'un grand nombre de ces forces fe détruifent, & que le point γ eft tiré feulement vers S par une force $= \dfrac{S + C + J}{S\gamma^2}$, fans aucune autre force perturbatrice fenfible.

2. De-là réfulte cette Propofition très-curieufe; que quand la Comète eft dans les régions fupérieures de fon orbite, le petit Satellite γ que nous avons fuppofé autour d'elle, eft attiré vers le point fixe S par une force égale à $\dfrac{S + C + J}{S\gamma^2}$, fans aucune autre force perturbatrice fenfible.

3. On voit aifément combien cette Propofition fi fimple peut abréger le calcul des perturbations. Car lorfque la Comète eft dans la partie fupérieure de fon orbite,

il n'y aura qu'à chercher simplement l'ellipse décrite autour de S par le Satellite γ en vertu de la force attractive $\dfrac{S + C + J}{S\gamma^2}$, & mener ensuite par chaque point γ de cette ellipse une ligne γC parallèle à SJ', & $= \dfrac{J \cdot J'S}{S + J}$; & on aura le lieu C de la Comète.

4. Ceux qui ont calculé jusqu'à présent les perturbations des Comètes, ont bien trouvé, par une méthode qui leur est particuliere, & qui est très-différente de la précédente, que quand la Comète est dans les régions supérieures de son orbite, on peut abréger considérablement le calcul des perturbations causées par l'action de la Planète perturbatrice sur le Soleil. Mais ils n'ont pas remarqué (ce qui n'étoit pas moins important) que le calcul pouvoit encore être considérablement abrégé, en combinant l'action de la Planète sur la Comète avec son action sur le Soleil. C'est la considération du Satellite γ qui nous a menés à cette simplification du Problême.

5. Nous y avons été conduits d'une maniere assez naturelle, par la remarque que nous y avions déja faite dans nos *Recherches sur le Syſtême du Monde*, seconde Partie, Art. 218 & 219, que pour trouver la perturbation d'une Planète, causée par l'action d'une autre Planète sur le Soleil, on pouvoit imaginer autour de la Planète troublée un Satellite qui produisît à peu-près le même effet. De legers changemens à cette supposition, par lesquels nous l'avons simplifiée, nous ont

donné le Satellite fictif autour de la Comète.

6. Au reste cette Proposition sur l'orbite sensiblement elliptique du Satellite γ, a été communiquée à M. Clairaut, le 13 Août 1759, long-tems avant qu'il ait rien paru sur la théorie du mouvement des Comètes; & je l'avois communiquée à M. Bezout dès le mois de Juin précédent. Elle se trouve d'ailleurs dans des papiers remis au Secrétariat de l'Académie dans les mêmes mois de Juin & d'Août 1759. Je rapporte ces faits, uniquement afin qu'on ne me taxe pas d'avoir rien appris sur cela d'aucun autre Géometre, ni rien emprunté d'aucun autre Ouvrage.

X V I.

La considération du Satellite γ, a non-seulement l'avantage d'abréger considérablement le calcul des perturbations dans les parties supérieures de l'orbite de la Comète; elle a de plus 1°. celui de rendre dans certaines occasions ce calcul possible; 2°. de le rendre plus éxact dans tous les cas; 3°. de le rendre plus court. Développons ces trois points.

1°. La considération du Satellite a l'avantage de rendre le calcul possible dans certaines occasions; car lorsque la Comète est dans les parties supérieures de son orbite, la force perturbatrice $\frac{J}{J'S^2}$ qui vient de l'action de la Planète sur le Soleil, peut être très-comparable à la force de gravitation $\frac{S+C}{SC^2}$; parce que SC peut alors être fi grande par rapport à $J'S$, que la force $\dfrac{J}{J'S^2}$ ne puiffe pas être regardée comme très-petite par rapport à la force $\dfrac{S+C}{SC^2}$. Or en ce cas la folution générale donnée dans le commencement de ce Mémoire, & qui fuppofe les forces φ & π toujours très-petites par rapport à $\dfrac{Faa}{xx}$, ne pourroit plus avoir lieu. Au contraire la méthode que nous venons de donner, eft évidemment d'autant plus éxacte, que SC ou $S\gamma$ eft plus grande par rapport à $J'S$. Ainfi (ce qui eft très-curieux à remarquer) la méthode générale & celle-ci, font en quelque maniere le complément l'une de l'autre, l'une étant plus éxacte à proportion que l'autre l'eft moins.

2°. Je dis outre cela, que cette confidération du Satellite rend le calcul plus éxact ; car elle difpenfe de connoître dans les parties fupérieures de l'orbite, la pofition de la Planete perturbatrice, fur laquelle on pourroit fe tromper confidérablement, favoir d'une quantité proportionnelle à l'altération de la révolution dans toute une moitié de l'orbite. Suppofons, par exemple, que cette altération foit d'environ un an, comme elle le peut être & au-delà ; on fe tromperoit donc d'un an, c'eft-à-dire, à-peu-près de 30 degrés, dans la pofition de Jupiter ; ce qui occafionneroit des erreurs confidérables dans la détermination des forces φ & π, & fur-tout de la derniere, qu'on pourroit faire d'un figne contraire à celui qu'elle auroit réellement.

3°.

3°. Enfin la méthode tirée de la confidération du Satellite, rendra le calcul plus court que fi on cherchoit directement les perturbations de la Comète. Car foit γ' (*fig.* 10.) la projection du Satellite γ fur le plan de l'orbite de la Comète ; les forces perturbatrices φ & π venant de la feule action de la Planète fur le Soleil,

feront à-très-peu-près $\varphi = - \dfrac{2(S+C).C\gamma' \text{ cof. } \gamma'SJ}{x^3}$;

en nommant $S\gamma'$, x ; & $\pi = \dfrac{(S+C).C\gamma' \text{ fin. } \gamma'SJ}{S\gamma'^3}$;

ou $\dfrac{(S+C).C\gamma'. \text{ fin. } \gamma'SJ}{x^3}$. Or puifque x^3 fe trouve ici au dénominateur de la valeur de π ; il s'enfuit que les

quantités $\dfrac{\pi\, d\, u}{u^3\, d\, \chi}$ ou $\dfrac{\pi\, x^3\, d\, u}{d\, \chi}$, & $\int \pi\, x^3\, d\chi$, dont on a befoin (§. VI & X.) pour calculer les perturbations ; feront très-fimplifiées ; puifque u^3 & x^3 difparoîtront de ces quantités : ce qui n'auroit pas lieu, fi on cherchoit directement les perturbations de l'orbite de la Comète, caufées par l'action de la Planète perturbatrice fur le Soleil.

X V I I.

1. Puifque dans l'orbite décrite par le Satellite, la force rétardatrice dérivée de l'action fur le Soleil, eft de l'ordre de $\dfrac{J.\xi}{x^3}$, & que dans l'orbite réelle de la Comète, cette force eft de l'ordre de $-\dfrac{J}{\xi^2}$; il s'enfuit que ces deux forces font entr'elles comme ξ^3 à x^3 ; & qu'ainfi

dans la partie inférieure de l'orbite, depuis le périhélie jufqu'au point où $x = \xi$, il eſt plus éxact d'employer
la méthode générale, & que dans le reſte de l'orbite,
qui eſt beaucoup plus étendu, il ſera mieux d'employer
la confidération du Satellite.

2. Ainſi, pour calculer l'action de Jupiter ſur une Comète quelconque, on peut partager l'orbite en deux parties; dans l'une qui s'étend depuis le périhélie de part &
d'autre jufqu'à la diſtance $S\,C$ ou $S\,c$ (*fig.* 13.) $=$ à la
diſtance moyenne de Jupiter, on employera la méthode
générale. Dans la ſeconde qui eſt beaucoup plus étendue, on employera la confidération du Satellite.

3. Pour calculer l'action de Saturne, on peut employer
les deux mêmes portions; car quoique $S\,C$ ne ſoit qu'environ la moitié de la diſtance de Saturne, cependant les
quantités qu'on négligera en employant la confidération
du Satellite dès ce point C, feront de l'ordre de $\dfrac{S \cdot \hbar\,\hbar\,\xi'^2}{S^2\ x^4}$;
($\hbar$ exprimant la maſſe de Saturne, & ξ' ſa diſtance au
Soleil), c'eſt-à-dire, de l'ordre de $\dfrac{S}{x^2} \times \dfrac{\hbar\,\hbar\,\xi'^2}{S^2\ x^2}$; &
elles feront aux quantités $\dfrac{\hbar}{\xi'^2}$, qu'on employeroit en
fuivant la méthode générale, dans la raiſon de $\dfrac{\hbar\ \xi^4}{S\ x^4}$
à 1, c'eſt-à-dire, d'environ $\frac{16}{3000}$ à l'unité, ou de 1 à 187;
par conféquent elles feront incomparablement plus
petites que celles qu'on auroit employées en fuivant
la méthode générale; & il faut remarquer de plus que

ces quantités négligées, (ou ce rapport de 1 à 187) diminuent toujours à mesure qu'on s'éloigne du point C,
où · C est supposé $=$ à la moyenne distance de Jupiter :
ensorte que lorsque la Comète est à la distance de Saturne, ce rapport devient $\frac{1}{3000}$. On n'aura donc point à
craindre, ce me semble, d'erreur considérable en com-
mençant au point C (où SC est $=$ à la distance moyenne
de Jupiter) la considération du Satellite, même pour
calculer l'action de Saturne.

XVIII.

1. Il ne reste plus qu'à savoir en quel endroit de cette
portion de l'orbite, on peut supposer que le Satellite
commence à décrire une véritable ellipse. Or je crois
qu'on peut fixer (pour l'action de Jupiter) le commencement de cette portion au point où $\xi = \frac{1}{3} x$; c'est-à-
dire, où la Comète est à une distance du Soleil triple de
celle de Jupiter. Car supposons (ce qui est ici le cas le
moins favorable) que Jupiter se trouve alors le plus près
de la Comète qu'il est possible ; son action sur la Comète
sera donc $\dfrac{J}{(x-\xi)^2}$; quantité à laquelle nous avons
substitué les deux termes $\dfrac{J}{x^2} + \dfrac{2J \cdot \xi}{x^3}$; ainsi la
quantité négligée est $\dfrac{J}{(x-\xi)^2} - \dfrac{J}{x^2} - \dfrac{2J \cdot \xi}{x^3}$:
or supposant $x = 3\xi$, on trouvera que cette quantité
négligée est $\dfrac{J}{4\xi^2} - \dfrac{J}{9\xi^2} - \dfrac{2J}{27\xi^2} = \dfrac{J}{\xi^2} \times \left(\dfrac{1}{4} - \right.$

$\frac{1}{27}$) ; quantité plus petite que la quantité $\frac{2\,J.\xi}{x^3}$, ou

$\frac{2\,J}{27\,\xi^2}$ que d'autres Géometres ont cru pouvoir né-gliger en pareil cas.

2. Le rapport de la premiere de ces quantités à la seconde, deviendra encore plus petit à mesure que la Comète s'éloignera plus du Soleil; car soit $x = n\,\xi$, n étant plus grand que 3 ; la premiere de ces quantités sera à la seconde comme $\frac{1}{(n-1)^2} - \frac{1}{n^2} - \frac{2}{n^3}$ est à

$\frac{2}{n^3}$; c'est-à-dire, comme $3\,n - 2$ à $2\,(n-1)^2$: rapport qui devient plus petit à mesure que n augmente.

3. Quant à la force π, la quantité *négligée* est à-peu-près $\frac{3\,\xi^2\ \text{fin.}\ \zeta'\ \text{cof.}\ \zeta'.J}{x^4}$; en prenant ζ' pour l'angle de commutation entre la Comète & la Planète ; & cette quantité est à la quantité *employée* $\frac{J\ \text{fin.}\ \zeta'.\xi}{x^3}$, comme

$\frac{3\,\xi\ \text{cof.}\ \zeta'}{x}$ est à 1 , c'est-à-dire, comme cof. ζ' est à 1 ; elle est donc beaucoup plus petite, puisque la plus grande valeur de la quantité *négligée* est à-peu-près répondante à cof. $\zeta' = \frac{1}{\sqrt{2}}$, ou fin. $2\,\zeta' = $ fin. total. Donc la quantité que nous négligeons dans l'expreffion de π, est moindre que la quantité $\frac{J\,\xi\ \text{fin.}\ \zeta'}{x^3}$, négligée en pareil cas par d'autres Géometres.

4. Donc, en n'ayant égard qu'à l'action de Jupiter, on peut supposer que le Satellite décrive une ellipse, à commencer depuis le point où $x = 3\,\xi$; & l'erreur, s'il y en a quelqu'une, sera du moins fort au-dessous de celle que d'autres Géometres ont commise en négligeant les forces perturbatrices $\dfrac{2\,J.\xi}{x^3}$ & $\dfrac{J.\xi}{x^3}$, qui résultent de l'action du Soleil en pareil cas.

5. A l'égard de l'action de Saturne; comme sa masse est environ $\frac{1}{3}$ de celle de Jupiter, si on suppose la distance de la Comète au Soleil double de celle de Saturne, on trouvera que la quantité *négligée* (dans le cas où elle est la plus grande) est $\dfrac{J}{3\,\xi'^2} \times (1 - \frac{1}{2}) = \dfrac{J}{6\,\xi'^2}$, en prenant ξ' pour la distance de Saturne au Soleil : cette quantité est à la quantité $\dfrac{2\,J}{27\,\xi^2}$ négligée par d'autres Géometres dans l'action de Jupiter, à-peu-près comme $\dfrac{9}{4}$ est à $\dfrac{\xi'^2}{\xi^2}$; c'est-à-dire, qu'elle est beaucoup plus petite, ξ' étant environ le double de ξ. D'où il s'ensuit qu'au point où la distance de la Comète est à-peu-près double de la distance de Saturne au Soleil, on peut négliger la force φ qui vient de l'action de Saturne ; car en ce point la force négligée est au-dessous de celle que d'autres Géometres ont négligée pour l'action de Jupiter.

6. Quant à la force π, il est aisé de voir que la partie négligée est beaucoup moindre que $\dfrac{J}{3.\xi'^2}$ sin. ζ', &

que par conséquent cette partie négligée est à la force $\frac{2J}{27\xi^2}$ négligée par d'autres dans l'action de Jupiter, en moindre raison que $\frac{1}{8.3}$ n'est à $\frac{1}{27}$; d'où il s'ensuit que la partie négligée est, ou beaucoup plus petite, ou au moins très-peu différente de la force négligée $\frac{2J}{27\xi^2}$; & par conséquent qu'on peut aussi négliger cette partie de force. Ainsi au point où la distance de la Comète au Soleil est à-peu-près double de celle de Saturne, on peut supposer que le Satellite décrive sans erreur sensible une ellipse autour du Soleil.

7. Donc en n'ayant égard qu'à l'action de Saturne, on peut supposer que le Satellite décrive une ellipse depuis le point où $x = 2\xi'$; c'est-à-dire, où la distance de la Comète est double de celle de Saturne. Or comme les distances moyennes ξ & ξ' de Jupiter & de Saturne sont environ 5..2010 & 9.5400, il est aisé de voir qu'au point où x sera $= 3\xi$, ou du moins dans un point où x sera un peu plus grand que 3ξ, on aura à-peu-près $x = 2\xi'$.

8. Ce point peut être supposé celui de la moyenne distance de la Comète au Soleil, dans la Comète de 1682, où cette moyenne distance est 17.8635; mais en général, pour simplifier & pour abréger, nous supposerons que le point où le Satellite commence à décrire sensiblement une ellipse, soit celui où $x = 20$ fois le rayon du grand orbe; cette supposition rendra même les calculs

plus éxacts, puisque dans le point dont il s'agit, x sera $> 2\,\xi'$, & égal à près de $4\,\xi$.

9. On peut donc dans le calcul de l'action de Jupiter & de celle de Saturne, commencer la considération du Satellite, au point où la distance x de la Comète au Soleil est égale à la distance moyenne de Jupiter; & regarder de plus ce Satellite comme décrivant très-sensiblement une ellipse, dans toute la partie de l'orbite où la distance x de la Comète au Soleil est égale ou plus grande que 20 fois le rayon du grand orbe.

10. Au reste, si on craignoit de cette supposition quelque erreur dont l'effet fût un peu trop considérable, nous donnerons dans la suite de ce Mémoire des moyens de la rectifier.

11. Voyons présentement d'autres mé.hodes pour abréger encore le calcul.

XIX.

1. Comme l'orbite de la Comète, & celle que décrit le Satellite dans l'espace absolu, different très - peu quant à la figure, & quant au tems employé à parcourir ces orbites & leurs parties correspondantes; l'altération que les mêmes forces perturbatrices causeroient dans chacune de ces orbites, seroit sensiblement la même; c'est pourquoi on peut regarder toutes ces altérations, comme si elles se rapportoient à la seule orbite $ACED$ (*fig.* 13.) de la Comète, & du reste traiter comme des portions d'ellipses, les portions d'orbites décrites par la

Comète & par le Satellite. Nous développerons ce dernier point plus en détail dans la suite ; pour le préfent nous nous appliquerons à chercher la méthode la plus fimple pour déterminer les altérations de l'orbite *ACE D.*

2. Dans cette orbite il faut d'abord marquer les points *C, c,* ou $x =$ la moyenne diftance de Jupiter, & les points *E, e,* ou $x = 20$ fois le rayon du grand orbe, & fe rappeller enfuite tout ce que nous avons déja dit ci-deffus ; favoir, 1°. que depuis *A* jufqu'en *C,* & depuis *c* jufqu'en *A,* les forces perturbatrices doivent être exprimées comme dans le §. IX ; 2°. que depuis *C* jufqu'en *E,* & depuis *e* jufqu'en *c,* elles changent d'expreffion, & deviennent ce que l'on a vû dans les §. XIII & XIV ; 3°. que depuis *E* jufqu'en *e* la force φ devient $\dfrac{J}{x^2}$, ou $J u^2$, & que la force $\pi = o$.

3. Pour faire maintenant ufage de toutes ces valeurs, il faudra d'abord connoître les valeurs de φ & de π pour deux révolutions de la Comète, ou plutôt pour une révolution entiere, & une grande partie de la révolution fuivante jufqu'au point *e,* en obfervant ; 1°. de donner à φ & à π depuis *A* jufqu'en *C,* les valeurs indiquées dans le §. IX ; 2°. depuis *C* jufqu'en *E,* les valeurs indiquées par le §. XIV ; 3°. de faire $\pi = o$, & φ $= J u^2$ depuis *E* jufqu'en *e* ; 4°. de faire encore changer φ & π de valeur aux points *e* & *c,* c'eft-à-dire, de leur donner depuis *e* jufqu'en *c* les valeurs marquées dans le §. XIV, & au point *c* celles du §. IX, qu'on continuera jufqu'au point *C* de

la

la révolution fuivante ; après quoi on reprendra les valeurs de φ & π, telles qu'elles font dans le §. XIV &c.

4. Cette détermination des valeurs de φ & de π n'aura
aucune difficulté ; car dans toute la partie *E D e*, la force
π n'eft pas cenfée exifter, non plus que la partie de la force
φ qui dépend de l'élongation de la Planète à la Comète ;
& dans la partie *E A e*, on connoît affez bien les valeurs
de φ & de π, parce qu'on connoît (*hyp.*) le tems d'une
révolution entiere de la Comète, & qu'ainfi on aura à-
peu-près les pofitions refpectives de la Planète & de la
Comète dans tous les points des arcs *A E*, *A e* de la
premiere révolution, & dans l'arc *A E* de la feconde.

5. Les forces φ & π étant connues, on connoîtra les

quantités $\dfrac{\pi\, x^3}{a\, a\, g\, g}$, que je nomme . . . . *Y*,

Et on aura foin pour abréger le calcul ; 1°. de ne pas
calculer deux fois les quantités (conftantes ou variables)
qui fe trouvant au numérateur & au dénominateur, devront fe détruire ; par exemple x^3 qui fe trouvant au dénominateur (§. XIV.) dans une partie des valeurs de π,
fe trouvera au numérateur dans $\pi\, x^3$, & par conféquent
difparoîtra ; 2°. de mettre à part fans la calculer la quantité conftante $g\,g$, que nous enfeignerons dans la fuite à
faire difparoître, & de la laiffer en attendant fous fa forme
Algébrique $g\,g$.

6. Ayant formé la table des *Y*, on quarrera (*a*) la

(*a*) Nous donnerons plus bas les moyens de quarrer les différentes courbes
méchaniques qui fe rencontreront dans cette folution.

courbe dont l'aire est $\int Y d\zeta$, pour la premiere révolution entiere, & pour la suivante jusqu'au point e; en observant que la partie de cette aire qui répond à l'angle EDe doit être $= o$; parce que dans toute cette partie la force $\pi = o$.

7. Cette quantité $\int Y d\zeta$, ou $\int \dfrac{\pi x^3 \, dz}{a\,a\,g\,g}$ est la plus compliquée de celles qui entrent dans la quantité M du $\mathcal{S}$. VI; les autres n'éxigeant aucune quadrature, seront très-faciles à calculer.

8. On trouvera ainsi toutes les quantités d'où dépend la quantité M du $\mathcal{S}$. VI; & l'on supposera

$$'M \text{ ou } (\mathcal{S}. \text{ IX.}) \frac{2\,S}{g\,g} \int \frac{\pi\,a^4\,dz}{u^3\,g\,g} - \frac{\phi\,a^4}{u^2\,g\,g} + \frac{\pi\,a^4\,du}{g\,g\,u^3\,d\zeta}$$

$$= X + 2 S \int \frac{Y\,d\zeta}{g\,g} \; ; \text{ en prenant } X \text{ pour représenter la}$$

somme des quantités $\dfrac{\pi\,a^4\,d\,u}{g\,g\,u^3\,d\zeta} - \dfrac{\phi\,a^4}{u^3\,g\,g}$, & $S \int Y d\zeta$

pour représenter la quantité $S \int \dfrac{\pi\,a^4\,d\,z}{u^3\,g\,g}$; on se ressouviendra de plus (comme nous venons de le dire) que Y sera $= o$ dans la partie EDe de l'orbite, où $\pi = o$, & que X sera constante dans cette même partie de l'orbite, où $\phi = \dfrac{J}{x^3}$. Cela posé,

9. On verra d'abord que dans l'équation générale de l'orbite, la quantité cos. $\zeta \int M d\zeta$ sin. ζ — sin. $\zeta \int M d\zeta$ cos. ζ, ou α (ainsi que nous l'avons déja nommée $\mathcal{S}$. X.) sera $=$ cos. $\zeta \int X d\zeta$ sin. ζ — sin. $\zeta \int X d\zeta$ cos. ζ $+$ cos. ζx

$$\frac{2S}{gg}(1 - \text{cof. } z)\int Y dz - \text{cof. } z \times \frac{2S}{gg}\int Y dz$$

$$(1 - \text{cof. } z) - \text{fin. } z \times \frac{2S}{gg}\text{fin. } z \int Y dz + \text{fin. } z \times \frac{2S}{gg}$$

$\int Y dz$ fin. z; quantité qui peut encore être fimplifiée, en confidérant que $(\text{cof. } z - \text{cof. } z^2 - \text{fin. } z^2)\int Y dz = (\text{cof. } z - 1)\int Y dz$.

10. Pour trouver préfentement le tems t, foit $x' =$

$$\frac{aa}{\frac{S+C}{gg} + (a - \frac{S+C}{gg})\text{cof. } z}$$; & foient les quantités

$$-\int \frac{2 x'^3 dz \text{ cof. } z}{a^3 g} = P,$$

$$\int \frac{2 x'^3 dz \text{ fin. } z}{a^3 g} = Q,$$

$$-\int \frac{2 x'^3 dz}{a^3 g}(\text{cof. } z - 1) = R;$$

$$\int \frac{2 x'^3 dz \text{ cof. } z}{a^3 g} = -P,$$

$$-\int \frac{2 x'^3 dz \text{ fin. } z}{a^3 g} = -Q;$$

$$-\int \frac{x'^2 dz}{a g} = V; \text{ & l'on aura (§. X.) l'altéra-}$$

tion du tems égale à $\int d P \int X dz$ fin. $z + \int d Q \int X dz$

cof. $z + \int d R \int Y dz \times \frac{2S}{gg} - \frac{2S}{gg}\int d P \int Y dz$

$(1 - \text{cof. } z) - \frac{2S}{gg}\int d Q \int Y dz$ fin. $z + \int d V \int Y dz$.

11. Comme les quantités P, Q, R, V, ont des inté-grales éxactes, ou du moins peuvent s'intégrer par des

arcs de cercle, ainſi que nous le ferons voir plus bas, on peut ſimplifier l'expreſſion précédente, & la délivrer des doubles ſignes ∫, en la mettant ſous cette forme,

$$P \int X \, d\mathfrak{z} \, \text{ſin. } \mathfrak{z} - \int X P \, d\mathfrak{z} \, \text{ſin. } \mathfrak{z} + Q \int X \, d\mathfrak{z} \, \text{coſ. } \mathfrak{z}$$

$$- \int X Q \, d\mathfrak{z} \, \text{coſ. } \mathfrak{z} + 2 R S \int \frac{Y \, d\mathfrak{z}}{g\,g} - 2 S \int \int \frac{Y R \, d\mathfrak{z}}{g\,g}$$

$$- \frac{2S}{g\,g} P \int Y \, d\mathfrak{z} (1 - \text{coſ. } \mathfrak{z}) + \frac{2S}{g\,g} \int Y P \, d\mathfrak{z}$$

$$(1 - \text{coſ. } \mathfrak{z}) - \frac{2S}{g\,g} Q \int Y \, d\mathfrak{z} \, \text{ſin. } \mathfrak{z} + 2 S \int \int \frac{Y Q \, d\mathfrak{z}}{g\,g} \, \text{ſin. } \mathfrak{z}$$

$$+ V \int Y \, d\mathfrak{z} - \int Y V \, d\mathfrak{z}.$$

12. Toutes ces quantités ne ſeront pas fort difficiles ni fort longues à calculer; parce que les quantités P, Q, R, V, comme on vient de le dire, ont des intégrales éxactes, ou du moins peuvent s'intégrer par arcs de cercle, & que le reſte ne demandera que des quadratures ſimples.

13. Nous donnerons dans la ſuite les moyens de trouver facilement ces quantités P, Q, R, S &c. & d'abréger d'ailleurs beaucoup le reſte du calcul; nous nous contenterons d'obſerver ici que la formule que nous venons de donner, n'a l'inconvénient d'allonger le calcul que dans un cas. C'eſt celui où X eſt conſtante; c'eſt-à-dire, où $\varphi = J u^2$, π & Y étant alors $= o$; car alors les quantités $P \int X \, d\mathfrak{z} \, \text{ſin. } \mathfrak{z} - \int X P \, d\mathfrak{z} \, \text{ſin. } \mathfrak{z} + Q \int X \, d\mathfrak{z}$ coſ. $\mathfrak{z} - \int X Q \, d\mathfrak{z}$ coſ. $\mathfrak{z}$ ſont d'un uſage moins commode que leurs équivalentes $\int d P \int X \, d\mathfrak{z} \, \text{ſin. } \mathfrak{z} + \int d Q \int X \, d\mathfrak{z}$ coſ. $\mathfrak{z}$.

14. Pour éviter cet inconvénient qui n'a lieu que dans la partie $E\,D\,e$ de l'orbite, laquelle répond à un assez petit angle $E\,S\,e$, on écrira (pour cette partie seulement de l'orbite) au lieu de $-\int X\,P\,d\zeta$ sin. $z - \int Q\,X\,d\zeta$ cof. ζ, la quantité $-P\,X\,(\Delta-\text{cof.}\,\zeta)+\int d\,P\times X$ $(\Delta-\text{cof.}\,\zeta)-Q\,X(\delta'-\text{fin.}\,\zeta)+\int X\,dQ\,(\delta'-\text{fin.}\,\zeta)$, Δ & δ' étant ce que deviennent cof. ζ & fin. ζ au point E, & les aires $X\int d\,P\,(\Delta-\text{cof.}\,\zeta)$ & $X\int d\,Q\times(\delta'-\text{fin.}\,\zeta)$ étant fuppofées $=o$ au même point E.

15. Il est à remarquer encore que pour réduire en tems la *quantité Algébrique qu'on vient de trouver ci-deſſus* pour l'altération du tems, il faut d'abord nommer δ le demi-grand axe de l'ellipſe que la Comète auroit dé-crite ſans l'action des Planètes, & enſuite faire cette pro-portion: comme $\dfrac{\delta^{\frac{1}{2}}}{\sqrt{S+C}}\times 4$ angles droits, (qui eſt la valeur de $\int\dfrac{x\,x\,d\zeta}{a\,g}$ lorſque $\zeta=360^{\circ}$) eſt à *cette quan-tité Algébrique trouvée*, qui exprime l'altération du tems; ainſi le tems m de la révolution de la Comète eſt à une quatriéme quantité; c'eſt-à-dire, qu'il faut multiplier la quantité Algébrique trouvée par $\dfrac{m\sqrt{S+C}}{\delta^{\frac{1}{2}}\times 360^{\circ}}$, qu'on peut réduire à $\dfrac{m\sqrt{S}}{\delta^{\frac{1}{2}}\times 360^{\circ}}$, pour deux raiſons; la pre-miere, parce que C eſt fort petit par rapport à S, & que $\dfrac{m\sqrt{S}}{\delta^{\frac{1}{2}}\times 360^{\circ}}$ multiplie une quantité déja très-petite par

rapport à la révolution totale; la feconde, parce que *C* eft inconnu (*a*).

16. C'eft pourquoi, en mettant pour $\frac{1}{360°}$ (c'eft-à-dire, pour le rapport du rayon à la circonférence) fa valeur approchée $\frac{1}{6, 283185}$, on aura pour la correction du tems

$$\frac{m\sqrt{S}}{\delta^{\frac{3}{2}} \cdot 6, 283185} \times [P \int X \, d\zeta \, \text{fin.} \, \zeta - \int X P \, d\zeta \, \text{fin.} \, \zeta +$$

$$Q \int X \, d\zeta \, \text{cof.} \, \zeta - \int X Q \, d\zeta \, \text{cof.} \, \zeta + \frac{2 R \cdot S}{g g} \int Y \, d\zeta$$

$$- \frac{2 S}{g g} \int R \cdot Y \, d\zeta - \frac{2 S \cdot P}{g g} \times \int Y \, d\zeta \, (1 - \text{cof.} \, \zeta)$$

$$+ \frac{2 S}{g g} \int Y \cdot P \, d\zeta \, (1 - \text{cof.} \, z) - \frac{2 S}{g g} Q \int Y \, d\zeta$$

$$\text{fin.} \, \zeta + \frac{2 S}{g g} \int Y \cdot Q \, d\zeta \, \text{fin.} \, \zeta + V \int Y \, d\zeta - \int Y \cdot V \, d\zeta].$$

X X.

Suppofons maintenant une Comète dont on a déja obfervé une révolution; on veut favoir la valeur approchée de la révolution fuivante.

1. Soit *S A* la diftance perihélie obfervée au commen-

(*a*) On demandera peut-être comment on fait que la maffe *C* de la Comète eft fort petite par rapport à la maffe *S* du Soleil, puifqu'on ignore cette maffe *C*. Il eft aifé de répondre, que comme la Comète ne dérange point fenfiblement le Soleil, on eft en droit d'en conclure que $\frac{C}{S}$ eft une très-petite fraction.

cement de la premiere révolution ; & $m =$ au nombre de jours, auſſi connu, de cette révolution ; on conſtruira l'ellipſe *A C D A* (*fig. 5.*) dont le grand axe convienne à cette révolution ; & que j'appellerai, quoiqu'improprement, l'ellipſe primitive ; dans cette ellipſe on marquera les points *C, c ; E , e*, comme on l'a déja preſcrit au commencement. du §. XIX, art. 2. Cela fait ;

2. On cherchera d'abord les lieux de la Planète correſpondans aux lieux de la Comète dans cette ellipſe. Ces lieux pourront ſe trouver aſſez éxactement ; 1°. parce que dans toute la partie *E D e*, où ils ſeroient plus incertains, on n'a pas beſoin de les connoître ; 2°. parce que dans la premiere révolution, l'altération que cauſe la Planète ſur l'arc *A E*, n'eſt pas conſidérable, & que le tems employé réellement par la Comète à décrire l'angle *A S E*, ne differe que peu de celui que la Comète mettroit à décrire le même angle (indépendamment des perturbations) dans l'ellipſe primitive ſuppoſée ; 3°. parce que, comme l'on connoît (par l'hypothèſe) le tems du retour de la Comète au point *A* après la premiere révolution, on ſait auſſi à-très-peu-près le tems où la Comète ſera ſur chaque rayon vecteur de l'arc *e A* de la premiere révolution, & par conſéquent les poſitions reſpectives de la Planète perturbatrice ; 4°. parce que par la même raiſon on ſait à-très-peu-près le tems où la Comète ſe trouvera dans chaque point de l'arc *A E* de la ſeconde révolution, & par conſéquent les poſitions reſpectives de la Planète perturbatrice.

3. Je suppose donc qu'on ait calculé par la méthode du §. XIX, que je développerai & simplifierai encore dans la suite, les altérations de cette orbite elliptique *A E D A* pour une révolution entiere, & pour la révolution suivante jusqu'au point *e*.

4. J'appelle la quantité qu'on trouvera pour l'altération totale jusqu'au point *e* de la seconde révolution . . . ζ

Et je nomme la quantité qui exprime les altérations de la premiere révolution feulement . . . . a'

5. De plus ayant calculé dans l'ellipfe *A E D A* le tems que la Comète met à décrire l'arc *A C*, ou plutôt l'angle *A S C*, je connoîtrai à la fin de ce tems la pofition, la direction & la viteffe du petit Satellite γ (*fig.* 14.), le tout rapporté fur l'orbite de la Comète; & comme la viteffe de ce Satellite dans l'efpace abfolu, eft compofée de fa viteffe propre autour de *C* & de la viteffe du point *C*, j'aurai donc la pofition *S* γ du rayon vecteur, & la viteffe du point γ par rapport au point *S*, avec fa direction; au moyen de quoi je déterminerai facilement la trajectoire elliptique du Satellite γ, abftraction faite des autres perturbations qui ont déja été calculées.

6. Ainfi j'aurai une portion d'ellipfe γ o γ', dans laquelle je détermine de la maniere fuivante le rayon *S* γ' qui doit la terminer. Je fuppofe qu'on tire la ligne *S c* dont la pofition eft connue, & qui fait avec *A S* un angle $= C S A$: par la connoiffance que l'on a du retour de la Comète au point *A*, on fait à-peu-près le tems où la Comète fe trouvera fur cette ligne *S c*; & par conféquent on

on fait auffi à-peu-près la pofition refpective de la Planète perturbatrice & du petit Satellite ; fuppofons donc
que $S\lambda$ repréfente cette pofition, c'eft-à-dire, foit égale
& parallèle à la ligne qui·joint en ce moment la Co-
mète & le Satellite ; & foit menée par λ la ligne $\lambda\gamma'$
parallèle à Sc, elle coupera l'ellipfe $\gamma o\gamma'$ au point γ',
qui fera connoître par conféquent le rayon $S\gamma'$ & la
portion d'ellipfe $\gamma o\gamma'$. Je donnerai dans la fuite des
moyens de calculer toutes ces lignes & ces angles ; mais
il n'eft queftion encore ici que de l'expofé général de la
méthode.

7. Je connoîtrai donc par ce moyen le tems employé
à parcourir cette portion d'ellipfe $\gamma o\gamma'$;

J'appelle ce tems . . . . θ',

Et le tems par AC . . . . θ.

8. Maintenant lorfque le Satellite eft en γ', il eft évident que la Comète eft à-très-peu-près en C', en menant
$\gamma'C' =$ & parallèle à $S\lambda$; car lorfque la Comète eft fur
la ligne SC', $S\lambda$ repréfente à-très-peu-près la pofition du
Satellite. Par-là on connoîtra la longueur de la ligne SC'.
Or la viteffe du point C' autour de S eft évidemment
compofée de la viteffe du point γ' dans l'orbite $\gamma o\gamma'$,
& de la viteffe du même point γ' autour de C' ; laquelle
doit être tranfportée au point C' en *fens contraire* à celui
felon lequel le Satellite fe meut autour de la Comète,
& non pas dans le même fens, comme on l'a fait au
point γ.

9. Donc on aura une nouvelle ellipfe $C'A'C''$ (*fig.* 15.).

Opufc. Math. Tome II. R

dans laquelle le rayon vecteur primitif SC', & la vitesse primitive avec sa direction seront connues.

. 10. On calculera le mouvement dans cette ellipse $C'AC''$, jusqu'à ce qu'on arrive à un point C'', tel que SC'' se trouve sur la direction de la ligne SC.

11. Dans ce point C'' on connoît à-peu-près le tems; puisqu'il est à-peu-près égal au tems connu de la révolution entiere, plus au tems par l'angle ASC dans l'ellipse primitive; ainsi on connoîtra à-peu-près la position & la vitesse correspondantes du Satellite γ''; & on cherchera (comme on a fait à la premiere révolution) sa nouvelle ellipse $\gamma''o'\Gamma$, jusqu'à un point Γ, où $S\Gamma$ soit égale à 20 fois le rayon du grand orbe.

12. Soit à présent le tems calculé par $C'A'C''$ . . $= \odot$

Et le tems calculé par $\gamma''o'\Gamma$ . . . . $= \odot'$

Soit aussi le tems par $C'A'$ . . . . $= \vartheta$;

SA' étant supposée dans la direction de la distance initiale SA de la Comète au Soleil.

13. Cela posé, il est évident, en rassemblant toutes les quantités calculées, que le tems de la premiere révolution sera . . . . $= \alpha' + \theta + \theta' + \vartheta$;

& que le tems de la premiere révolution, plus le tems par la plus grande partie de la seconde, jusqu'à l'arrivée du Satellite en Γ, sera . . . . $= 6 + \theta + \theta' + \odot + \odot'$.

14. Ce tems seroit éxactement celui qu'on cherche, si on eût pris pour l'ellipse primitive de la Comète, celle qu'elle eût *réellement* décrite sans l'action des Planètes. Mais 1°. les perturbations seront à-très-peu-près les mê-

mes, que fi on eût pris cette derniere ellipfe. 2°. Pour corriger d'ailleurs (quant au refte du calcul), l'hypothèfe qu'on a faite d'une fauffe ellipfe, on remarquera d'abord que le rayon Se de la fig. 13. fait un très-petit angle avec le rayon $S\Gamma$ de la fig. 15. qui lui eft égal; d'où il s'enfuit, que quand le Satellite fera en Γ (*fig.* 15.), la Comète fera à-peu-près au point e de la figure 13. ou $Se =$ 20 fois le rayon du grand orbe; conféquemment on fera cette proportion; l'aire entiere $AEDA$ (*fig.* 13.) eft à deux fois cette aire, moins le fecteur AeS, ou AES, comme m eft à un quatriéme terme m'; ce quatriéme terme m' donnera le tems que la Comète auroit mis (indépendamment des forces perturbatrices) à parvenir fur le rayon Se pour la feconde fois dans l'ellipfe primitive fuppofée $AEDA$; & dans cette même fuppofition on aura à-très-peu-près $\mathbb{C} + \theta + \theta' + \odot + \odot' - m'$ pour la perturbation totale jufqu'au point e; perturbation qui fera à-très-peu-près la même, comme on vient de le dire, que la perturbation réelle; on aura de même $a' + \theta + \theta' + \vartheta - m$ pour la perturbation de la premiere révolution feulement.

15. Il eft à remarquer que chacune de ces perturbations eft celle qui provient de l'action d'une feule Planète, de Jupiter par exemple; on trouvera de même celle qui provient de l'action de Saturne. Cela fait, on ajoutera enfemble les deux perturbations, & on nommera la perturbation totale de la premiere révolution . . . $\mathcal{S}$; & la perturbation de la premiere révolution, plus celle

de la feconde jufqu'en *e* . . . . ϵ.

Il eft évident 1°. que $m - \delta$ fera le tems par la *véritable ellipfe primitive*, & qu'ainfi ce tems exprime celui qu'il eût fallu fuppofer indépendamment des perturbations. 2°. Que par conféquent on trouvera facilement l'ellipfe qui ayant la même diftance périhélie $A S$ que la Comète, donneroit pour révolution le tems $m - \delta$, indépendamment des forces perturbatrices ; & que cette ellipfe fera la *vraie ellipfe primitive* de la Comète. 3°. Qu'on trouvera de même très-facilement le tems de la révolution dans la partie de cette ellipfe qui répond à l'arc circulaire $A x \epsilon'$, terminé par le rayon $A \epsilon'$ qui coincide avec $A e$; foit ce tems $= m''$; & comme la perturbation ϵ eft fenfiblement la même dans l'ellipfe primitive fuppofée, & dans la véritable ellipfe primitive, on aura $m - \delta + m'' + \epsilon$ pour le tems de la révolution de la Comète, depuis le moment où elle part de fon périhélie, jufqu'à celui où elle arrive pour la feconde fois fur le rayon $S e$; donc auffi $m - \delta + m'' + \epsilon$ exprimera à-très-peu-près le tems de l'arrivée du Satellite au point Γ (*fig.* 15.).

16. Ainfi on connoîtra à très-peu-près (par ce dernier tems calculé) la pofition de la Planète perturbatrice, & par conféquent la pofition $\Gamma C'''$ (*fig.* 15.) du Satellite Γ par rapport à la Comète C''' ; ou plutôt la pofition de la Comète C''' par rapport au Satellite Γ (*a*).

─────────────────────────────

(*a*) Si l'on craignoit que ce calcul ne fût pas affez éxaĉt, il faudroit,

17. Par conféquent on pourra tracer, fuivant la méthode déja donnée pour le point C', une nouvelle ellipfe
$C''' A''$ (*fig.* 13.) dans laquelle on calculera facilement
le tems par l'angle $C''' S A''$; on fuppofera ce dernier
tems $\dots\dots\dots\dots\dots\dots\dots = \vartheta '.$

18. Après cela on achevera de chercher les altérations dans l'arc qui termine la feconde révolution; ces
altérations ne feront plus difficiles à calculer. Car 1°.
on connoît à-peu-près par l'art. précédent le tems où la
Comète eft au point C'''. 2°. En calculant le tems par
l'angle $\epsilon' S A$ dans l'*ellipfe primitive fuppofée* (tems qui
diffère peu de celui que la Comète met réellement
à parcourir cet angle $\epsilon' S A$ ou $C''' S A''$ pour arriver de
nouveau à fon périhélie) on connoîtra à-peu-près le tems
où la Comète fe trouve fur chaque rayon vecteur; ainfi
on connoîtra à-peu-près les pofitions de la Planète perturbatrice dans l'efpace de la feconde révolution de la
Comète, qui eft renfermé par l'angle $C''' S A''$; par ce
moyen on achevera le calcul des altérations dans l'*ellipfe
primitive fuppofée*, pour deux révolutions entieres; calcul qui avoit déja été fait pour une révolution totale, &
pour la partie $A E D e$ (*fig.* 13.) de la feconde révolution.

---

après avoir trouvé, par ce premier calcul, la pofition de $S C'''$ & par conféquent l'angle $A S C'''$ ou $A S e'$ (*fig.* 13.), recommencer les opérations,
depuis celle du N°. 14, pag. 130, en mettant le fecteur $A e' S$ au lieu du fecteur
$A e S$ ou $A E S$, & l'arc $A \varkappa \eta$ au lieu de $A \varkappa \epsilon'$; & on aura pour lors une
pofition plus éxacte de $S C'''$. Mais pour l'ordinaire la premiere opération,
fuffira, fans qu'on ait befoin de recourir à cette feconde.

19. Soit la quantité des altérations dans l'angle $C''' S A''$
. . . . $= \vartheta''$;
on aura donc pour le tems de deux révolutions entieres
(en fuppofant que m fût le tems de la révolution, fans
perturbations, dans l'ellipfe primitive) $\mathfrak{C} + \theta + \theta'$ $+ \odot$
$+ \odot' + \vartheta' + \vartheta''$; or dans la même fuppofition on a
déja vû que $a' + \theta + \theta' + \vartheta$ auroit été le tems de la
premiere révolution.

20. Donc retranchant cette feconde quantité de la
premiere, on aura la valeur de la feconde révolution,
toujours dans la même hypothèfe; & retranchant enfuite de nouveau la premiere révolution de la feconde,
on aura une quantité que j'appelle ω, &. qui fera la différence des deux révolutions en vertu de l'action d'une
feule Planète perturbatrice, dans le cas où m auroit été
le tems d'une révolution, fans perturbation.

21. Or la différence des révolutions doit être fenfiblement
la même, quelque ellipfe primitive que l'on fuppofe,
pourvû que le tems par cette ellipfe ne differe pas beaucoup de la véritable. Donc ω fera à-très-peu-près la différence *réelle* des deux révolutions fucceffives en vertu
de l'action d'une feule Planète perturbatrice; de Jupiter,
par exemple. On trouvera de même la différence des
révolutions en vertu de l'action de Saturne; enfuite on
ajoutera les deux différences avec leurs fignes, & on
nommera leur fomme ω'; & comme (*hyp.*) m eft la valeur réelle de la premiere révolution, on aura $m + \omega'$
pour la valeur de la feconde. On connoîtra donc par ce

moyen la valeur approchée de la seconde révolution ; & par conséquent on pourra prédire à-peu-près le tems du retour de la Comète, en suppofant que l'on connoiffe par obfervation le tems de la premiere révolution.

22. Encore une fois, nous expliquerons dans la fuite en détail les différentes opérations, par lefquelles toutes ces différentes quantités fe calculent ; il n'eft queftion ici que du précis général de la méthode.

X X I.

1. L'orbite de la Comète, depuis fon périhélie jufqu'à 90 degrés de part & d'autre de ce point, pouvant être traitée comme une Parabole, fur-tout dans le calcul des perturbations, il réfulte de cette confidération un nouveau moyen d'abréger les calculs précédens. Car les quantités P, Q, R, V du §. XIX, art. 10, font alors toutes abfolument intégrables, & réductibles à des formules très-fimples, comme on le fera voir plus bas, en donnant la valeur de ces quantités pour l'hypothèfe Parabolique.

2. De plus lorfque la diftance périhélie de la Comète eft plus petite, ou même n'eft que fort peu plus grande que la moitié du rayon du grand orbe, comme dans celle de 1682 ; & que d'ailleurs, comme dans la même Comète de 1682, & dans plufieurs autres, l'inclinaifon des deux orbites eft telle, que la diftance accourcie de la Planète au Soleil refte confidérablement plus grande que la diftance périhélie de la Comète (par exemple, &

à 9 fois plus grande); on peut encore trouver des moyens
d'abréger le calcul. Car si la diſtance perihélie eſt éxactement égale à la moitié du rayon du grand orbe, on
trouvera que pendant que la Comète parcourroit 90 degrés en longitude depuis ſon perihélie, Jupiter ne parcourroit que 3 degrés environ, & Saturne beaucoup
moins (*a*). Ainſi on pourra regarder alors la Planète perturbatrice, comme à-peu-près immobile pendant ces 90
degrés de mouvement de la Comète ; ſur-tout ſi on ſuppoſe la Planète perturbatrice placée au milieu de l'eſpace très petit qu'elle décrit pendant ce tems. Car cette
ſuppoſition n'altérera preſqu'en rien la valeur des forces
accélératrices. Or par ce moyen les valeurs des forces
φ & π, ou du moins les parties de ces forces qui viennent de l'action des Planètes ſur le Soleil, ſeront beaucoup plus aiſées à calculer. Car 1°. la valeur de ξ
pourra être regardée comme conſtante, ainſi que celle
de la vraie diſtance $\xi \sqrt{1 + m m \sin. V^2}$ de la Planète au
Soleil. 2°. L'angle ζ ſera $= A + \chi$, A étant la valeur
de l'angle d'élongation $A S J$ (*fig.* 10.) de la Planète à la
Comète périhélie.

3. Si la diſtance périhélie étoit un peu plus grande que
la moitié du rayon du grand orbe ; on pourroit alors,

(*a*) Cette Comète mettroit moins de 40 jours à parcourir ces 90 degrés.
Or le mouvement moyen diurne de Jupiter eſt à-très-peu près de 5 ' par
jour, & celui de Saturne de 2'. Donc le mouvement de Jupiter en 40
jours eſt de 3° 20', & celui de Saturne de 1° 20'.

pour

pour plus d'éxactitude, se contenter de supposer Saturne
seul en repos pendant les 90 degrés que parcourt la
Comète ; & diviser cet espace pour Jupiter en deux autres, pendant l'un desquels on supposera Jupiter immobile.

XXII.

1. Dans la même supposition de $AS =$ à environ la
moitié du rayon du grand orbe ; si l'inclinaison de l'orbite de la Planète perturbatrice, est telle que la distance
de cette Planète au Soleil, rapportée sur l'orbite de la
Comète, soit environ 9 à 10 fois (ou davantage) plus
grande que la distance périhélie de la Comète, on pourra
encore abréger considérablement le calcul, depuis le
périhélie jusqu'à 90 degrés de part & d'autre. Car alors
JS à 90 degrés du périhélie, sera environ cinq fois plus
grande pour Jupiter, & neuf fois pour Saturne, que la
distance de la Comète au Soleil ; & au périhélie JS sera
dix fois plus grande pour Jupiter, & dix-huit fois pour
Saturne : de plus les forces perturbatrices qui viennent
de l'action de Jupiter & de Saturne sur la Comète, sont
alors considérablement plus petites que l'attraction vers
le Soleil ; car à 90 degrés du périhélie A, la force de Jupiter, en la supposant la plus grande possible, est environ
$\frac{1}{16000}$ de la gravitation, & la force de Saturne $\frac{1}{64 \times 3000}$;
& au périhélie, ces forces sont encore beaucoup plus
petites.

2. C'eft pourquoi, en nommant ξ' la diftance réelle & fuppofée conftante de la Planète au Soleil, & ξ fa diftance accourcie auffi fuppofée conftante, on aura à-très-peu-près pour cette portion de l'orbite $\varphi = \dfrac{J.\text{cof.}\,\zeta.\xi}{\xi'^3}$

$$+ \frac{J.x}{\xi'^3} - \frac{J.\xi\,\text{cof.}\,\zeta}{\xi'^3} - \frac{3\,J.\xi^2\,x\,\text{cof.}\,\zeta^2}{\xi'^5} = - \frac{J.x}{\xi'^3}$$

$$- \frac{3\,J.x.\xi^2\,\text{cof}\,\zeta^2}{\xi'^5} \; ; \; \&$$

$$\pi = - \frac{J.\xi.\text{fin.}\,\zeta}{\xi'^3} - \frac{J.\xi\,\text{fin.}\,\zeta}{\xi'^3} - \frac{3\,J.x.\xi^2\,\text{fin.}\,2\zeta}{2\,\xi'^5}$$

$$= - \frac{3\,J.x\,\xi^2\,\text{fin.}\,2\zeta}{2\,\xi'^5} \; ; \; \& \text{ on fe reffouviendra que } \zeta =$$

$A + \zeta$; ce qui fournira encore un nouveau moyen de fimplifier & d'abréger le calcul.

XXIII.

1. En effet, puifque cof. $A + \zeta =$ cof. ζ cof. $A -$ fin. ζ fin. A, & que fin. $A + \zeta =$ fin. ζ cof. $A +$ cof. ζ fin. A; qu'enfin $x = \dfrac{a\,a}{P' + Q'\,\text{cof.}\,\zeta}$, P' & Q' étant des conftantes, & que ξ eft une conftante auffi; il s'enfuit que fi on fait $P' + Q'$ cof. $\zeta = u$, ce qui donnera cof. $\zeta = \dfrac{u - P'}{Q'}$, & fin. $\zeta = \sqrt{1 - \left(\dfrac{u - P'}{Q'}\right)^2}$, les in-tégrales qu'il faudra trouver pour déterminer les pertur-bations depuis le périhélie A jufqu'à 90 degrés de part & d'autre, ne contiendront d'autre radical que le précédent $\sqrt{1 - \dfrac{(u - P')^2}{Q'^2}}$, & des fonctions rationnelles de

la feule variable u; ce qui rendra les intégrations fort faciles, puifque les différentielles feront, ou intégrables abfolument, ou réductibles à des arcs de cercle. J'en donnerai plus bas le calcul.

2. On peut même obferver que depuis le périhélie A jufqu'à 90 degrés de part & d'autre, l'orbite de la Comète pouvant être cenfée une Parabole, on aura à-très-peu-près $x = \dfrac{2\,a}{1 + \cos z}$; ce qui rendra encore les calculs plus fimples & les intégrations plus faciles, le radical $\sqrt{1 - \dfrac{u - P'}{Q'^2}}$ fe réduifant alors à $\sqrt{u - u\,u}$; on verra ci-deffous plus en détail ces différentes opérations.

3. Lorfque l'orbite de la Comète fait un grand angle avec celle de la Planète perturbatrice; fi la diftance périhélie eft d'ailleurs peu différente de la moitié du rayon du grand orbe, ou beaucoup plus petite; on peut encore alors abréger le calcul, non pas autant à la vérité que dans le cas où l'angle des deux orbites n'eft pas très-confidérable; mais on pourra du moins fuppofer que la partie de la force φ qui vient de l'action de la Planète fur le Soleil, eft $\dfrac{J.\xi \cos. A + z}{\xi'^3} = \dfrac{J.\xi}{\xi'^3} \times (\cos. A . \cos. z - \sin. z \sin. A)$; & que la partie correfpondante de la force ϖ, eft $\dfrac{J.\xi \sin. A + z}{\xi'^3} = \dfrac{J.\xi}{\xi'^3} \times (\sin. A \cos. z + \sin. z \cos. A)$.

4. On objectera peut-être que si l'angle des deux orbites est fort grand, comme de 80 degrés, la position & la grandeur de la distance accourcie ξ peuvent beaucoup varier pendant le tems que la Comète employe à parcourir 90 degrés depuis le périhélie. A cela nous répondrons, qu'alors la force perturbatrice $\dfrac{J.\xi}{\zeta}$ seroit si petite, qu'on pourroit même la négliger; & que d'ailleurs la force $\dfrac{J.\xi.\cos A + z}{\xi'}$ étant aussi elle-même très-petite, & ne pouvant jamais différer considérablement de la véritable force perturbatrice, il n'y aura jamais d'inconvénient à substituer cette force $\dfrac{J.\xi \cos A + z}{\xi'^3}$; à la véritable force suivant CS, qui vient de l'action de la Planète sur le Soleil, & dont le calcul seroit beaucoup plus compliqué, sans être beaucoup plus éxact.

5. Nous ajouterons encore, que si pendant les 90 degrés de mouvement de la Comète, on craignoit que la Planète perturbatrice n'eût un mouvement trop sensible pour pouvoir être négligé; on pourroit alors, au lieu de 90 degrés depuis le périhélie, n'en prendre que 60, ou 45, ou moins encore, & du reste achever le calcul de la même maniere. Cet abrégé peut avoir lieu, même pour des Comètes dont la distance périhélie seroit beaucoup plus grande que la moitié du rayon du grand orbe, & pour celles même où elle seroit un peu plus grande que ce rayon entier.

XXIV.

1. Voilà donc des moyens d'abréger confidérablement le calcul des perturbations des Comètes ; 1°. pour toutes les Comètes en général dans la partie fupérieure de leur orbe, depuis le point où la diftance de la Comète eft égale à vingt fois ou environ le rayon du grand orbe. 2°. Pour les Comètes qui ont leur diftance périhélie à-peu-près égale, ou beaucoup moindre que la moitié du rayon du grand orbe, comme celle de 1682, & un très-grand nombre d'autres. 3°. Enfin pour les Comètes qui, comme celle de 1682, & plufieurs autres, font telles, que leur diftance périhélie eft beaucoup moindre que la diftance moyenne de la Planète au Soleil, rapportée fur l'orbite de la Comète. Car dans la partie inférieure de l'orbe de ces Comètes, contenant 90 degrés en-deçà & au-delà du périhélie, c'eft-à-dire, 180 degrés en tout, on pourra, fans avoir recours à des quadratures de cour-bes méchaniques, déterminer les perturbations par le feul moyen des quadratures qui fe réduifent à des arcs de cercle ; on pourra même fe paffer de ces arcs, & avoir des intégrales éxactes & des quadratures abfolues, fi on confidere, ainfi qu'on le peut, cette portion de la tra-jectoire de la Comète comme une Parabole.

2. Il n'y aura que la partie de l'orbite qui s'étendra depuis 90 degrés du périhélie jufqu'aux points *E, e* (*fig.* 13.), où les quadratures de courbes méchaniques feront néceffaires ; mais nous avons déja donné ci-deffus différens

moyens de les ſimplifier ; & nous y en ajouterons encore
d'autres dans l'application que nous allons bientôt faire
de notre méthode à une Comète particuliere.

3. Avant que d'entrer dans ce détail, il nous reſte à
donner quelques lemmes qui nous ſont néceſſaires pour
éxécuter plus facilement les différentes opérations que
nous aurons à faire. Nous ſupprimerons les démonſtra-
tions de la plûpart de ces lemmes, parce qu'elles ſont
faciles à déduire des ſ. précédens, ou qu'elles ſont d'ailleurs connues des Géometres.

X X V.

Les mêmes noms étant ſuppoſés que dans les ſ. précédens, & nommant de plus δ le demi-grand axe de l'ellipſe primitive, & x' les rayons de cette ellipſe, qui répondent aux anomalies vraies χ ; on aura, abſtraction faite
des forces perturbatrices

$$1. \; x' = \frac{aa}{\frac{S+C}{gg} + \left(a - \frac{S+C}{gg}\right) \cos. \chi}.$$

ou

$$2. \; x' = \frac{2a\delta - aa}{\delta + (\delta - a) \cos. z}.$$

3. Le demi-parametre p du grand axe, ſera

$$p = \frac{aagg}{S+C},$$

ou

$$4. \; \frac{2a\delta - aa}{\delta} = \frac{aagg}{S+C};$$

Donc

$5.\ p = 2a - \dfrac{aa}{\delta}.$

$6.\ gg = \dfrac{2.\overline{S+C}}{a} - \dfrac{S+C}{\delta},$

ou

$7.\ gg = \dfrac{(S+C)\,p}{aa}.$

$8.\ \text{cof. } \zeta = \dfrac{2a\delta - aa}{x'(\delta - a)} - \dfrac{\delta}{\delta - a}.$

Si on appelle ϵ la cotangente de l'angle $A\,C\,S$ (*fig.* 13.), que fait un rayon quelconque avec l'ellipfe, on aura

$9.\ \epsilon = \dfrac{(\delta - a)\,\text{fin. } z}{\delta + (\delta - a)\,\text{cof. } z},$

ou

$10.\ \epsilon = \dfrac{(\delta - a)\,\text{fin. } z}{(2a\delta - aa)\,x'}.$

11. Le quarré de la viteffe $v^2 = gg + \dfrac{2.\overline{S+C}}{x\epsilon} - \dfrac{2.\overline{S+C}}{a}$

$= (S+C)\left(\dfrac{p}{aa} + \dfrac{2}{x'} - \dfrac{2}{a}\right).$

Et fi l'ellipfe n'eft pas fort excentrique, on pourra fuppofer, fans erreur confidérable, $vv = \dfrac{gg\,aa}{x'x'} = \dfrac{\overline{S+C}.p}{x'x'}.$

Si la trajectoire étoit une Parabole, il faudroit dans les quantités précédentes regarder δ comme infinie, & l'on auroit

$12.\ x' = \dfrac{2a}{1 + \text{cof. } \zeta}.$

$13.\ p = 2a.$

$14.\ gg = \dfrac{2.\overline{S+C}}{a}.$

15. $\text{Cof. } \zeta = \dfrac{2a}{x'} - 1.$

XXVI.

Si la viteffe primitive étoit g, la diftance primitive a, *s* la cotangente du fupplément *ACS* de l'angle de projection (*a*), & fon finus *h*, & enfin ζ les angles d'anomalie, à compter depuis le point de départ; on auroit

$$1.\ x' = \cfrac{a\,a}{\dfrac{S+C}{g^2\,h^2} + \left(a - \dfrac{S+C}{g^2\,h^2}\right)\text{cof.}\,\zeta - s\,a\,\text{fin.}\,\zeta},$$

ou

$$2.\ x' = \cfrac{a\,a}{\dfrac{S+C}{g^2\,h^2} + \dfrac{s\,a}{\text{fin.}\,A'}\,\text{cof.}\,A' + \zeta}\quad (A'\text{ étant l'angle}$$

compris entre le rayon a, & la ligne du périhélie).

3. $\text{Tang. } A' = \dfrac{s\,a}{a - \dfrac{S+C}{g^2\,h^2}}$, l'angle A' étant pris

du côté oppofé à celui fuivant lequel font fuppofés marcher les ζ.

$$4.\ \frac{a\,a\,g^2\,h^2}{S+C} = p.$$

$$5.\ 2\delta = \cfrac{a\,a}{\dfrac{S+C}{g^2\,h^2} + \dfrac{s\,a}{\text{fin.}\,A'}} + \cfrac{a\,a}{\dfrac{S+C}{g^2\,h^2} - \dfrac{s\,a}{\text{fin.}\,A'}};$$

6. Le quarré de la viteffe en un point quelconque

(*a*) On fuppofe ici que l'angle de projection (c'eft-à-dire, l'angle de la ligne de projection *C H* avec le rayon vecteur) eft obtus; c'eft pourquoi la cotangente de fon complément *ACS* à 180 degrés, eft pofitive.

$v\,v = g\,g$

$$v v = g g + \frac{2 . \overline{\delta + C}}{x'} - \frac{2 . \overline{\delta + C}}{a} = (\delta + C) \left(\frac{p}{a a h h} \right.$$

$$+ \frac{2}{x'} - \frac{2}{a} \left. \right).$$

XXVII.

1. Le tems employé à parcourir un angle quelconque (en partant du périhélie) est $\dfrac{\delta^{\frac{3}{2}}}{\sqrt{\delta + C}}$ multiplié par l'angle dont le cosinus est $\dfrac{\delta - x'}{\delta - a}$, moins $\dfrac{(\delta - a)\sqrt{\delta}}{\sqrt{\delta + C}}$ multiplié par le sinus du même angle.

Donc si on nomme

2. a, l'angle dont le cosinus est $\dfrac{\delta - x'}{\delta - a}$,

3. On aura le tems cherché $t = \dfrac{\delta^{\frac{3}{2}}}{\sqrt{\delta + C}} \left(a - \dfrac{\delta - a}{\delta} \right.$

$\sin. a)$

Et si on appelle m le tems de la révolution totale, on aura ce même tems,

4. $t = \dfrac{m}{360^\circ} \times \left(a - \dfrac{\delta - a}{\delta} \sin. a \right).$

Au lieu de l'angle dont le cos. est $\dfrac{\delta - x'}{\delta - a}$, on peut mettre (ce qui revient au même)

5. $a = $ l'angle dont le cosinus est $\dfrac{\delta - a + \delta \cos. z}{\delta + (\delta - a) \cos. z}$, ou

6. $\cos. a = \dfrac{\dfrac{\delta - a}{\delta} + \cos. z}{1 + \dfrac{\delta - a}{\delta} \cos. z}$, ou

7. $\cos \alpha = \dfrac{1 + \dfrac{\delta}{\delta - a}\cos \zeta}{\dfrac{\delta}{\delta - a} + \cos \zeta}$.

Par conséquent, si la Comète est supposée commencer à partir d'un point dont l'élongation au périhélie soit A', on aura en comptant toujours les angles A', α du périhélie,

8. $t = \dfrac{m}{360°}\left[\alpha - A' - \left(\dfrac{\delta - a}{\delta}\right)\sin \alpha + \dfrac{\delta - a}{\delta}\sin A'\right]$.

Il faut remarquer de plus que

9. La distance périhélie $a = \dfrac{a\,a}{\dfrac{S + C}{g^2\,h^2} + \dfrac{t\,a}{\sin A'}}$.

XXVIII.

1. Si l'on construisoit une autre ellipse, dans laquelle le rayon primitif fût . . . . a',
La vitesse primitive . . . . g',
La cotangente du supplément de l'angle de projection, t',
Son sinus . . . . h',
L'angle compris entre le point de départ & & le périhélie . . . . A'',
Le parametre . . . . p',
Le demi-grand axe . . . . δ',
Le tems de la révolution . . . . m',
La distance périhélie . . . . a',
On auroit les mêmes équations que dans le §. pré-

cédent, en marquant feulement les lettres d'un trait, pour diftinguer les deux cas.

2. Il faut de plus remarquer, que fi on fuppofe que la viteffe g' foit telle par rapport à la viteffe g, que l'on ait $g'\,g' = g\,g + (S+C)\,\mu$, on aura $\dfrac{S+C}{g'^2\,h'^2} = \dfrac{S+C}{g^2\,h'^2 + (S+C)\,h'^2\,\mu}$; & en mettant pour g^2 fa valeur $\dfrac{(S+C)\,p}{a\,a\,h\,h}$, il viendra

3. $\dfrac{S+C}{g'^2\,h'^2} = \dfrac{a\,a\,h\,h}{p\,h'^2 + a\,a\,h^2\,h'^2\,\mu}$.

Et fi l'on fuppofe que la quantité $(S+C)\,\mu$ foit très-petite par rapport à $g\,g$, & que h' differe peu de h, on pourra fuppofer

4. $\dfrac{S+C}{g'^2\,h'^2} = \dfrac{a\,a}{\dfrac{p\,h'^2}{h^2} + a\,a\,h^2\,\mu}$.

On n'oubliera pas de remarquer auffi que

5. $m' = \dfrac{m \times \delta'^{\frac{3}{2}}}{\delta^{\frac{3}{2}}}$.

6. Et que le quarré de la viteffe $v'\,v'$ en un point quelconque $= g'\,g' + \dfrac{2.\overline{S+C}}{x'} - \dfrac{2.\overline{S+C}}{a'}$.

XXIX.

1. Soit $\dfrac{d\,z}{(\varrho + \text{cof. } z)^2}$ une quantité à intégrer, & foit $\dfrac{1}{\varrho + \text{cof. } z} = y$; on aura pour transformée

$$\sqrt{\varrho\varrho - 1} \cdot \sqrt{-\dfrac{\dfrac{y\,d\,y}{1}}{\varrho\varrho - 1} + \dfrac{2\varrho y}{\varrho\varrho - 1} - y\,y}.$$

2. Si $\varrho = 1$, la transformée sera $\dfrac{y\,d\,y}{\sqrt{2\,y - 1}}$.

3. Si la différentielle proposée est $\dfrac{d\,z}{(\varrho + \text{cof.}\,z)^3}$, la transformée sera

$$\dfrac{\dfrac{y\,y\,d\,y}{\sqrt{\varrho\varrho - 1}}}{\sqrt{-\dfrac{1}{\varrho\varrho - 1} + \dfrac{2\varrho y}{\varrho\varrho - 1} - y\,y}}.$$

4. Si $\varrho = 1$, la transformée sera $\dfrac{y^2\,d\,y}{\sqrt{2\,y - 1}}$.

5. En général si $\varrho = 1$, on aura cof. $z = \dfrac{1 - y}{y}$;

fin. $z = \dfrac{\sqrt{2\,y - 1}}{y}$; $d\,z = -\dfrac{d\,(\text{cof.}\,z)}{\text{fin.}\,z} = \dfrac{d\,y}{y\,y}$

$\times \dfrac{y}{\sqrt{2\,y - 1}} = \dfrac{d\,y}{y\sqrt{2\,y - 1}}$; ces formules rendront les transformations & les intégrations fort faciles dans le cas de $\varrho = 1$.

X X X.

1. Si on prend le rayon ou finus total pour l'unité, l'intégrale de $\dfrac{d\,y}{\sqrt{A + 2\,B\,y - y\,y}}$ (A & B étant des conftantes quelconques) fera K, K étant un angle dont le cofinus eft $\dfrac{B - y}{\sqrt{A + B\,B}}$.

2. L'intégrale de $\dfrac{y\,d\,y}{\sqrt{A + 2\,B\,y - y\,y}}$ fera $-\sqrt{A + B\,B}$ fin. $K + B \cdot K$.

3. Celle de $\dfrac{yy\,dy}{\sqrt{A+2By-yy}}$ fera $-2\,B\sqrt{A+B\dot{B}}$

fin. $K + \dfrac{A+BB}{4}$ fin. $2K + \dfrac{A+3BB}{2}\,K.$

X X X I.

Si on fuppofe dans le §. XXIX. $\rho = \dfrac{\delta}{\delta - a}$, on aura

1. $\rho\rho - 1 = \dfrac{2\,a\,\delta - a\,a}{(\delta - a)^2}.$

2. $\sqrt{\rho\rho - 1} = \dfrac{\sqrt{2\,a\,\delta - a\,a}}{\delta - a}$;

Donc les quantités A & B de l'article précédent, & celles qui en dépendent, feront exprimées par les équations fuivantes ;

3. $B = \dfrac{\rho}{\rho\rho - 1} = \dfrac{\delta \cdot \overline{\delta - a}}{2\,a\,\delta - a\,a}.$

4. $A = -\dfrac{1}{\rho\rho - 1} = -\dfrac{(\delta - a)^2}{2\,a\,\delta - a\,a}.$

5. $A + BB = \dfrac{1}{(\rho\rho - 1)^2} = \dfrac{(\delta - a)^4}{(2\,a\,\delta - a\,a)^2}$;

6. $\sqrt{A+BB} = \dfrac{(\delta - a)^2}{2\,a\,\delta - a\,a}.$

7. $B\sqrt{A+BB} = \dfrac{\overline{\delta \cdot \overline{\delta - a}}^3}{(2\,a\,\delta - a\,a)^2}.$

8. $y = \dfrac{1}{\dfrac{\delta}{\delta - a} + \text{cof.}\,\zeta} = \dfrac{\delta - a}{\delta + (\delta - a)\,\text{cof.}\,\zeta} =$

(§. XXV. n. 2.) $\dfrac{(\delta - a)\,x'}{2\,a\,\delta - a\,a}.$

9. $\dfrac{B - y}{\sqrt{A + BB}} = \dfrac{\delta - x'}{\delta - a}$;

10. Et par conféquent (§. XXVII. n. 5. & §. XXX. n. 1.) $K = \alpha$; puifque K eft l'angle dont le cofinus $= \dfrac{B - y}{\sqrt{A + BB}}$, & α l'angle dont le cofinus eft $\dfrac{\delta - x'}{\delta - a}$.

11. Enfin $A + 3BB = \dfrac{(3\delta\delta - 2a\delta + aa)(\delta - a)^2}{(2a\delta - aa)^2}$:

XXXII.

Si dans le §. XXIX. on fuppofe $\rho = 1$, on aura

1. L'intégrale de $\dfrac{y\,dy}{\sqrt{2y-1}} = \dfrac{(y - \frac{1}{2})^{\frac{3}{2}}\sqrt{2}}{3} + \dfrac{(y - \frac{1}{2})^{\frac{1}{2}}}{\sqrt{2}}$.

2. $\displaystyle\int \dfrac{yy\,dy}{\sqrt{2y-1}} = \dfrac{(y - \frac{1}{2})^{\frac{1}{2}}}{2\sqrt{2}} + \dfrac{(y - \frac{1}{2})^{\frac{3}{2}}\sqrt{2}}{3} + \dfrac{(y - \frac{1}{2})^{\frac{5}{2}}\sqrt{2}}{5}$.

Et comme dans ce cas $y = \dfrac{1}{1 + \text{cof. } z} = \dfrac{x}{2a}$ (§. XXV. n. 12.); on aura encore

3. $\displaystyle\int \dfrac{y\,dy}{\sqrt{2y-1}} = \dfrac{\overline{\dfrac{x}{a} - 1}^{\frac{3}{2}}}{6} + \dfrac{\overline{\dfrac{x}{a} - 1}^{\frac{1}{2}}}{2} = \dfrac{2}{3}$

lorfque $x = 2a$, c'eft-à-dire, lorfque $z = 90°$.

$$4. \int \frac{yy\,dy}{\sqrt{2y-1}} = \frac{\left(\frac{x}{a}-1\right)^{\frac{3}{2}}}{4} + \frac{\left(\frac{x}{a}-1\right)^{\frac{3}{2}}}{6} +$$

$$\frac{\left(\frac{x}{a}-1\right)^{\frac{5}{2}}}{20} = \frac{7}{15} \text{ lorfque } \zeta = 90°.$$

5. En général fi $\dfrac{1}{1+\cos\zeta} = \dfrac{x}{2a}$, on aura $\cos\zeta =$ $\dfrac{2a}{x} - 1$; $\sin\zeta = \dfrac{2\sqrt{ax-aa}}{x}$; $d\zeta = -\dfrac{d(\cos\zeta)}{\sin\zeta} =$ $\dfrac{2a\,dx}{xx} \times \dfrac{x}{2\sqrt{ax-aa}} = \dfrac{dx\sqrt{a}}{x\sqrt{x-a}}$; ces formules rendront les transformations & les intégrations faciles dans le cas de $\dfrac{1}{1+\cos\zeta} = \dfrac{x}{2a}$.

XXXIII.

Les mêmes chofes étant pofées que dans le §. XXIX. on aura

1. $\displaystyle\int \frac{d\zeta \cos\zeta}{(\varrho+\cos z)^3} = \int \frac{d\zeta}{(\varrho+\cos z)^2} - \varrho\int \frac{d\zeta}{(\varrho+\cos z)^3}$.

2. $\displaystyle\int \frac{d\zeta \sin\zeta}{(\varrho+\cos z)^3} = -\frac{1}{2.\,\overline{\varrho+1}\,^2} + \frac{1}{2(\varrho+\cos z)^2}$.

3. $\displaystyle\int \frac{d\zeta(\cos\zeta-1)}{(\varrho+\cos z)^3} = \int \frac{d\zeta}{(\varrho+\cos z)^2} - (\varrho+1)$ $\displaystyle\int \frac{d\zeta}{(\varrho+\cos z)^3}$.

Or on a donné ci-deffus les valeurs de $\displaystyle\int \frac{d\zeta}{(\varrho+\cos z)^2}$;

& de $\int \dfrac{d\zeta}{(\zeta + \text{cof. } \zeta)^{\frac{1}{2}}}$ (§. XXIX, XXX & XXXI.)
quelle que foit la valeur de p; & dans le §. XXXII. on
a donné les valeurs particulieres de ces deux intégrales,
dans le cas où $p = 1$. Ainfi on aura facilement les valeurs des trois intégrales précédentes, dans le cas de $p =$
à un nombre quelconque, & dans celui de $p = 1$.

En général fi $p = 1$, on aura

$$4. \int \frac{d\zeta \, \text{cof. } \zeta}{(1 + \text{cof. } \zeta)^3} = \frac{\overline{\dfrac{x}{a} - 1}^{\frac{3}{2}}}{4} - \frac{\overline{\dfrac{x}{a} - 1}^{\frac{5}{2}}}{20} = \frac{1}{5}$$

lorfque $\zeta = 90°$.

$$5. \int \frac{d\zeta \, \text{fin. } \zeta}{(1 + \text{cof. } \zeta)^3} = \frac{x \, x}{8 \, a \, a} - \frac{1}{8} = \frac{3}{8} \text{lorfque } \zeta = 90°.$$

$$6. \int \frac{d\zeta \cdot \overline{\text{cof. } \zeta - 1}}{(1 + \text{cof. } \zeta)^3} = \frac{\overline{\dfrac{x}{a} - 1}^{\frac{3}{2}}}{6} - \frac{\overline{\dfrac{x}{a} - 1}^{\frac{5}{2}}}{10}$$

$$= -\frac{4}{15} \text{lorfque } \zeta = 90°.$$

$$7. \int \frac{d\zeta \, \text{fin. } \zeta}{(1 + \text{cof. } \zeta)^2} = \frac{x}{2 \, a} - \frac{1}{2} = \frac{1}{2} \text{ lorfque } \zeta = 90°.$$

$$8. \int \frac{d\zeta \, \text{fin. } \zeta \cdot \text{cof. } \zeta}{(1 + \text{cof. } \zeta)^3} = \int \frac{d\zeta \, \text{fin. } \zeta}{(1 + \text{cof. } \zeta)^2} - \int \frac{d\zeta \, \text{fin. } \zeta}{(1 + \text{cof. } \zeta)^3}$$

$$= \frac{x}{2 \, a} - \frac{x \, x}{8 \, a \, a} - \frac{1}{8} = \frac{1}{8} \text{ lorfque } \zeta = 90°.$$

$$9. \int \frac{d\zeta}{1 + \text{cof. } \zeta} = \sqrt{\frac{x}{a} - 1} = 1 \text{ lorfque}$$

$\zeta = 90°$.

10.

10. $\int \dfrac{d\zeta \cos.\zeta}{(1+\cos.\zeta)^2} = \int \dfrac{d\zeta}{1+\cos.\zeta} - \int \dfrac{d\zeta}{(1+\cos.\zeta)^3}$

$\underline{\quad -\frac{1}{2}\quad} \qquad \underline{\quad \frac{1}{2}\quad}$

$= + \dfrac{\frac{\pi}{a}-1}{2} - \dfrac{\frac{\pi}{a}-1}{6} = -\frac{1}{3}$ lorſque $\zeta = 90°$.

11. $\int \dfrac{d\zeta \,\text{fin.}\,\zeta^2}{(1+\cos.\zeta)^3} = - \int \dfrac{d\zeta}{1+\cos.\zeta} + 2\int \dfrac{d\zeta \cos.\zeta}{(1+\cos.\zeta)^3}$

$+ 2\int \dfrac{d\zeta}{(1+\cos.\zeta)^3} = 2\int \dfrac{d\zeta}{(1+\cos.\zeta)^2} - \int \dfrac{d\zeta}{1+\cos.\zeta} =$

$\underline{\quad -\frac{1}{2}\quad}$

$\dfrac{\frac{\pi}{a}-1}{3} = \frac{1}{3}$ lorſque $\zeta = 90°$.

12. $\int \dfrac{d\zeta \cos.\zeta^2}{(1+\cos.\zeta)^3} = \int \dfrac{d\zeta}{(1+\cos.\zeta)^3} - \int \dfrac{d\zeta \,\text{fin.}\,\zeta^2}{(1+\cos.\zeta)^3}$

$\underline{\quad -\frac{1}{2}\quad} \qquad \underline{\quad \frac{1}{2}\quad} \qquad \underline{\quad \frac{1}{2}\quad}$

$= \dfrac{\frac{\pi}{a}-1}{4} - \dfrac{\frac{\pi}{a}-1}{6} + \dfrac{\frac{\pi}{a}-1}{20} = -\frac{2}{15}$ lorſ-

que $\zeta = 90°$.

13. $\int \dfrac{d\zeta}{(1+\cos.\zeta)^4} = \dfrac{\dfrac{\frac{\pi}{a}-1}{\frac{7}{2}}}{7\cdot8} + 3\cdot\dfrac{\dfrac{\frac{\pi}{a}-1}{\frac{3}{2}}}{8\cdot5} +$

$\underline{\quad -\frac{3}{2}\quad} \qquad\qquad \underline{\quad \frac{1}{2}\quad}$

$\dfrac{\frac{\pi}{a}-1}{8} + \dfrac{\frac{\pi}{a}-1}{8} = \frac{12}{35}$ lorſque $\zeta = 90°$.

14. $\int \dfrac{d\zeta \cos.\zeta}{(1+\cos.\zeta)^4} = \int \dfrac{d\zeta}{(1+\cos.\zeta)^3} - \int \dfrac{d\zeta}{(1+\cos.\zeta)^4}$;

dont on trouvera la valeur par le n. précédent, & par le
n. 4. des art. XXIX & XXXII.

15. $\int \dfrac{d\zeta \, \text{fin.} \, \zeta^2 \, \text{cof.} \, \zeta^2}{(1 + \text{cof.} \, \zeta)^3}$ = à l'intégrale de $\dfrac{d x}{2 \sqrt{\dfrac{x}{a} - 1}}$ x

$\dfrac{x^2}{a^2} \times \dfrac{x - a}{x^2} \times \dfrac{\overline{x x - 4 a x + 4 a a}}{x^2} = \frac{1}{2} \int \dfrac{d x}{a \sqrt{\dfrac{x}{a} - 1}}$

$\times \overline{\dfrac{x}{a} - 1} \times \dfrac{\overline{x x - 4 a x + 4 a a}}{x^3}$; cette intégrale

étant prife de maniere qu'elle foit $= o$ lorfque $x = a$.

Mais on peut encore trouver autrement cette intégrale, en remarquant que $\int \dfrac{d \zeta \, \text{fin.} \, \zeta^2 \, \text{cof.} \, \zeta^2}{(1 + \text{cof.} \, \zeta)^3} =$

$\int \dfrac{d \zeta (- \text{cof.} \, \zeta^4 + \text{cof.} \, \zeta^2)}{(1 + \text{cof.} \, \zeta)^3} = \int d \zeta (3 - \text{cof.} \, \zeta) -$

$\int \dfrac{5 \, d \zeta \, \text{cof.} \, \zeta^2}{(1 + \text{cof.} \, \zeta)^3} - \int \dfrac{8 \, d \zeta \, \text{cof.} \, \zeta}{(1 + \text{cof.} \, \zeta)^3} - \int \dfrac{3 \, d \zeta}{(1 + \text{cof.} \, \zeta)^3}$;

l'intégrale des deux premiers termes eft $3 \zeta - $ fin. ζ ; & l'intégrale des trois derniers eft aifée à trouver par les précédens n°. 4 & 12. & par le §. XXXII. n°. 4.

16. $\int \dfrac{d \zeta \, \text{fin.} \, \zeta^3 \, \text{cof.} \, \zeta}{(1 + \text{cof.} \, \zeta)^3}$ fe trouvera de même égal à

l'intégrale de $\dfrac{(x - a)(2 a - x) d x}{a x^2} = $ Log. $\dfrac{x^3}{a^3}$

$+ \dfrac{2 a}{x} - \dfrac{x}{a} - 1 = $ Log. $8 - 2$, lorfque $\zeta = 90°$.

17. $\int \dfrac{d \zeta \, \text{fin.} \, \zeta \, \text{cof.} \, \zeta^3}{(1 + \text{cof.} \, \zeta)^3}$ fera égal à l'intégrale de

$\dfrac{\overline{2 a - x}^3 . d x}{4 a^2 x^2} = - \dfrac{2 a}{x} + \dfrac{3 x}{2 a} - \dfrac{x^2}{3 a^2} + \dfrac{5}{8}$

$+ $ Log. $\dfrac{a^3}{x^3} = - $ Log. $8 + \dfrac{17}{3}$ lorfque $\zeta = 90°$.

18. $\displaystyle\int \frac{d\zeta \cos \zeta^2}{(1+\cos\zeta)^4}$ sera égal à l'intégrale de

$$\frac{x\,dx}{16\,aa\,\sqrt{\dfrac{x}{a}-1}} \times \overline{\left(\frac{2a-x}{a^2}\right)}^{2}, \text{ ou, ce qui revient}$$

au même, sera égal à l'intégrale de $\displaystyle\frac{d\zeta}{(1+\cos\zeta)^3}$ —

$$\frac{2\,d\zeta \cos\zeta}{(1+\cos\zeta)^4} - \frac{d\zeta}{(1+\cos\zeta)^4}, \text{ qu'on trouvera par le}$$

§. XXXII. n°. 3, & par les n°. 13 & 14 du présent Paragraphe.

19. $\displaystyle\int \frac{d\zeta \sin\zeta \cos\zeta}{(1+\cos\zeta)^4} =$ à l'intégrale de $\dfrac{x\,dx}{8\,aa} \times$

$$\frac{2a-x}{a} = \frac{x^2}{8\,a^2} - \frac{x^3}{24\,a^3} - \frac{1}{12} = \frac{1}{12} \text{ lorsque}$$

$\zeta = 90°.$

20. $\displaystyle\int \frac{dz \sin z}{(1+\cos z)^4} = \int \frac{x^2\,dx}{8\,a^3} = \frac{x^3}{24\,a^3} - \frac{1}{24} = \frac{1}{24}$

lorsque $z = 90°.$

21. $\displaystyle\int \frac{d\zeta \sin z \cos\zeta^2}{(1+\cos z)^4} = \int \frac{dx}{8\,a} \cdot \overline{\frac{2a-x}{aa}}^{2} = \frac{x}{2\,a}$

$$- \frac{x^2}{4\,aa} + \frac{x^3}{24\,a^3} - \frac{7}{24} = \frac{1}{24} \text{ lorsque } \zeta = 90°.$$

22. $\displaystyle\int \frac{d\zeta \sin z^2 \cos z}{(1+\cos z)^4} = \int \frac{dx}{4\,a} \times \overline{\frac{2a-x}{a}} \times \sqrt{\frac{x}{a}-1}$

$$= \frac{\overline{\dfrac{x}{a}-1}^{\,\frac{3}{2}}}{6} - \frac{\overline{\dfrac{x}{a}-1}^{\,\frac{3}{2}}}{10} = \frac{1}{15} \text{ lorsque } \zeta = 90°.$$

23. $\displaystyle\int \frac{dz \cos z^3}{(1+\cos z)^4} = \int \frac{dx}{16\,a\,\sqrt{\dfrac{x}{a}-1}} \times \overline{\frac{2a-x^3}{a^3}}^{\,\frac{3}{2}};$

ou plutôt $= \int \dfrac{d\,z\;\text{cof.}\;z}{(1+\text{cof.}\;z)^4} - \int \dfrac{d\,z\;\text{fin.}\;z^2\;\text{cof.}\;z}{(1+\text{cof.}\;z)^4}$, qu'on trouvera par les n°. 14 & 22.

24. Nous ne pousserons pas plus loin ces formules, qui peuvent être de grand usage dans la Théorie des Comètes. Les Mathématiciens voyent aisément combien il leur sera facile d'en former de semblables en cas qu'ils en ayent besoin, & en géneral de trouver l'intégrale de $\dfrac{d\,z\;(\text{fin.}\;\zeta)^m\;(\text{cof.}\;\zeta)^n}{(1+\text{cof.}\;z)^q}$, m, n & q étant des nombres entiers quelconques.

25. Il est à remarquer que ces quantités seront toujours les mêmes pour le même angle ζ, quelle que soit d'ailleurs la valeur de a; puisqu'elles sont $= o$ lorsque $x = a$, & qu'on les suppose complettes lorsque $x = 2a$, ou $\zeta = 90°$. Ainsi on fera bien d'en former des tables, dont on pourra se servir pour toutes les Comètes qui se trouvent (§. XXI. XXII & XXIII.) dans les cas où il est permis de faire usage de ces formules, ou d'une partie de ces formules; ces tables une fois dressées, abrégeront beaucoup de calcul, comme on le verra dans la suite de ce Mémoire.

26. Dans l'expression de toutes les intégrales précédentes, nous avons supposé l'intégrale $= o$ lorsque $\zeta = o$. Si l'on vouloit que l'intégrale fût $= o$ lorsque $\zeta = $ un angle quelconque a, & $x = b$; sa valeur ne seroit pas plus difficile à trouver. Il y a cependant ici une remarque importante à faire; c'est que quand ζ est

$> 180°$. & < 360, alors $\sqrt{\dfrac{x}{a} - 1}$ doit être pris négativement; la raison de cela est que $\dfrac{2\sqrt{ax - aa}}{x}$ exprime en général le sinus de ζ; & qu'ainsi $\sqrt{x - a}$ doit être pris négativement lorsque ζ est $> 180°$. & < 360, ou en général lorsque sin. ζ est négatif.

27. Pour n'être point embarrassé par cette petite difficulté, il n'y aura qu'à mettre au lieu de $\sqrt{\dfrac{x}{a} - 1}$ (dans les intégrales qui contiennent cette quantité radicale) sa valeur $\dfrac{x \text{ sin. } \zeta}{2a}$, avant que de completter l'intégrale. Par exemple, soit démandée l'intégrale de $\displaystyle\int \dfrac{d\zeta}{1 + \text{cof. } z}$, en supposant cette intégrale $= 0$ lorsque $\zeta = 270°$. On aura (n°. 9. ci-dessus) l'intégrale cherchée $\displaystyle\int \dfrac{d\zeta}{1 + \text{cof.} \zeta}$ $= \sqrt{\dfrac{x}{a} - 1}$ sans être complettée; & mettant pour $\sqrt{\dfrac{x}{a} - 1}$. sa valeur $\dfrac{x \text{ sin. } \zeta}{2a}$, l'intégrale complette sera

$$\dfrac{x \text{ sin. } \zeta}{2a} - \dfrac{2a \text{ sin. } 270°}{2a} = \dfrac{x \text{ sin. } z}{2a} + 1.$$ Ou bien on peut, si l'on veut, changer le signe du radical $\sqrt{\dfrac{x}{a} - 1}$; ce qui donnera $-\sqrt{\dfrac{x}{a} - 1}$, & l'intégrale complette $-\sqrt{\dfrac{x}{a} - 1} + 1$.

28. En faisant cette attention, on évitera les erreurs de calcul où pourroit entraîner le signe équivoque du

radical $V \overline{\frac{x}{a} - 1}$. A l'égard des quantités où ce radical ne se rencontre pas, elles ne feront aucune difficulté. Telles sont celles des n°. 5, 7, 8, &c. où il n'y a que des puissances de x en nombres entiers.

XXXIV.

1. Soit l'ellipse $N' \Gamma N$ (*fig.* 16.) dont C soit le foyer, & dans laquelle on connoisse le rayon $C \Gamma$, & de plus la vitesse en Γ, & l'angle $C \Gamma O$; ces trois quantités se connoîtront par les formules du §. XXV. n°. 1, 9 & 11. en supposant qu'on sache la position de la ligne des apsides de cette ellipse, la valeur de son grand axe, la distance périhélie; enfin l'angle entre le rayon $C \Gamma$ & la ligne du périhélie.

2. Imaginons de plus que le plan de cette ellipse soit incliné d'une quantité connue à un autre plan $N' \gamma N$; & qu'on connoisse l'argument $\Gamma C N$ de la latitude.

3. Supposant tirée la tangente ΓO, il est clair que les angles $C \Gamma O$, $\Gamma C N$, & le côté $C \Gamma$ feront connoître ΓO, & $C O$.

4. On aura $C \gamma^2 = C \Gamma^2 \text{cos.} \, \Gamma C O^2 + C \Gamma^2 \text{sin.} \, \Gamma C O^2$ $\times$ (cos. inclin.)^2; ce qui donnera $C \gamma$.

5. L'angle $\gamma C O$ aura pour sinus $\dfrac{C \Gamma \, \text{sin.} \, \Gamma C O}{C \gamma}$ $\times$ cos. incl. Et la ligne $\Gamma \gamma = C \Gamma$ sin. $\Gamma C O \times$ sin. incl.

6. Donc puisque $C O$ est déja calculée, on tirera des quantités connues $C O$, $C \gamma$, & $\gamma C O$, l'angle $C \gamma O$, c'est-à-dire, la direction du point γ; & la ligne γO.

7. La vitesse en γ sera à la vitesse en Γ, comme la ligne calculée γ O à la ligne aussi calculée Γ O.

8. Donc si l'orbite *N′* Γ *N* d'une Planète dont *C* est le foyer, est supposée rapportée sur un plan quelconque, on pourra connoître à chaque instant le rayon vecteur *C* γ de la projection, ainsi que la vitesse & la direction du point γ, qui représente la projection de la Planète sur le plan *N′* γ *N*.

9. Cette opération est absolument nécessaire pour déterminer les rayons vecteurs de l'orbite de la Planète perturbatrice, rapportée sur l'orbite de la Comète ; & pour connoître aussi, lorsqu'il est nécessaire, la vitesse de la Planète ainsi projettée, & sa direction.

X X X V.

Il nous reste encore un Problême à résoudre avant que de passer à l'application de notre théorie au mouvement d'une Comète particuliere. C'est d'indiquer la maniere dont on doit s'y prendre pour quarrer les courbes méchaniques dont il faudra trouver l'aire.

1. L'abscisse de ces courbes étant z, supposons que l'ordonnée soit $\lambda \times \nu \times \mu$ &c. λ, ν, & μ étant des quantités qu'on connoît pour chaque valeur de z de degré en degré. On trouvera d'abord la valeur de $\lambda \times \mu \times \nu$, en ajoutant ensemble les Logarithmes de λ, μ, ν, sans égard au signe de ces quantités ; ensuite on mettra à la quantité trouvée $\lambda \times \mu \times \nu$, le signe convenable, c'est-à-dire, celui qui résulte de la combinaison des signes de λ, de μ, & de ν.

2. On fera $dz = 1$ degré ou 2 degrés, felon qu'on en aura befoin ; & on exprimera dz en parties du rayon, favoir $dz = \dfrac{100000 \times 1^o}{57^o\ 17'\ 4''}.$

3. On ajoutera enfemble toutes les ordonnées $\lambda \times \mu \times$; avec leurs fignes, à l'exception des deux extrêmes dont on ne prendra que la moitié ; & on multipliera cette fomme par la valeur de dz.

4. Si on craint que cette approximation ne foit pas affez exacte, parce qu'on n'y confidere la courbe que comme un polygone, & l'aire cherchée que comme une fuite de trapéfes ; en ce cas on fe fervira des formules que M. Cottes a données à la fin de fon *Harmonia Menfurarum.* Suivant ces formules, fi on prend trois ordonnées de fuite, à égale diftance, & que A foit la fomme de la premiere & de la troifiéme, B la feconde, & R la diftance entre les deux ordonnées extrêmes, c'eft-à-dire, entre la premiere & la troifiéme ; on aura pour l'aire comprife entre les trois ordonnées, $\dfrac{A + 4B}{6} R$, ou (prenant $\rho = \dfrac{R}{2}$ pour la diftance entre deux ordonnées voifines) $\dfrac{A + 4B}{3} \rho = \dfrac{A + 4B}{3} dz$.

5. Dans les endroits où on craindra que cette approximation ne foit pas encore affez éxacte, on prendra les ordonnées de demi degré en demi degré, ou de 10 minutes en 10 minutes ; & on fera le même calcul.

Ou bien on pourra fe fervir des formules qui fe trouvent

vent à la fin de lOuvrage de M. Cottes, & qui donnent la valeur approchée de l'aire d'une courbe, dont on connoît tant d'ordonnées qu'on voudra.

6. Par-là on aura, auſſi éxactement qu'on le pourra deſirer, les différentes parties de l'aire d'une courbe méchanique propoſée quelconque, lorſqu'on connoît à-peu-près la valeur numérique & le ſigne de chaque ordonnée, répondante à chaque abſciſſe z de degré en degré.

7. Si cette méthode de procéder par les quadratures paroiſſoit encore trop longue, parce qu'elle demande qu'on calcule un grand nombre d'ordonnées ; on pourroit l'abréger en ſe ſervant, comme le pratiquent les Géometres dans des cas ſemblables, de la méthode des courbes paraboliques, imaginée par M. Newton, & perfectionnée depuis par M M. Cottes, Stirling & d'autres Auteurs. Mais au lieu d'employer ici, comme l'ont fait d'autres Géometres, les arcs z & leurs puiſſances, pour en former l'ordonnée de la courbe parabolique ; il eſt, ce me ſemble, plus naturel & plus ſimple d'employer les ſinus & les coſ. de z ; 1°. plus naturel, parce que les forces perturbatrices dépendent de ſinus & de coſinus d'angles, & non pas d'angles mêmes, & qu'ainſi il eſt plus convenable de faire entrer des coſinus ou des ſinus que des arcs, dans l'expreſſion de la quantité qui doit ſervir à repréſenter ces forces ; 2°. plus ſimple, parce que les intégrations ſeront plus faciles en employant les ſin. z & coſ. z, que les arcs z. C'eſt pour-

quoi on prendra pour l'ordonnée de la courbe de genre parabolique $A + B$ fin. $\zeta + C$ fin. ζ cof. $\zeta + D$ fin. ζ cof. $\zeta^2 +$ &c. Et multipliant cette quantité par $d\zeta$, on aura l'intégrale, à laquelle on appliquera enfuite la méthode des courbes paraboliques.

8. Au lieu d'employer la formule $A + B$ fin. $\zeta + C$ fin. ζ cof. $\zeta + D$ fin. ζ cof. ζ^2 &c. on pourra encore employer celle-ci, qui fera même plus commode pour le calcul, B fin. $\zeta + C$ cof. $\zeta + D$ fin. $2\zeta + E$ cof. $2\zeta +$ &c.

9. Si l'on vouloit néanmoins faire entrer les arcs de cercle ζ dans la courbe parabolique au lieu des finus & des cofinus, on le pourroit abfolument. Mais voici deux moyens de rendre alors le calcul plus éxact. 1°. Au lieu de faire commencer les ζ au commencement A de la premiere révolution, on les fera commencer au point où l'on commence à employer la courbe parabolique ; de maniere que fi dans ce point $\zeta = A'$, on prendra les ordonnées de la courbe $= A + B (\zeta - A') + C (\zeta - A')^2 + D (\zeta - A')^3$ &c. 2°. Au lieu de repréfenter les ordonnées par des puiffances de $\zeta - A'$, on pourra les repréfenter par des puiffances de $c^{\zeta - A'}$, en cette forte, $A c^{\zeta - A'} + B c^{(2\zeta - 2A')} + D c^{(3\zeta - 3A')}$, &c. ce qui fera encore plus commode pour le calcul, parce que $c^{n\zeta - nA'}$ eft en général le nombre dont le Logarithme eft $n\zeta - nA'$, & que l'on a des tables toutes faites de ces nombres.

10. Les Géometres n'avoient jufqu'à préfent imaginé

rien de plus fimple pour la quadrature des courbes ir-
régulier. s, que les courbes de genre parabolique. Il me
femble que les courbes dont je viens de parler, & qu'on
peut appeller *courbes de genre exponentiel*, feroient du
moins auffi commodes, & peut-être même plus éxactes
dans certaines occafions.

11. Voilà tous les préliminaires néceffaires pour calculer dans les différens cas poffibles les perturbations
caufées à l'orbite des Comètes par l'action des Planètes.
Nous allons maintenant appliquer ces différentes opérations au calcul d'une Comète particuliere. Celle de
1682 ayant déja été calculée par M. Clairaut, fuivant
une méthode différente de la nôtre, nous en choifirons
une autre, à laquelle nous appliquerons notre méthode,
en prefcrivant pied à pied aux calculateurs tout ce qu'il
faut faire pour arriver à ce but.

XXXVI.

1. Nous prendrons pour exemple la Comète de 1532,
qui paroît être la même que celle de 1661, & dont la.
période eft d'environ 129 ans. La diftance périhélie de
cette Comète en 1532 ayant été de 50910 parties, dont
le rayon du grand orbe en contient 100000, & en 1661
ayant été de 44851, il eft clair que cette Comète eft
du nombre de celles dont la diftance périhélie differe
peu de la moitié du rayon du grand orbe, ou même eft
moindre; & qu'ainfi on peut y appliquer les abrégés de
calcul relatifs à cette hypothèfe. De plus l'inclinaifon de

cette Comète au plan de l'Ecliptique n'étant que de 32 degrés, sa distance périhélie sera environ 8 à 9 fois moindre que la distance moyenne de Jupiter; ainsi on peut encore y appliquer les abrégés de calcul dont on a donné la méthode aux §. XXII, XXIII, & suivans.

2. Voici donc maintenant la suite des opérations qu'il faut faire pour connoître les altérations de cette Comète en vertu de l'action de Jupiter & de Saturne, ou, ce qui est la même chose, la différence de deux révolutions successives.

3. On cherchera dans les tables des Comètes la distance périhélie a en 1532, qui sera exprimée en parties, dont le rayon de la terre en contient 100000; & l'on aura

$$a = 0,50910$$

4. Comme les observations de 1532 font peu exactes, & qu'en 1661, on a eu $a = 44851$, on pourroit supposer

$$a = 0,45000.$$

5. On cherchera le tems du passage de la Comète de 1532 au périhélie, qu'on trouvera le 19 Octobre à 22^h & celui de la Comète de 1661, qu'on trouvera le 26 Janvier N. S. à 23^h.

Ce qui fait pour la révolution totale

$$m = 129^{ans} \; 89^{jours} \; (a).$$

6. On fera ensuite: comme l'année commune de 365^j. 5^h. 49^m élevée à la puissance $\frac{2}{3}$ est à $m^{\frac{2}{3}}$; ainsi 100000

(a) Ce devroit être 129 ans 99 jours; mais il faut en ôter les 10 jours retranchés en 1582 dans le Calendrier Grégorien.

eſt à un quatriéme terme, qui ſera le demi-grand axe de l'orbite de la Comète; on nommera ce demi-grand axe . . . . δ

7. Cela fait, on aura aiſément les quantités ſuivantes,

$$\frac{\delta - a}{\delta} = C.$$

$$\frac{\delta}{\delta - a} = p.$$

$$2\,a\,\delta - a\,a = u.$$

$$2\,a - \frac{a\,a}{\delta} = \text{au parametre } p.$$

$$\frac{2\,a\,\delta - a\,a}{\delta - a} = a + a\,p = \theta.$$

8. Depuis le périhélie *A* juſqu'à 90 degrés de longitude, on calculera les rayons de l'orbite par la formule très-ſimple $x = \dfrac{2\,a}{1 + \cof. z}$; ou plutôt on ſe diſpenſera de calculer ces rayons, & on ſe ſouviendra ſeulement qu'on peut leur ſuppoſer cette valeur.

9. Et on calculera les tems correſpondans par la formule $t = \dfrac{m}{\delta^{\frac{3}{2}} \times 6,\,283185} \times a^{\frac{1}{2}} \times \Big[\dfrac{\sqrt{2}}{3} \times \Big(\dfrac{x}{a} - 1 \Big)^{\frac{3}{2}}$
$+ \Big(\dfrac{x}{a} - 1 \Big)^{\frac{1}{2}} \sqrt{2} \Big]$. On n'aura même beſoin de cette formule, comme on le verra plus bas, que pour calculer le ſeul tems *t* qui répond à $z = 90°.$ ou $x = 2\,a$; ce qui donne $t = \dfrac{m \cdot a^{\frac{1}{2}}}{\delta^{\frac{1}{2}} . 6,\,283185} \times \Big[\dfrac{\sqrt{2}}{3}$
$+ \sqrt{2} \Big].$

10. Depuis 90 degrés on calculera les rayons *x* par la formule,

$$x = \frac{\theta}{\varrho + \cos. z}.$$

Les angles z par leurs cosinus $\frac{\delta - x}{\delta - a}$.

Et on aura les tems correspondans par la formule

$$t = \frac{m}{360^c} (a - \mathfrak{C} \sin. a).$$

11. On ne pouffera ce calcul des x & des t que juf-qu'au point où $x = 20$ fois le rayon du grand orbe $= 2000000$; ce qui donne, en nommant a' l'angle $A S E$ (*fig.* 13.), cof. $a' = \frac{-2000000 + \delta}{\delta - a}.$

Et par conféquent l'angle $A S E.$

12. On interrompra ce calcul depuis le point E, où $S E = 2000000$, jufqu'au point e correspondant, où $S e = S E$ (*fig.* 13.); parce que dans cet efpace il n'eft pas néceffaire de connoître les tems t; le calcul de ces tems n'étant néceffaire que pour avoir au moins à-peu-près les pofitions correfpondantes de Jupiter & de Sa-turne, dont on n'a pas befoin dans la partie $E D e$ de l'orbite.

13. Depuis le point e jufqu'à 90 degrés en-deçà du périhélie, on recommencera les calculs des t en cette maniere.

14. On remarquera d'abord qu'aux points E, e, on a cof. $z = \frac{\theta}{2000000} - \varrho$; ce qui donne deux valeurs de z, à compter depuis le périhélie A; l'une qui répond au point E, & qui eft plus petite que 180 degrés, l'autre

qui répond au point *e*, & qui eſt plus grande que 180°.

15. Depuis cette derniere valeur de z juſqu'à celle de $z = 270°$. on calculera les rayons x par la formule

$$x = \frac{\theta}{\gamma + \cof. z};$$

Et les tems *t* par la formule $t = \frac{m}{360°} (a - \mathfrak{C} \fin. a);$ en faiſant attention que

$$\Cof. a = \frac{\delta - x}{\delta - a},$$

Et que *a* doit être pris ici plus grand que 180 degrés, & par conſéquent que ſin. *a* eſt négatif.

16. Depuis $z = 270°$. juſqu'à $z = 360°$, les rayons x feront exprimés par la formule

$$x = \frac{2a}{1 + \cof. z},$$ qu'on ſe diſpenſera de calculer, comme dans le n°. 8. ci-deſſus.

17. Et les tems *t* par la formule

$$t = m - \frac{m}{\delta^{\frac{1}{2}} \cdot 6,283185} \times a^{\frac{1}{2}} \times \left[\frac{V_2}{3} \left(\frac{x}{a} - 1 \right)^{\frac{3}{2}} \right.$$

$$\left. + \frac{x}{a} - 1 \cdot V_2 \right], \text{ formule dont on pourra même ſe}$$ diſpenſer ; car on n'aura beſoin de connoître que le ſeul tems *t* qui répond à $z = 360°$, lequel eſt déja tout calculé, & $= m$.

18. Pour la ſeconde révolution depuis *A* juſqu'en *E*, les *x* feront les mêmes que dans la partie correſpondante de la premiere révolution ; & les tems *t* devront ſeulement être augmentés de la quantité *m*.

19. On formera par ce moyen, depuis le point de 90° de la seconde révolution jusqu'au point *E* de la même révolution, une table des *x* & des *t* correspondans; & on aura l'attention de ne calculer ni les *x* ni les *t* pour la partie *E D e*, les points *E*, *e* étant suppofés ceux où *x* = 2000000.

20. Cette premiere opération faite, on calculera par les régles de la Trigonométrie, l'inclinaifon des orbites de Jupiter & de Saturne à l'orbite de la Comète; & de plus les lieux de Jupiter & de Saturne cotrefpondans aux tems *t*. On rapportera ces lieux fur l'orbite de la Comète, ce qui donnera

Les diftances accourcies ξ de chacune des deux Planètes, correfpondantes aux *x* & aux *t*.

Les angles ζ entre les lieux de la Comète & ceux des Planètes perturbatrices, rapportés à l'orbite de la Comète. Ces angles ζ fe compteront toujours depuis la Planète jufqu'à la Comète, & dans le fens où la Comète fe meut.

21. Dans ce calcul il ne faudra chercher les pofitions de Jupiter & de Saturne que depuis le tems où la Comète eft à 90 degrés du périhélie *A* jufqu'au point *E*, & depuis le point *e* jufqu'à 270 degrés du périhélie. Pour tout le refte de l'orbite, favoir pour la partie *K A k* (*fig.* 17.) qui s'étend à 90 degrés de part & d'autre du périhélie, voici ce que l'on fera.

22. On calculera la pofition *J* de Jupiter à l'inftant du périhélie *A*, & fa pofition *i* à l'inftant où la Comète eft

eſt en K; & on ſuppoſera que pendant tout le tems que la Comète parcourt AK, Jupiter eſt immobile au point de milieu i' de cet eſpace.

23. On fera la même choſe pour l'eſpace kA de la premiere révolution, ainſi que pour l'eſpace AK de la ſeconde.

24. On fera le même calcul pour Saturne.

25. Cela poſé, ſoit l'angle conſtant & connu $i'SA = A$ (*fig.* 17.); on aura depuis A juſqu'en K, en nommant ξ la diſtance accourcie & conſtante Si', & ξ' la diſtance réelle correſpondante de la Planète au Soleil, ($\mathsection$. XXI, XXII & XXIII),

$$X = -\frac{J.4a^4}{S.\xi'^3(1+\cos.z)^3} + \frac{3J.\xi^2\cos.2A.4a^4\cos.z^2}{S.\xi'^5(1+\cos.z)^3}$$

$$- \frac{3J.\xi^2.4a^4\sin.2A\cos.z\sin.z}{S\xi'^5(1+\cos.z)^3} + \frac{3J.\xi^2 4a^4(1-\cos.2A)}{2.S.\xi'^5(1+\cos.z)^3}$$

$$- \frac{3J.\xi^2}{S.\xi'^5} \times \frac{\sin.2A}{2} \times \frac{4a^4\sin.z}{(1+\cos.z)^4} + \frac{3J.\xi^2\sin.2A}{S.\xi'^5}$$

$$\times \frac{4a^4\sin.z\cos.z^2}{(1+\cos.z)^4} + \frac{3J.\xi^2\cos.2A}{S.\xi'^5} \times \frac{4a^4\sin.z^2\cos.z}{(1+\cos.z)^4};$$

Et $$Y = \frac{3J.\xi^2\sin.2A}{S.\xi'^5} \times \frac{4a^3}{(1+\cos.z)^4}$$

$$\frac{3J.\xi^2\sin.2A}{S.\xi'^5} \times \frac{8a^3\cos.z^2}{(1+\cos.z)^4} - \frac{3J.\xi^2\cos.2A}{S.\xi'^5}$$

$$\times \frac{8a^3\sin.z\cos.z}{(1+\cos.z)^4}.$$

26. De-là, & des formules du $\mathsection$. XXXIII, on tirera aiſément la valeur de $\int Xdz\sin.z$, lorſque $z = 90°$, comme auſſi celle de $\int Xdz\cos.z$, celle de $\int Ydz$, celle de $\int Ydz(1-\cos.z)$, & celle de $\int Ydz\sin.z$.

Soit donc lorfque $z = 90°$,

$\int X \, dz \, \text{fin.} \, z = A'.$

$\int X \, dz \, \text{cof.} \, z = B'.$

$\int Y \, dz = C'.$

$\int Y \, dz \, (1 - \text{cof.} \, z) = D'.$

$\int Y \, dz \, \text{fin.} \, z = E';$

Et on mettra à part ces quantités pour en faire ufage en tems & lieu.

27. De plus on fera depuis A jufqu'en K,

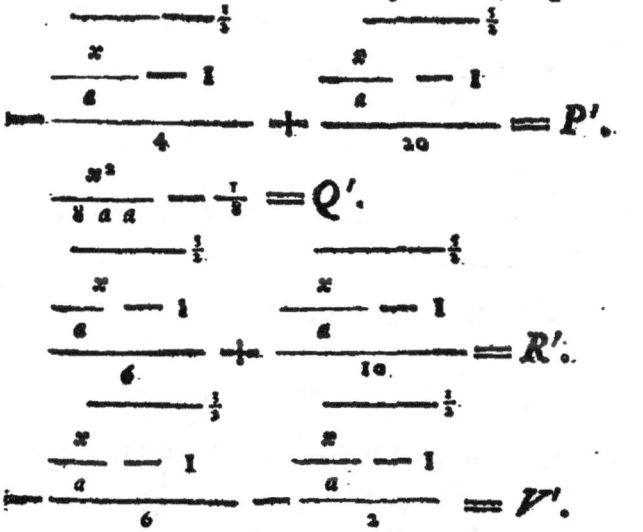

$$\frac{\frac{x}{a} - 1 - \frac{1}{3}}{4} + \frac{\frac{x}{a} - 1 - \frac{1}{3}}{20} = P'.$$

$$\frac{x^2}{8 \, a \, a} - \frac{1}{8} = Q'.$$

$$\frac{\frac{x}{a} - 1 - \frac{1}{2}}{6} + \frac{\frac{x}{a} - 1 - \frac{1}{2}}{10} = R'.$$

$$\frac{\frac{x}{a} - 1 - \frac{1}{3}}{6} - \frac{\frac{x}{a} - 1 - \frac{1}{2}}{2} = V'.$$

28. Par ces valeurs de P', Q', R', V', & par les valeurs de X & de Y trouvées ci-deffus, on calculera la valeur algébrique des aires $\int X P' \, dz \, \text{fin.} \, z$, $\int X Q' \, dz \, \text{cof.} \, z$, $\int R' Y \, dz$, $\int Y P' \, dz \, (1 - \text{cof.} \, z)$, $\int Y Q' \, dz \, \text{fin.} \, z$, $\int Y V' \, dz$, en fuppofant ces aires $= 0$, lorfque $z = 0$. Ces aires fe trouveront toujours, ou par des intégrales éxactes, ou par des arcs de cercle, ou par des Logarith-

mes; il faudra avoir recours pour cela aux formules du §. XXXIII, en subſtituant, ſelon qu'il paroîtra plus com-, mode, dans les différentielles à intégrer, ou $\dfrac{2a}{1 + \text{coſ. } z}$ au lieu de x, ou $\dfrac{2a}{x} - 1$ au lieu de coſ. z.

29. Enſuite on ſuppoſera que lorſque $z = 90°$, on ait

$$\int X P' \, dz \, \text{ſin. } z = F'$$
$$\int X Q' \, dz \, \text{coſ. } z = G'$$
$$\int R' Y \, dz = H'$$
$$\int Y P' \, dz \, (1 - \text{coſ. } z) = K'$$
$$\int Y Q' \, dz \, \text{ſin. } z = L'$$
$$\int Y V' \, dz = M',$$

Et on mettra à part chacune de ces quantités, pour en faire uſage en tems & lieu.

30. On ſe ſouviendra que pour Jupiter $\dfrac{J}{S} = \dfrac{1}{1067}$, & pour Saturne $\dfrac{J}{S} = \dfrac{1}{3021}$; & on fera le calcul de toutes les quantités ſuſdites pour l'action de chacune des deux Planètes ſéparément; mais pour abréger ce calcul le plus qu'il ſera poſſible, on aura ſoin; 1°. de mettre à part les fractions $\dfrac{J}{S}$ qui doivent multiplier tous les ter-mes dans chacun de ces calculs.

2°. Quand on aura trouvé l'expreſſion algébrique en x de chacune de ces quantités, de faire dans chacune $x = 2a$, pour avoir les valeurs arithmétiques répondan-tes à $z = 90°$.

Y ij

3°. De mettre à part les valeurs des conſtantes, comme

$$\frac{4\,a^4}{\xi^3}, \quad \frac{3\,\xi^2\,\cos.\,2\,A}{\xi'^5}, \quad \frac{3\,\xi^2\,\sin.\,2\,A}{\xi'^5} \quad \&c.$$ qui multi-

plient chacune de ces quantités, afin de ne pas les calculer deux fois.

31. Depuis le point K où $z = 90°$. juſqu'au point C
où $SC =$ la diſtance moyenne de Jupiter, il faut faire
un autre calcul.

Soit $\triangle$ cette diſtance moyenne, & on aura l'angle ASC
que j'appelle ω, par l'équation ſuivante ;

$$\cos.\,\omega = \frac{\theta}{\triangle} - \rho.$$

32. Ainſi depuis le point où $z = 90°$, juſqu'à celui où
$z = \omega$, on calculera d'abord,

Les poſitions de la Planète pour chaque tems t;
ce qui donnera les ξ & les ζ, c'eſt-à-dire, les diſtances
de la Planète au Soleil, rapportées ſur l'orbite de la Comète, & les diſtances des lieux de la Planète à ceux de
la Comète, auſſi rapportées ſur l'orbite de la Comète;
ces diſtances ou élongations ſe compteront toujours de
la Planète à la Comète, en ſuivant le ſens ſelon lequel
la Comète ſe meut.

On aura auſſi les diſtances réelles de la Planète au
Soleil; qu'on nommera ξ'.

33. Enfin on connoîtra les diſtances réelles de la Planète
à la Comète, que l'on nommera k.

On cherchera enſuite de degré en degré les quantités

$$X' = -\frac{J.\,x^2\,a^2\,\xi\,\cos.\,\zeta}{S.\,p.\,\xi'^3} - \frac{J.\,x^3\,a^2}{S.\,p.\,k^3} + \frac{Jx^2\,a^2\,\xi\,\cos.\,\zeta}{S.\,p.\,k^3}$$

$$- \frac{J\xi\, \text{fin.}\, \zeta}{S.\xi'^3} \times \frac{x^3\, aa\, \text{fin.}\, z}{p.\theta} + \frac{J\xi\, \text{fin.}\, \zeta}{S.k^3} \times \frac{x^3\, aa\, \text{fin.}\, z}{p.\theta};$$

$$\text{Et } Y' = \frac{J\xi\, \text{fin.}\, \zeta \cdot x^3}{S.\xi'^3 \cdot p} - \frac{J.\xi\, \text{fin.}\, \zeta \cdot x^3}{S.k^3\, p}.$$

34. Dans ce calcul on aura encore foin, comme dans les précédens; 1°. de mettre à part la quantité $\frac{J}{S}$ pour chaque Planète perturbatrice, ou les fractions $\frac{1}{1067}$ & $\frac{1}{3021}$; 2°. de mettre auffi à part les quantités conftantes $\frac{a^2}{p}$, & $\frac{a^2}{p.\theta}$, ou leurs Logarithmes, afin de ne pas les calculer plufieurs fois; & de ne les multiplier par les variables, ou plutôt de ne leur donner leur valeur arithmétique, qu'à la fin de l'opération dont on parlera dans les n°. 35 & 36. qui fuivent.

35. Ces précautions prifes, on cherchera par les quadratures, fuivant les méthodes connues des Géometres, & expliquées ci-deffus §. XXXV, les valeurs de $\int X'\, d\zeta$ fin. ζ depuis le point où $\zeta = 90°$. jufqu'à celui où $\zeta = \infty$. On cherchera de même les valeurs de $\int X'\, d\zeta$ cof. ζ, de $\int Y'\, d\zeta$, de $\int Y'\, d\zeta\, (1 - \text{cof.}\, \zeta)$, & de $\int Y'\, d\zeta$ fin. ζ; on obfervera que ces valeurs foient $= o$ lorfque $\zeta = 90°$.

36. Soit donc lorfque $\zeta = \infty$;

$\int X'\, d\zeta$ fin. $\zeta = A''$.

$\int X'\, d\zeta$ cof. $\zeta = B''$.

$\int Y'\, d\zeta = C''$.

$$\int Y' dz (1 - \cos z) = D''.$$
$$\int Y' dz \sin z = E''.$$

37. On prendra enfuite les angles α, déja calculés n°. 10. & qui font tels que

$$\cos \alpha = -\frac{\delta - x}{\delta - a},$$

Et on fera depuis K jufqu'en C,

$$P'' = -\frac{\overline{\delta-a}^2\cdot\delta}{(2a\delta-aa)^{\frac{1}{2}}}\alpha + \frac{\overline{\delta-a}^3\cdot\sin\alpha}{(2a\delta-aa)^{\frac{3}{2}}} - \frac{2\delta^2\cdot\overline{\delta-a}^3}{(2a\delta-aa)^{\frac{5}{2}}}\times$$

$$\sin\alpha + \frac{\delta\cdot\overline{\delta-a}^4}{4(2a\delta-aa)^{\frac{3}{2}}}\sin 2\alpha + \frac{(3\delta\delta-2a\delta+aa)(\delta-a)^2\delta\alpha}{2(2a\delta-aa)^{\frac{5}{2}}}$$

$$Q'' = -\frac{\overline{\delta-a}^2}{2(2\delta-a)^2} + \frac{\overline{\delta-a}^2\cdot x^2}{2\cdot(2a\delta-aa)^2}.$$

$$R'' = -\frac{\delta\cdot\overline{\delta-a}^2}{(2a\delta-aa)^{\frac{1}{2}}}\alpha + \frac{\delta\cdot\overline{\delta-a}^3\sin\alpha}{(2a\delta-aa)^{\frac{3}{2}}}$$

$$+\frac{2\overline{\delta-a}}{\delta-a}\left(-\frac{2\delta\cdot\overline{\delta-a}^4}{(2a\delta-aa)^{\frac{3}{2}}}\sin\alpha+\right.$$

$$\frac{\overline{\delta-a}^5\sin 2\alpha}{4\cdot(2a\delta-aa)^{\frac{3}{2}}}+\left.\frac{3\delta\delta-2a\delta-aa\cdot\overline{\delta}^3\,a^3}{2\cdot(2a\delta-aa)^{\frac{5}{2}}}\alpha\right).$$

Enfin $V'' = -\dfrac{\delta\cdot\overline{\delta-a}^2}{(2a\delta-aa)^{\frac{3}{2}}}\alpha+\dfrac{\overline{\delta-a}\sin\alpha}{(2a\delta-aa)}.$

38. Par ces valeurs de P'', Q'', R'', V'', & par les valeurs trouvées n°. 33 pour X' & pour Y', on cherchera, fuivant les méthodes expliquées §. XXXV, les quadra-

tures des aires $\int P'' X' d\zeta$ fin. ζ, $\int Q'' X' d\zeta$ cof. ζ,
$\int R'' Y' d\zeta$, $\int Y' P'' (1-\text{cof.} \zeta) d\zeta$, $\int Y' Q'' d\zeta$ fin. ζ,
$\int Y' V'' d\zeta$, en fuppofant ces aires $= 0$ lorfque $\zeta = 90°$.
Et dans ce calcul on ufera des mêmes attentions que
dans le nº. 34, pour le rendre le moins long que faire
fe pourra.

39. On fera enfuite lorfque $\zeta = \omega$,
$\int X' P'' d\zeta$ fin. $\zeta = F''$.
$\int X' Q'' d\zeta$ cof. $z = G''$.
$\int R'' Y d\zeta = H''$.
$\int Y' P'' (1 - \text{cof.} z) d\zeta = K''$.
$\int Y' Q'' d\zeta$ fin. $\zeta = L''$.
$\int Y' V'' d z = M''$.

Et on mettra ces quantités chacune à part.

40. Depuis le point C où $x = \Delta$, jufqu'au point E où
$x = 2000000$, il faut faire un autre calcul.

On commencera par chercher l'angle ω' ou $A\,S\,E$,
tel que l'on ait

$$\text{Cof. } \omega' = \frac{\theta}{2000000} - \dot{\gamma}.$$

Et depuis $\zeta = \omega$ (trouvé ci deffus nº. 31.) jufqu'à
$\zeta = \omega'$, on prendra ($\S.$ XVI, XVII & XVIII).

$$\varphi = -\frac{2 J. \xi \text{ cof. } \zeta}{x^3} + \frac{J. x \quad \xi \text{ cof. } \zeta}{k^3}.$$

$$\pi = +\frac{J. \xi \text{ fin. } \zeta}{x^3} - \frac{J. \xi \text{ fin. } \zeta}{k^3},$$

ou plutôt

$$X'' = +\frac{2 J. a^2 \xi \text{ cof. } \zeta}{S\,p.\,x} - \frac{J x . a^2}{S.\,p k^3} + \frac{J x^2 a^2 \xi \text{ cof. } \zeta}{S.\,p k^3}$$

$$- \frac{J \xi \sin. \zeta}{S} \times \frac{a\, a\, \sin. z}{p . \theta} + \frac{J \xi \sin. \zeta . x^3 \, a\, a\, \sin. z}{S\, p\, \theta\, k^3};$$

$$\text{Et } Y'' = \frac{J . \xi \sin. \zeta}{S\, p} - \frac{J \xi \sin. \zeta . x^3}{S . p\, k^3}.$$

41. De-là on tirera par les quadratures les valeurs de $\int X'' d \zeta \sin. \zeta$, $\int X'' d \zeta \cos. \zeta$, $\int Y'' d \zeta$, $\int Y'' d z$ ($1 - \cos. \zeta$), $\int Y'' d \zeta \sin. \zeta$, depuis le point C jusqu'au point E, c'est-à-dire, depuis $\zeta = \omega$ jusqu'à $\zeta = \omega'$; ayant soin par conséquent que ces aires soient $= o$ lorsque $\zeta = \omega$.

42. Soit donc lorsque $\zeta = \omega'$,

$\int X'' d z \sin. \zeta = A'''.$

$\int X'' d z \cos. \zeta = B'''.$

$\int Y'' d z = C'''.$

$\int Y'' d z (1 - \cos. z) = D'''.$

$\int Y'' d z \sin. z = E'''.$ On mettra à part ces quantités.

43. On prendra ensuite les angles α déja calculés n°. 10, & qui sont tels que

$$\text{Cof. } \alpha = \frac{\delta - x}{\delta - a},$$

Et on cherchera depuis C jusqu'en E, c'est-à-dire, depuis $z = \omega$, jusqu'à $z = \omega'$, les valeurs correspondantes de P', Q'', R'', V'', qui seront exprimées par les mêmes formules que dans le n°. 37. Continuant ensuite l'opération comme dans l'art. 38, on cherchera les aires $\int X''P''$ $d z \sin. z$, &c. ensorte qu'elles soient $= o$ lorsque $z = \omega$.

44. On fera ensuite lorsque $z = \omega'$,

$\int X'' P'' d z \sin. z = F'''.$

$\int X'' Q'' d z \cos. z = G'''.$

$\int R'' Y'' d z = H'''.$

$\int R'' Y'' dz = H'''.$

$\int Y'' P'' (1 - \cos z) dz = K'''.$

$\int Y'' Q'' dz \sin z = L'''.$

$\int Y'' V'' dz = M'''.$

Et on mettra ces quantités à part.

45. Depuis le point E, où $x = 2000000$, jufqu'au point e correfpondant, c'est-à-dire, depuis $z = \omega'$ jufqu'à $z = 360 - \omega'$, il faut faire un nouveau calcul.

On prendra

$\varphi = + \dfrac{J}{x^2}.$

$\pi = 0,$

ou plutôt

$X^{IV} = - \dfrac{J a a}{S \cdot p}.$

$Y^{IV} = 0,$

& on calculera l'aire $\int - \dfrac{J a a}{S \cdot p} dz \sin z = \dfrac{- J a a}{S \cdot p}$ $(\cos \omega' - \cos 360 - \omega') = 0$, que j'appelle A^{IV};

Et l'aire $\int - \dfrac{J a a}{S \cdot p} dz \cos z = + \dfrac{J a a}{S \cdot p} (2 \sin \omega')$; que j'appelle B^{IV}.

46. Dans la valeur générale de P'' trouvée n° 37, on prendra la valeur qui répond à $z = 360 - \omega'$, & on l'appellera P^{IV}; de même on prendra dans la valeur générale de Q, celle qui répond à $z = 360 - \omega'$, & on la nommera Q^{IV}.

On fera enfuite (§. XIX. n°. 14.) $+ \dfrac{J a a P^{IV}}{S \cdot p}$ $(\cos \omega' - \cos 360 - \omega') = - A^{IV} P^{IV} = 0$;

& $- \dfrac{J a a Q^{IV}}{S \cdot p} \cdot 2 \sin. \omega' = - Q^{IV} B^{IV}$, que j'appelle O'.

On cherchera ($\mathsf{S}.$ XXXIII.) l'aire $+ \dfrac{J a a}{p} \times$

$$\int \dfrac{d z \,(\cos. \omega' - \cos. z)\, \cos. z}{(\varrho + \cos. z)^3}$$ en suppofant cette aire $= o$ lorfque $z = \omega'$.

Et l'aire $+ \dfrac{J a a}{p} \times \int \dfrac{d z \,(\sin. \omega' - \sin. z)\, \sin. z}{(\varrho + \cos. z)^3}$, en fuppofant de même cette aire $= o$ lorfque $z = \omega'$.

On fuppofera la premiere de ces aires $= T'$ lorfque $z = 360 - \omega'$, & la feconde $= Z'$ dans le même cas; & on mettra à part les quantités O', T', Z'.

47. Depuis le point e jufqu'au point c, on fera les mêmes opérations que depuis le point C jufqu'au point E; depuis le point c jufqu'au point k, les mêmes que depuis le point K jufqu'au point C; depuis le point k jufqu'au point A, on fuppofera la Planète perturbatrice en repos au milieu de l'efpace qu'elle parcourt pendant ce tems-là; & du refte on fera les mêmes opérations que depuis A jufqu'en K.

48. On fe fouviendra feulement que depuis k jufqu'en A, comme z eft $> 180^\circ$. & $< 360^\circ$, il faudra dans les valeurs de P', R', V', qui feront alors de la même efpéce que celles du n°. 27, avoir l'attention ($\mathsf{S}.$ XXXIII. n°. 27.) de prendre le radical négatif, & d'ajouter à l'intégrale une conftante convenable en fuppofant $x = 2 a$; ou, ce qui eft encore plus commode, on fuppofera $\dfrac{x}{a} - 1 = \dfrac{x \sin. \gamma}{2 a}$; & au lieu de $\sqrt{\dfrac{x}{a} - 1}$, on

écrira $\frac{x \, \text{fin.} \, \zeta}{2 \, a}$ &c. A quoi on ajoutera ce que deviennent les valeurs de P'', Q'', R'', V'', trouvées n°. 37. lorfque $\zeta = 270°$. Soient ϖ'', q'', ρ'', v'', ces dernieres valeurs, trouvées précédemment dans le calcul qu'on a fait
pour la partie $c \, k$; & on aura depuis k jufqu'en A;

$$P'' = \varpi'' - \frac{x \, \text{fin.} \, \zeta}{4 \cdot 2 \, a} - \frac{1}{4} + \frac{\left(\frac{x \, \text{fin.} \, \zeta}{2 \, a} \right)'}{20} + \frac{1}{20};$$

$$Q'' = + q'' + \left(\frac{x^2}{8 \, a \, a} - \frac{1}{2} \right).$$

$$R'' = \rho'' + \frac{\left(\frac{x \, \text{fin.} \, \zeta}{2 \, a} \right)^3}{6} + \frac{1}{6} + \frac{\left(\frac{x \, \text{fin.} \, \zeta}{2 \, a} \right)'}{20} + \frac{1}{20};$$

$$V'' = v'' - \frac{\left(\frac{x \, \text{fin.} \, \zeta}{2 \, a} \right)^3}{6} - \frac{1}{6} - \frac{x \, \text{fin.} \, \zeta}{2 \cdot 2 \, a} - \frac{1}{2};$$

Et dans ces différentes valeurs on fubftituera au lieu
de x fa valeur $\frac{2 \, a}{1 + \text{cof.} \, \zeta}$, ou au lieu de fin. ζ fa valeur
$- \frac{2 \sqrt{a \, x - a \, a}}{x}$, felon qu'on le jugera plus commo-
de. Au refte dans toutes les opérations qui fe font de-
puis e jufqu'en A, on fe fouviendra de prendre les angles ζ & a, à compter depuis le commencement A de
la révolution; & on nommera A^v, A^{vi}, A^{vii} les quantités
qui répondent aux A''', A'', A', des trois premieres opérations; B^v, B^{vi}, B^{vii}, celles qui répondront aux B''', B'',
B', &c. & ainfi de fuite.

49. Pour la feconde révolution jufqu'au point e, on
fera les mêmes opérations que pour la premiere, en

partant toujours du point A de la premiere révolution ; pour compter les z & les a, ainſi que les angles ω, ω' &c. qui feront alors de 360 degrés plus grands que dans la premiere révolution ; on aura par ce moyen de nouvelles quantités A'''', A^{IX}, A^{X}, A^{XI}, & B^{VIII}, B^{IX} &c. qui répondront aux A', A'', A''' &c. & B', B'', B''' &c. de la premiere révolution.

50. Cela fait, on ajoutera d'abord enſemble toutes les valeurs de A', A'', A''' &c. trouvées à chaque opération, & on nommera leur ſomme a'.

On aura de même les quantités b', c', d', e', f', g' &c. en ajoutant enſemble les valeurs de B', B'', B''' &c. & celles de C', C'' &c.

51. Enſuite on nommera p' ce que devient P'' (n°. 37.) lorſque $z = 360 + 360 - \omega'$.

q' ce que devient Q'' dans le même cas,

r' ce que devient R'' dans le même cas,

u' ce que devient V'' dans le même cas,

O'', T'', Z'', les quantités qui font analogues dans la ſeconde révolution aux quantités O', T', Z' de la premiere, déja calculées n°. 46 ; celles-ci commençoient à l'angle $z = + \omega'$, & finiſſoient à l'angle $z = 360 - \omega'$; Celles-là commenceront à l'angle $z = 360 + \omega'$, & finiront à l'angle $z = 2.360 - \omega'$.

Cela fait, on calculera la quantité $\dfrac{\overline{2m.2a\delta - aa}^{\frac{3}{2}}}{\overline{aa\delta . 6,283185 . \delta - a}^{3}}$

$\times [p' a' - \dfrac{2aap'd'}{p} + q'b' - \dfrac{2aaq'e'}{p} +$

$$\frac{2 a a r' c'}{p} - f' - g' - \frac{2 a a h'}{p} + \frac{2 a a k'}{p} +$$

$$\frac{2 a a l'}{p} + O' + T' + Z' + O'' + T'' + Z''] +$$

$$\frac{m.(2 a \delta - a a)^{\frac{3}{2}}}{\delta.6,283185.(\delta - a)^2} [u' c' - m'];$$

dans laquelle le coëfficient $\dfrac{2 m.\overline{2 a \delta - a a}^{\frac{5}{3}}}{a a \delta.6,283185.\overline{\delta - a}^{3}}$ repré-

fente $\dfrac{m \sqrt{S + C}}{\delta^{\frac{1}{2}}.6,283185} \times \dfrac{2}{c^3 g} \times \dfrac{\overline{2 a \delta - a a}^{3}}{(\delta - a)^3}$, ou

$$\frac{\overline{2.2 a \delta - a a}^{3}}{(\delta - a)^3 a^3 g} \times \frac{m \sqrt{S}}{\delta^{\frac{1}{2}}.6,283185}; \& \text{ le coëfficient}$$

$$\frac{m.\overline{2 a \delta - a a}^{\frac{1}{2}}}{\delta.6,283185.\overline{\delta - a}} \text{ repréfente } \frac{\overline{2 a \delta - a a}^{2}}{(\delta - a)^2.a g} \times$$

$$\frac{m \sqrt{S}}{\delta.6,283185.\overline{\delta - a}^{2}}.$$

52. J'appelle, fuivant le §. XX. n°. 4, cette quantité C;
Et je nomme a la valeur de la même quantité, lorfque $z = 360°$. Cette valeur de a fera facile à trouver;
car il n'y a qu'à, dans la formule précédente, prendre
les valeurs de p', a', q', b', &c. lorfque $z = 360°$.

Ces opérations finies, le plus long & le plus difficile
eft faït, il ne refte plus que les fuivantes.

53. On cherchera lorfque la Comète eft en C, à la diftance moyenne de Jupiter, la pofition $C \gamma$ (*fig.* 18.) & la
viteffe du Satellite γ. Pour cela on commencera par prendre $C \gamma = \dfrac{J.\xi}{S}$, ξ étant la diftance accourcie de là

Planète au Soleil, calculée pour le moment qui répond au lieu C de la Comète.

54. On connoîtra pour ce même moment l'angle ζ, & par conséquent la position de $C\gamma$, & l'on aura $S\gamma =$
$$S C - C\gamma \cos \zeta = S C - \frac{J \cdot \xi \cos \zeta}{S} \; ; \text{ je mets} -, \text{ parce}$$
que, suivant la construction de la figure, ζ est ici plus grand que 90 degrés.

55. On connoîtra de plus, par le §. XXV. n°. 9, la position de la tangente en C, c'est-à-dire, la direction de la Comète en C, ou l'angle $S C L$; & par conséquent menant γN parallèle à cette tangente, on aura l'angle $S\gamma N$
$$= S C L + C S\gamma = S C L + \frac{J \cdot \xi \sin \zeta}{S \cdot S C} .$$

56. On connoîtra encore par le §. XXV. n°. 11. la vitesse g en C, laquelle sera telle que $gg = S \left(\frac{p}{aa} + \frac{2}{\Delta} - \frac{2}{a} \right)$.

57. On connoîtra de même (§. XXXIV.) la vitesse du Satellite en γ autour de C, & sa direction; c'est-à-dire, l'angle $O\gamma C$, que cette direction fait avec $C\gamma$.

58. Donc puisqu'on connoît l'angle de γC avec γN ou γn, on connoîtra l'angle $O\gamma N$, dont on nommera le cosinus ϖ, & le sinus ϖ; ainsi supposant la vitesse suivant $\gamma O = \sqrt{S , n}$ (n est un nombre connu par le n°. 57.) on trouvera la direction du Satellite $\gamma N'$ en ajoutant à l'angle $S\gamma N$ l'angle $N' \gamma N = \frac{\varpi \sqrt{S . n}}{g}$; & sa

viteffe g', en retranchant de g la quantité $\nu \sqrt{S.n}$; ce qui donnera $g'g' = gg - 2g'\nu\sqrt{Sn} = S\left(\frac{p}{aa} + \frac{2}{\Delta}\right.$

$\left. - \frac{2}{c} - 2\nu\sqrt{n} \cdot V \sqrt{\frac{p}{aa} + \frac{2}{\Delta} - \frac{2}{a}}\right)$.

Il faut bien remarquer que fi la ligne γO étoit autrement dirigée qu'on ne le fuppofe dans cette figure, on devroit alors ajouter dans certains cas, ce qu'on retranche ici, & retrancher ce qu'on ajoute. Un Calculateur tant foit peu exercé, verra facilement ce qu'il doit faire, fuivant la pofition refpective des lignes ; les opérations que nous prefcrivons ici, font relatives à la figure que nous avons faite. Connoiffant $S\gamma$ & la viteffe abfolue en γ, on aura l'ellipfe $\gamma o \gamma'$ (*fig.* 14.) décrite par le Satellite γ autour du Soleil.

59. Pour trouver le rayon $S\gamma'$ qui doit terminer (§. XX. n°. 8.) la partie elliptique $\gamma O \gamma'$ (*fig.* 14.) de l'orbite du Satellite, on fera attention que l'on a par le n°. 6. du §. XX. la pofition & la grandeur de $S\lambda$, & la pofition de SC', qui eft femblable à celle de SC ; & que l'angle $C'S\gamma' = S\gamma'\lambda = $ à-très-peu-près $\frac{\sin. \lambda SC' \times S\lambda}{SC}$; d'où l'on tirera la pofition de $S\gamma'$.

60. Les points γ & γ' étant ainfi déterminés, on aura le tems par $\gamma O \gamma'$ par le §. XXVII. n°. 8 ; & on connoîtra de plus (§. XXVI. n°. 6.) la viteffe g'' en γ'.

61. On repaffera enfuite de l'ellipfe du Satellite à celle de la Comète, comme on a paffé tout-à-l'heure de l'orbite de la Comète à celle du Satellite ; & dans cette

seconde opération on suivra éxactement le procédé indiqué au §. XX. n°. 8. 9.

62. On continuera de la sorte à suivre les opérations indiquées dans le §. XX. n°. 10, 11, jusqu'à ce qu'on soit arrivé au point Γ (*fig.* 15.) ou $S\Gamma =$ vingt fois le rayon du grand orbe, c'est-à-dire, ou $S\Gamma = 2000000$.

63. Là on connoîtra (§. XX. n°. 16.) la position $\Gamma C'''$ du Satellite; & sa vitesse autour de C''' (§. XXXIV).

64. Cette position & cette vitesse connues, on continuera le calcul, suivant le procédé expliqué au §. XX. n°. 17, 18 & suivans; & on observera, en finissant la seconde révolution, de calculer les perturbations dans la partie ec (*fig.* 17.), comme on l'a fait dans la partie CE; dans la partie ck, comme dans la partie KC; & dans la partie kA, comme dans la partie AK, en observant de prendre les angles z & a, toujours du point A de la premiere révolution. Cette opération fournira de nouvelles quantités A^{xii}, A^{xiii} &c. B^{xii}, B^{11} &c. C^{xii}, C^{xiii} &c. répondantes aux quantités A^{v}, A^{vi}, &c. B^{v}, B^{vi}, &c. de la premiere révolution.

65. Reprenant donc la grande formule du n°. 51, & mettant dans cette formule pour a', p', b', c' &c. ce que deviennent ces quantités, non plus lorsque $z = 2 \times 360 - a'$, comme dans ce n°. 51, mais lorsque $z = 2 . 360$, on aura l'altération totale des deux révolutions, ou plutôt la partie de cette altération qu'on a nommée $6 + 9''$ dans le §. XX. n°. 19. Après quoi on achevera le calcul suivant le procédé prescrit dans ce §. XX; & on aura

la

la différence cherchée de deux révolutions fucceffives.

XXXVII.

Dans les détails de cette opération, on peut employer plufieurs abrégés de calcul dont je n'ai pas parlé, & qui fe préfenteront aifément à ceux qui mettront la main à l'œuvre.

1. Par exemple, quand on a trouvé p', q', r' &c. (§. préc. n. 51.) pour le cas de $\chi = 360°$, il fera facile de les trouver pour le cas de $\chi = 2 . 360$; puifque p' aura une valeur double, ainfi que r' & u', & que q' aura la même valeur dans les deux cas. On peut même obferver (ce qui abrege le calcul) que cette valeur de q' fera $= 0$.

2. Dans les quantités a', b', c' &c. & femblables, il faut diftinguer trois parties : celle qui répond à $\chi = 360°$; celle qui répond à $\chi = 2 \times 360 - \omega'$; & celle qui répond à $\chi = 2 \times 360$; la feconde eft compofée de la première, & de plus de la fomme des quantités A^{VIII}, A^{IX}, &c. ou B^{VIII}, B^{IX}, &c. depuis $\chi = 360°$, jufqu'à $\chi = 2 . 360 - \omega'$; la troifiéme eft compofée de la fomme de celles-ci, & de la fomme des A^{XII}, A^{XIII}, &c. ou B^{XII}, B^{XIII} &c. depuis $\chi = 2 . 360 - \omega'$, jufqu'à $\chi = 2 . 360$.

3. Ainfi quand on fera arrivé à $\chi = 360°$, on commencera par ajouter enfemble les quantités A', A'', A''' &c. déja trouvées, & mettre à part la fomme qui en viendra; il faudra enfuite ajouter enfemble les quantités

analogues qu'on aura depuis $\chi = 360°$. jufqu'à $\chi = 2 . 360$ — ω', & mettre à part la fomme qui en viendra ; laquelle ajoutée à la premiere fomme, donnera la valeur de a' quand $\chi = 2 . 360 — \omega'$. Enfin il faudra ajouter enfemble les quantités analogues qu'on aura depuis $\chi = 2 . 360 — \omega'$, jufqu'à $z = 2 . 360$; & ajouter cette fomme aux deux précédentes, pour avoir la valeur de a' qui répond à $z = 2 . 360$. On fera la même chofe pour les quantités b', c', e', &c.

4. Il faut de plus remarquer que les quantités a & b, trouvées art. XXXVI. n°. 52. doivent contenir non-feulement l'altération qui vient de l'action de Jupiter, mais auffi celle qui vient de l'action de Saturne ; autrement on n'auroit pas affez éxactement dans le n° 53. la pofition du rayon $C'''\Gamma$ (*fig.* 15.). Il faudra feulement avoir foin de féparer dans chacune de ces quantités a & b, ce qui vient de Jupiter, d'avec ce qui vient de Saturne, afin de voir plus nettement le réfultat de l'action de chacun, & de mieux diftinguer toutes les différentes parties de l'opération.

5. Pour rendre les quantités P'', Q'', R'', V'' (§. préc. n. 37.) plus aifées à calculer, & plus petites, il feroit bon ; 1°. de les divifer par 6, 283185, qui exprime la circonférence en parties du rayon, auquel cas on fupprimeroit ce divifeur de la formule du §. XXXVI. n°. 51 ; 2°. de dreffer des tables des variables qui entrent dans les quantités P'', R'', V'', favoir des quantités $\dfrac{a}{6,283185}$, $\dfrac{\text{fin. } a}{6,283185}$,

& $\frac{\text{fin. 2 } a}{6, 283185}$, ou, ce qui revient au même, des fractions qui expriment de degré en degré le rapport des angles, de leurs finus, & du finus des angles doubles, à 360°.

3°. A l'égard des opérations qui fe font pour calculer l'action des Planètes depuis A jufqu'en K (*fig.* 17.), & depuis k jufqu'en A, ces opérations peuvent fe trouver faites dans des tables toutes calculées, qui ferviront pour un grand nombre de Comètes, & qui donneront les réfultats pour le cas de $\frac{x}{a} - 1 = 1$, ou $x = 2 a$.

4°. Enfin on calculera toutes les conftantes qui doivent multiplier les différentes variables, & on écrira ces différentes conftantes fur des papiers féparés avec leur valeur algébrique & arithmétique, afin de les mieux reconnoître. Toutes ces opérations mettront plus de netteté & de promptitude dans les calculs.

6. Quelques perfonnes m'objecteront peut-être que j'aurois pû encore abréger l'opération, & en général la méthode du §. XX, en prenant, non les deux révolutions entieres avec les altérations, mais feulement les altérations. Cette objection tomberoit uniquement fur le calcul que nous avons fait des différentes portions elliptiques de l'orbite de la Comète, & de celle du Satellite ; car au lieu de calculer le tems employé à décrire ces portions d'orbites elliptiques, on auroit pû fe contenter de calculer les différences des tems entre ces portions d'orbites, & les portions correfpondantes de l'ellipfe primitive de la Comète.

Aa ij

7. Pour favoir fi nous avons bien ou mal fait, la queftion fe réduit donc à celle-ci. Un mobile décrivant une
ellipfe, fuppofons que la valeur & la direction de fa
viteffe, & la valeur de fon rayon vecteur, changent fubite-
ment en un point quelconque d'une très-petite quantité; eft-il plus court de calculer immédiatement le tems
dans la nouvelle ellipfe, & de le retrancher enfuite
du tems dans la portion correfpondante de l'ellipfe primitive, que de calculer fimplement les différences des
deux tems? Or je crois la premiere de ces opérations
plus courte que la feconde. Pour le faire fentir par un
exemple, je fuppofe qu'on cherche la pofition du nou-
veau périhélie par la formule $\dfrac{\varepsilon' a'}{a' - \dfrac{S + C}{g'^2 h'^2}}$ du n°. 3;

de l'art. XXVI; & je dis qu'on aura auffi-tôt fait, &
même plutôt fait, de chercher immédiatement la pofition du nouveau périhélie par cette formule, que de
chercher le fimple déplacement du périhélie par la for-

mule $\dfrac{\varepsilon' d'a + a d\varepsilon}{a - \dfrac{S + C}{g^2 h^2}} - \dfrac{\varepsilon\, a\, d\, a}{\left(a - \dfrac{S + C}{g^2 h^2}\right)^2} + \dfrac{(S + C)\, \varepsilon\, a}{\left(a - \dfrac{S + C}{g^2 h^2}\right)^2}$

$\times \left(\dfrac{- g\, d\, g\,.\, h^2 - h\, d\, h\,.\, g\, g}{g^4\, h^4}\right)$ qui me paroît deman-

der un plus grand nombre de quantités à calculer. Il en
fera de même des autres cas femblables. Voilà les raifons qui m'ont engagé à chercher immédiatement la valeur des deux révolutions totales, fans me borner à la
feule différence de ces révolutions, à laquelle j'aurois
pû me reftraindre.

8. Au refte, foit qu'on calcule fimplement les altérations, foit qu'on calcule les deux révolutions entieres,
il n'en eft pas moins vrai que la feule chofe qu'on cherche ici réellement, & qu'on détermine par le calcul,
c'eft la différence des deux révolutions ; l'erreur, s'il y
en a, ne peut tomber que fur cette différence, parce
que le refte du calcul eft fondé fur la fuppofition qu'on
a faite d'une certaine ellipfe *donnée* pour l'ellipfe primitive de la Comète, & que les erreurs ne peuvent par
conféquent tomber fur la partie du calcul qui appartient
uniquement à la révolution dans l'ellipfe primitive ; c'eft
ce qui fera parfaitement éclairci dans le Mém. fuivant.

XXXVIII.

La méthode que nous avons donnée pour calculer
les altérations de l'orbite des Comètes, a évidemment
plufieurs avantages:

1°. Dans toute la partie $K A k$, elle n'exige que des
calculs arithmétiques fort fimples, & d'après des formules algébriques qui ne demandent point de quadratures méchaniques ; formules dont on peut repréfenter
les réfultats dans des tables toutes dreffées, & qui peuvent fervir pour un grand nombre de Comètes.

2°. Dans les parties $C E$, & $e c$, la fimplification des
valeurs de φ & de π, épargne beaucoup de calculs.
(§. XVI n. 3.)

3°. Dans la partie $E D e$, on n'a pas befoin de cal-
culer les forces φ & π ; on fait feulement $\varphi = \dfrac{J}{x^3}$, ce

qui réduit à prefque rien le calcul des altérations dans cette partie $E D e$.

4°. Non-feulement nous avons divifé l'orbite de la Comète en plufieurs parties pour faciliter le calcul ; mais dans chacune de ces parties, le calcul fe fait de la même maniere, & les angles d'anomalie χ font toujours pris à compter du périhélie A de la premiere révolution. Cette uniformité dans la marche du calcul, le rend tout-à-la-fois plus court & moins fujet à erreur ; parce qu'on a moins d'attention à faire au fens fuivant lequel on prend les angles d'anomalie, & qu'on n'eft point obligé de calculer féparément dans chaque portion de l'orbite, l'altération qu'elle éprouve par la portion précédente.

5°. On n'a jamais à calculer que des aires totales, telles que $\int X d\chi$ cof. χ, $\int P X d\chi$ cof. χ &c. & il n'entre dans ces aires que des quantités P, X, Y &c. qui n'exigent aucune quadrature.

X X X I X.

1. Si on a quelque fcrupule fur la méthode que nous avons employée pour trouver l'altération dans la partie $K A k$ (*fig.* 17.), ce ne peut guères être que par rapport à l'action de Jupiter ; car l'action de Saturne étant environ trois fois moindre à la même diftance, & la diftance de Saturne au Soleil étant plus de vingt fois plus grande en A que celle de la Comète, & plus de dix fois en K ; je n'imagine pas qu'il puiffe en réfulter d'erreur fenfible, ou au moins confidérable fur l'altération caufée par Saturne.

2. A l'égard de Jupiter, comme sa distance en A n'est qu'environ neuf à dix fois plus grande que celle de la Comète, & en K cinq à six fois seulement; on pourroit, si l'on craignoit l'effet de l'erreur qui en pourroit résulter, n'employer la méthode du §. XXII. pour Jupiter que jusqu'au point O où $\frac{x}{a} - 1 = \frac{4}{9}$ (je prends la fraction $\frac{4}{9}$ qui est un nombre quarré, afin que les quantités

$$\overline{\frac{x}{a} - 1}^{\frac{1}{2}}, \quad \overline{\frac{x}{a} - 1}^{\frac{3}{2}}, \quad \overline{\frac{x}{a} - 1}^{\frac{5}{2}} \quad \&c.$$ soient plus

faciles à trouver); & on aura $x = \frac{13\,a}{9}$; & cos. z, ou

$$\frac{2\,a}{x} - 1 = \frac{18}{13} - 1 = \frac{5}{13}.$$ Ainsi on feroit depuis

le point A jusqu'en O le même calcul qu'on a fait dans le §. XXXVI. depuis A jusqu'en K; & depuis O jusqu'en C le même qui a été fait depuis K jusqu'en C.

3. Cependant, comme le tems par AK ou kA est de moins de 40 jours, & que pendant ce tems l'effet de l'action des deux Planètes doit être comme infiniment petit, j'imagine qu'on pourra, sans erreur, employer la méthode du §. XXII. même pour Jupiter, sans avoir à craindre l'effet des négligences.

4. Enfin ceux qui craindroient encore, malgré les réflexions qu'on vient de lire, l'effet des négligences dans la partie AK pour l'action de Jupiter, pourroient calculer cette action rigoureusement depuis A jusqu'en C, comme on l'a calculée dans le §. XXXVI. depuis K jus-

qu'en *C*, & précisément par la même méthode. Mais, comme le calcul seroit alors confidérablement plus long, je voudrois qu'on ne l'effayât qu'après s'être affuré que les deux fuppofitions de $x = 2a$, & $x = \dfrac{13\,a}{9}$ pour Jupiter, donnent des réfultats affez différens depuis *A* jufqu'en *C*, pour produire une différence affez grande fur le dernier réfultat, c'eft-à-dire, fur l'accélération ou la rétardation de la feconde période par rapport à la premiere.

X L.

1. Un autre fcrupule qu'on peut avoir, c'eft fur les forces négligées dans la partie fupérieure de l'orbite. Car dans la force φ, la quantité négligée, en prenant ξ' pour la diftance réelle de la Planète au Soleil, & ζ' pour l'angle d'élongation réel de la Planète à la Comète, eft

$$- \frac{3\,J.\,\xi'^2}{2\,x^4} + \frac{9\,J.\,\xi'^2\,\mathrm{cof.}\,\zeta'^2}{2\,x^4} :$$ or cette quantité étant toujours pofitive, on pourroit craindre peut-être que l'effet n'en fût affez grand pour n'être pas négligé.

2. Pour éxaminer cette difficulté, nous remarquerons d'abord que cette quantité négligée fe change en $\dfrac{J\,\xi'^2}{x^4}$ $\times\,(-\tfrac{3}{4} + \tfrac{9}{4}\,\mathrm{cof.}\,2\,\zeta')$ dans laquelle il n'y a réellement de conftamment pofitive, que la partie $\dfrac{3\,J.\,\xi'^2}{4\,x^4}$, l'autre étant tantôt pofitive & tantôt négative, & changeant même fréquemment de figne dans la partie fupérieure

de

de l'orbite, parce qu'il répond plusieurs révolutions de chacune des deux Planètes perturbatrices, au mouvement de la Comète dans cette partie supérieure de son orbite. On peut donc négliger cette partie, d'autant plus qu'elle est moindre que la partie $\dfrac{2\,J.\,\xi'\cos\zeta'}{x^3}$ négligée par d'autres Géometres dans l'action de la Planète fur le Soleil; partie d'action qui est aussi tantôt positive, tantôt négative, & qui change beaucoup moins de figne dans cette même portion supérieure de l'orbite, que la partie $\dfrac{9\,J.\,\xi'^2\cos 2\zeta'}{4\,x^4}$.

3. Il n'auroit donc d'effet un peu sensible à craindre, que de la partie $\dfrac{3\,J.\,\xi'^2}{4\,x^4}$. Or si on confidere que cette partie de la force perturbatrice est à la force de la gravitation, comme $\dfrac{3\,J.\,\xi'^2}{4\,x^2}$ est à S, ou comme $\dfrac{3\,J.\,\xi'^2}{4\,S.\,x^2}$ est à 1, & qu'ainsi au point où $x = 2000000$, elle est pour Jupiter à-peu-près comme $\dfrac{3}{4000\times 16}$ est à 1, & pour Saturne, à-peu-près comme $\dfrac{3}{12000\times 4}$ est à 1; on verra qu'on peut les négliger fans crainte, d'autant que ce rapport devient toujours de plus en plus petit dans la même raifon que le quarré de x^2 augmente.

4. A l'égard de la force π, dont tous les termes font multipliés par sin. ζ', & dont par conféquent la partie négligée change fouvent de figne dans la portion fupé-

rieure de l'orbite, on peut à plus forte raison négliger cette force π.

5. Néanmoins fi quelque Calculateur fcrupuleux vouloit avoir égard à la partie $\dfrac{3\,J\cdot\xi'^{2}}{4\,x^{4}}$ de la force φ, il le pourroit aifément.

6. Pour cela, il fuffiroit d'ajouter à la valeur de φ trouvée pour la partie $E\,D\,\varepsilon$, c'eft-à-dire à $\dfrac{1}{x^{2}}$, la partie $\dfrac{3\,J\cdot\xi'^{2}}{4\,x^{4}}$; en regardant même ξ' comme conftante & comme égale à la diftance moyenne de la Planète perturbatrice au Soleil. Les formules du §. XXXIII. donneront des moyens courts & faciles de calculer la petite quantité qui réfultera de cette nouvelle confidération.

X L I.

1. Pour trouver le mouvement & la variation du périhélie d'une révolution à l'autre, on s'y prendra de la maniere fuivante.

Il eft facile de voir par ce qui a été dit dans le §. XIX;

1°. Qu'on peut chercher d'abord la variation & le mouvement du périhélie, en cherchant les altérations de l'orbite $A\,C\,D\,A$ (*fig.* 13.) par les forces φ & π, & enfuite en traitant comme des portions d'ellipfes les portions d'orbites décrites par la Comète & par le Satellite que nous lui avons fuppofé.

2°. Que de ces portions d'orbites, regardées comme

elliptiques, il suffira de confidérer la feule portion que
la Comète décrit depuis le point C''' de la fig. 15, puifque cette portion d'orbite eft la feule dont il foit néceffaire de comparer le périhélie au périhélie A, d'où la
Comète a été fuppofée partir.

2. Par conféquent, comme l'on connoît ($\mathcal{S}$. X X. n°.
17.) le rayon vecteur $\mathcal{S} C'''$, ainfi que la direction & la
viteffe de la Comète au point C'''; on aura facilement par
les formules des $\mathcal{S}$. XXVI. & XXVIII. la diftance &
la pofition du périhélie dans cette orbite, confidérée comme elliptique.

3. Retranchant cette diftance de la diftance périhélie
44851 obfervée en 1661, on aura *à cet égard* la variation du périhélie, ou l'altération de la diftance périhélie,
que j'appellerai Π.

4. On aura de même, en comparant la pofition du
nouveau périhélie avec celle du périhélie de 1661, le
mouvement du périhélie à cet égard, que je nomme Γ.

5. Voilà donc déja une partie du mouvement & de
la variation du périhélie, en regardant les portions d'orbite de la Comète & du Satellite comme des ellipfes. Il
nous refte à chercher ce mouvement & cette variation,
en vertu des forces φ & π, agiffant dans l'orbite $A C D A$
depuis 1661.

6. Pour cela on remarquera qu'au périhélie on a; 1°.
$dx = o$, & par conféquent $du = o$, ou ($\mathcal{S}$. X.) $-a\sin.\zeta$

$$+\frac{s+c}{\mathcal{SS}}\sin.\zeta = \cos.\zeta\int Md\zeta\cos.\zeta - \sin.\zeta\int Md\zeta$$

Bb ij

fin. $z = 0$, ou fin. $z = \dfrac{1}{\dfrac{S+C}{gg} - a} \times [$ cof. $z \int M\,dz$

cof. $z +$ fin. $z \int M\,dz$ fin. $z\,]$.

2°. Qu'au même périhélie on a $x = \dfrac{aa}{u} = aa\,$ſ

$[\,a$ cof. $z + \dfrac{S+C}{gg} - \dfrac{S+C}{gg}$ cof. $z -$ fin. $z \int M\,dz$

cof. $z +$ cof. $z \int M\,dz$ fin. $z\,] = ($ en faifant a cof. $z +$

$\dfrac{S+C}{gg} - \dfrac{S+C}{gg}$ cof. $z = a$, comme cela arrive

en effet lorſque $z = 360°$.) $a +$ fin. $z \int M\,dz$ cof. $z -$

cof. $z \int M\,dz$ fin. $z = ($ §. XIX.) $a -$ cof. $z \int X\,dz$ fin. z

$+$ fin. $z \int X\,dz$ cof. $z - \overline{\text{cof. } z - 1} \cdot \dfrac{2S}{gg} \times \int Y\,dz +$

cof. $z \cdot \dfrac{2S}{gg} \int Y\,dz\,(1 -$ cof. $z) - \dfrac{2S\text{. fin. } z}{gg} \int Y\,dz$

fin. $z = ($ en faifant cof. $z =$ cof. $360° = 1$, & fin. $z =$

fin. $360° = 0) a - \int X\,dz$ fin. $z + \dfrac{2S}{gg} \times \int Y\,dz\,(1 -$ cof. $z)$.

Or les quantités $\int X\,dz$ fin. z & $\dfrac{2S}{gg} \int Y\,dz\,(1 -$ cof. $z)$

ont été calculées §. XXXVI. dans les opérations qui ont
été faites pour trouver l'altération cauſée par les forces
φ & π depuis 1661. On cherchera donc dans les réſultats
de ces opérations, la valeur de ces quantités depuis le
périhélie de 1661, juſqu'au ſuivant : pour cela il faudra
chercher dans les calculs déja faits au §. XXXVI. la valeur de ces quantités, depuis le point où $z = 360$ juſqu'à
celui où $z = 2 . 360$; par-là on aura la nouvelle diſtance
périhélie ; par conſéquent en retranchant cette diſtance

de 44851, on connoîtra la nouvelle altération du périhélie en vertu des forces φ & π, altération que je nomme Π'. Ajoutant cette altération, avec le signe qui la caractérise, à la quantité Π déja trouvée, on aura Π + Π' pour la variation totale de la distance périhélie.

7. A l'égard du mouvement du périhélie, ou plutôt de sa position nouvelle, on le trouvera par l'équation sin. ζ

$$= \frac{1}{\frac{aa}{p} - a} \times \int M \, d\zeta \cos. \zeta, \int M \, d\zeta \cos. \zeta \text{ étant égal}$$

à ce que devient $\int X \, dz \cos. \zeta + \frac{2aa}{p} \int dz \cos. z$

$\int Y \, dz$ lorsque $z = 360°$; cette derniere quantité est égale

à $\int X \, d\zeta \cos. z + \frac{2aa}{p} \sin. \zeta \int Y \, dz - \frac{2aa}{p} \int Y \, dz$

sin. $z = \int X \, dz \cos. z - \frac{2aa}{p} \int Y \, dz$ sin. z. Or ces deux dernieres quantités ont aussi été calculées dans les opérations du §. XXXVI.

8. Par-là on connoîtra le mouvement du périhélie en vertu des forces φ & π; ce mouvement étant appellé Γ', & ajouté au mouvement déja trouvé Γ, on aura Γ + Γ' pour le mouvement cherché.

9. Au reste, comme une petite erreur dans la valeur du rayon vecteur peut en produire une beaucoup plus grande dans la position du périhélie, il ne faudra point s'étonner si en conséquence des quantités négligées dans ce calcul, le résultat ne répond pas toujours fort éxacte-ment aux observations. Par exemple, les calculs faits

par la théorie pour la Comète de 1682, ont donné 6′ 33″ de mouvement direct au périhélie, depuis 1682 jusqu'en 1759; & les obfervations rapportées dans la *Connoiſſance des Tems* de 1761, donnent 1°. 40′; c'eſt-à-dire, que le réſultat des obſervati ns eſt environ 15 fois plus grand que celui de la théorie; différence énorme, & qu'il faut attribuer, comme nous l'avons dit, aux erreurs conſidérables qu'on ne peut éviter dans cette recherche.

10. A l'égard de la diſtance périhélie de cette même Comète, la théorie a donné une diminution de $\frac{3}{10000}$ de la diſtance moyenne de la Terre au Soleil depuis 1682 jusqu'en 1759; & les obſervations la donnent au-delà de trois fois plus grande, ſavoir, de $\frac{1}{1000}$. Au reſte les obſervations elles-mêmes ſont ſujettes à quelqu'erreur dans le réſultat qu'elles donnent ſur la diſtance & ſur la poſition de la Comète périhélie; tant par les erreurs qui peuvent ſe gliſſer dans les lieux de la Comète, que par la ſuppoſition qu'on fait que la Comète décrit dans la partie viſible de ſon orbite, ou une Parabole éxaĉte, ou une Ellipſe dont les Elémens ne ſont jamais bien connus.

XLII.

1. A l'égard du mouvement des nœuds & de la variation de l'inclinaiſon de l'orbite de la Comète ſur le plan de l'orbite de la Planète perturbatrice, nous avons donné dans les Mémoires de l'Académie de 1745, p. 380,

les formules au moyen desquelles on y peut parvenir. On peut démontrer ces formules par les moyens que nous avons exposés dans nos *Recherches fur le Syſtême du Monde*, art. 1 1 & 1 2. Mais pour ne pas y renvoyer nos Lecteurs, nous allons mettre ici ces formules & leur démonſtration.

2. Soit comme ci - devant *D C B* (*fig.* 19.) l'orbite de la Comète, *D S B* la ligne des nœuds de ſon orbite avec l'orbite de la Planète perturbatrice. Soit *J* le lieu de la Planète rapporté ſur l'orbite de la Comète, l'angle *J S B = V*, l'angle *C S D = v′*, la diſtance de la Planète à la Comète = *k*, & la diſtance accourcie *J S* de la Planète au Soleil = ξ. Il eſt aiſé de voir; 1°. que le point *C* eſt tiré perpendiculairement à l'orbite par une

$$\text{force} = \frac{J \cdot \xi \, \text{ſin.} \, V}{k^3} \times \text{tang. incl.} - \frac{J \, \text{ſin.} \, V \, \text{tang. incl.}}{\xi^2 \, (1 + m m \, \text{ſin.} \, V^2)^{\frac{3}{2}}}.$$

quantité dans laquelle on peut mettre, au lieu de tang. incl. ſa valeur $\frac{\text{ſin. incl.}}{\text{coſ. incl.}}$; 2°. que la petite ligne parcourue perpendiculairement au plan *D C B*, en vertu de cette force, eſt

$$\frac{d s^2}{v^2} \times \left(-\frac{J}{k^3} \times \xi \, \text{ſin.} \, V \, \frac{\text{ſin. incl.}}{\text{coſ. incl.}} - \frac{J \, \text{ſin.} \, V \, \text{ſin. incl.}}{\xi^2 \, (1 + m m \, \text{ſin.} \, V^2)^{\frac{3}{2}} \, \text{coſ. incl.}} \right);$$

3°. qu'en vertu de cette petite ligne parcourue, la ligne des nœuds *S O*, change ſur le plan de l'orbite de la Planète perturbatrice, en ſe mouvant de *D* vers *J*, d'une quantité $= \frac{d s^2}{v^2} \times \left(\frac{J}{k^3} \right.$

$$\times \frac{\xi \text{ fin. } V \text{ fin. incl.}}{\text{cof. incl.}} - \frac{J \text{ fin. } V \text{ fin. incl.}}{\xi^2 \left(1 + mm \text{ fin. } V^2\right)^{\frac{1}{2}} \text{cof. incl.}} \Big) \times$$

$$\frac{CO}{Cc} \times \frac{1}{\text{fin. incl.}} \times \frac{1}{SO} \; ; \; 4^{\circ}.$$ en menant $C\,d$ paral-

lèle à SD, & décrivant l'arc CN du rayon SC, on aura

$$\frac{CO}{Cc} = \frac{SO}{Cd} \; ; \; \& \; Cd = \frac{CN}{\text{fin. } v'} = \frac{x\,d\,\zeta}{\text{fin. } v'} \; :$$ faifant

donc ces fubftitutions dans la formule précédente, met-

tant ξ' pour exprimer la diftance réelle de la Planète au

Soleil, & effaçant ce qui fe détruit, il vient pour l'Elé-

ment du mouvement des nœuds

$$\frac{d\,s^2}{v^2} \times \left(\frac{J\,\xi}{k^3} - \frac{J\,\xi}{\xi'^3} \right) \times \frac{\text{fin. } V \cdot \text{fin. } v'}{x\,d\,\zeta} \times \frac{1}{\text{cof. incl.}} \; ;$$

Dans cette formule on mettra pour $\dfrac{d\,s}{v}$ fa valeur

approchée $\dfrac{x\,x\,d\,\zeta}{a\,g}$, pour $a\,g$ fa valeur $\sqrt{S \cdot p}$, & pour

$\dfrac{1}{\text{cof. incl.}}$ fa valeur fecant. incl.

3. A l'égard de la variation de l'inclinaifon ; fi on

appelle, comme au commencement de ce Mémoire,

la tangente de l'inclinaifon m, on trouve que $\dfrac{x \text{ fin. } v' \times \text{fin. incl.}}{m}$

eft la cotangente de l'inclinaifon, en prenant pour finus

total la perpendiculaire x fin v' fin. incl. menée de la

Comète C fur le plan de l'orbite de la Planète. Or cette

cotangente diminue d'une quantité égale au mouvement

des nœuds multiplié par x cof. v'. Donc fi on appelle

$d\zeta$ le mouvement trouvé des nœuds, on aura la diffé-

rentielle de la cotangente de l'incl. $= \dfrac{- d\,\zeta \cdot x \text{ cof. } v'}{x \text{ fin. } v' \text{ fin. incl.}}$

$=$

$$= \frac{-d\,s^2}{v^2} \times \left(\frac{J \cdot \xi}{k^3} - \frac{J \cdot \xi}{\xi'^3} \right) \frac{\text{fin.}\,V \cos.\,v'}{x\,d\,z} \times \frac{1}{\cos.\,\text{incl.}}$$

$\times \frac{1}{\text{fin. incl.}}$; dans laquelle on peut mettre au lieu de

$\frac{1}{\text{c.f. incl.}} \times \frac{1}{\text{fin. incl.}}$ fa valeur $\frac{2}{\text{fin. 2 incl.}} = 2 \times \text{cofec.}$ du double de l'incl.

4. On peut rendre affez court ce calcul du mouvement des nœuds & de la variation de l'inclinaifon, en confidérant; 1°. que $\frac{d\,s^2}{v^2\,x\,d\,z} = \frac{x^3\,d\,z}{a\,a\,b\,g} = \frac{x^3\,d\,z}{S \cdot p}$;

2°. que les quantités $\frac{J\xi\,x^3}{k^3}$, & $\frac{J\xi\,x^3}{\xi'^3}$ ont été calculées dans les opérations qu'on a faites au §. XXXVI. pour trouver les quantités X & Y; 3°. que depuis le point C (*fig.* 13.) jufqu'au point E, & depuis le point e jufqu'au point c, on peut mettre au lieu de $\frac{J \cdot \xi}{k^3} - \frac{J \cdot \xi}{\xi'^3}$

(§. XVI.) la quantité $\frac{J \cdot \xi}{k^3} - \frac{J \cdot \xi}{x^3}$, dont le fecond terme rendra les opérations plus faciles, parce qu'étant multiplié par x^3, il fe réduit à $-J.\xi$; 4°. que depuis le point E jufqu'au point correfpondant e, c'eft-à-dire, dans toute la partie fupérieure de l'orbite, on peut négliger entiérement l'effet des forces perturbatrices; enforte qu'on n'a de calcul à faire que pour les parties $A\,E$; $e\,A$; 5°. que depuis A jufqu'en K (*fig.* 17.) & depuis k jufqu'en A, on peut au lieu de x mettre $\frac{2\,a}{1 + \cos.\,z}$, & au lieu de $\frac{J}{k^3}$ fa valeur approchée $\frac{J}{\xi'^3} + \frac{3\,J\xi\,x\cos.\zeta}{\xi'^5}$;

ce qui réduira la quantité $\frac{J.\xi}{k^3} - \frac{J.\xi}{\xi'^3}$ à $+\frac{3\,J.\xi \times \text{cof.}\,\zeta}{\xi'^5}$.

5. Ainsi pour calculer la variation des nœuds & de l'inclinaison, il faudra depuis A jusqu'en K, c'est-à-dire, depuis $\zeta = o$ jusqu'à $\zeta = 90°$, se servir des formules suivantes.

1°. pour le nœud; $d\zeta = -\frac{x^4 \, d\zeta}{S.p} \times + \frac{3\,J\xi\,\text{cof.}\,\zeta}{\xi'^5}$

$\times$ fin. V . fin. $v' \times$ fec. incl. 2°. $\frac{x^4 \, d\zeta}{S.p} \times + \frac{3\,J.\xi\,\text{cof.}\,\zeta}{\xi'^5}$

$\times$ fin. V cof. $v' \times 2$ cofec. 2 incl. (pour l'inclinaison).

On se souviendra que ξ & ξ' font ici regardées comme constantes (§. XXI & XXIII.); que $x = \frac{2\,e}{1 + \text{cof.}\,\zeta}$; que cof. $\zeta =$ cof. $A + \zeta =$ cof. A cof. $\zeta -$ fin. A . fin. ζ; que fin. V est aussi regardé comme constant ; & que $v' = 180 - V - \zeta = $ (§. XXIII.) $180 - V - A - \zeta$; d'où l'on tire fin $v' =$ fin. $180 - V - A - \zeta =$ fin. $(180 - V - A)$ cof. $\zeta -$ fin. z cof. $180 - V - A =$ fin. $(V + A)$ cofin. $z +$ fin. ζ cof. $V + A$.

Par ces formules & par celles du §. XXXIII, on trouvera facilement le mouvement des nœuds & la variation de l'inclinaison pour les parties $A K, k A$.

6. Dans les parties $K C, c k$, on employera les formules des n°. 2 & 3. du présent Paragraphe.

7. Enfin dans les parties $C E, e c$, on employera les formules

$$d\zeta = \left(\frac{x^2 \, d\zeta}{S.p} \times \frac{J.\xi}{k^3} - \frac{J\xi\,d z}{S.p} \right) \times \text{fin. } V \text{ fin. } v'$$

$\times$ fec. incl.

Et $\left(\dfrac{x^3 \, dz}{S \cdot p} \times \dfrac{J \cdot \xi}{k^3} - \dfrac{J\xi \, dz}{S \cdot p} \right) \times \sin V \cos v' \times$ 2 cosec. 2 incl.

8. On peut remarquer, si cela contribue à abréger le calcul, que $v' = 180 - V - \zeta$; & que par conséquent

$$\sin V \times \sin v' = \frac{- \cos V + v'}{2} + \frac{\cos V - v'}{2} =$$

$$\frac{\cos 180 - \zeta}{2} + \frac{\cos - 180 + 2V + \zeta}{2} = \frac{\cos \zeta}{2}$$

$$\frac{\cos 2V + \zeta}{2} = \frac{\cos \zeta}{2} - \frac{\cos 360 - 2v' - \zeta}{2} =$$

$$\frac{\cos \zeta}{2} - \frac{\cos 2v' + \zeta}{2} \; ; \; \& \text{ que } \sin V \cos v' =$$

$$\frac{\sin V + v'}{2} + \frac{\sin V - v'}{2} = + \frac{\sin \zeta}{2} - \frac{\sin 2V + \zeta}{2}$$

$$= + \frac{\sin \zeta}{2} + \frac{\sin 2v' + \zeta}{2} \cdot$$

9. On pourra se servir des unes ou des autres de ces formules, selon qu'on voudra faire disparoître V ou v': mais V paroît plus commode à chasser.

10. Après avoir fait cette opération, il en reste encore une autre qui n'est pas longue ; c'est de trouver la variation des nœuds & de l'inclinaison, en regardant comme des ellipses, les portions d'orbites décrites par la Comète & par le Satellite.

11. Pour cela on prendra, comme dans le §. XXXVI, le point C (*fig.* 19.) ou $SC =$ la distance moyenne de Jupiter, & on tirera d'abord la tangente CO à l'orbite, laquelle coupera en O la ligne des nœuds.

12. On cherchera ensuite par le moyen des formules

du §. XXXIV. & du §. XXXVI n°. 53 & fuiv. la viteffe du Satellite dans fa petite orbite, entant que ce te viteffe eft eftimée perpendiculairement à l'orbite de la Comète.

13. On dira enfuite : comme la viteffe g de la Comète fuivant CO, eft à cette viteffe perpendiculaire qu'on vient de trouver; ainfi le finus total ou 57° 17′ 44″, eft à un quatriéme terme, lequel exprimera un angle fort petit.

14. On nommera α cet angle, & on prendra la quan-

tité $\dfrac{\alpha \times CO - \dfrac{J}{S} \xi \text{ fin. } V \cdot m}{S O} \times$ cofec. incl. pour la pofi-

tion du nœud de l'orbite réelle que le Satellite décrit dans l'efpace abfolu, lorfque la Comète eft parvenue en C; c'eft-à-dire, pour l'angle que la ligne des nœuds de cette orbite fait avec $S D$.

15. Dans cette formule, $\dfrac{J \xi m \text{ fin. } V}{S}$ eft la hauteur du petit Satellite au-deffus du plan de l'orbite de la Comète; hauteur à laquelle il faut avoir égard pour déterminer la pofition de la ligne des nœuds. Au refte nous n'avons pas befoin d'avertir que les quantités α & $\dfrac{J \xi \text{ fin. } V \cdot m}{S}$ doivent être prifes avec les fignes convenables, felon les fituations refpectives des orbites, & celles de la Comète & de la Planète perturbatrice. Examen qu'il faut laiffer à l'attention du Calculateur, & qui n'eft pas difficile. Dans les figures fur lefquelles on a fait les calculs précédens, on fuppofe que le plan de l'orbite de la

Planète perturbatrice eſt élevé au-deſſus du plan de l'orbite de la Comète, & que la Planète perturbatrice ſoit
dans cette partie de ſon orbite ; d'où l'on voit que le
Satellite, qui eſt toujours à 180 degrés de la Planète perturbatrice, ſera au-deſſous du plan de l'orbite de la
Comète.

16. Lorſque le Satellite ſera en *c* (*fig.* 13.), au point
où $Sc = SC$, alors on trouvera par une formule ſemblable la poſition du nœud de l'orbite, qui redevient
alors celle de la Comète.

17. Pour avoir dans les deux mêmes cas la variation de
la cotangente de l'inclin. il faut multiplier le mouvement
trouvé du nœud par $\dfrac{\text{coſ. } v'}{\text{ſin. } v' \text{ ſin. incl.}} = \text{cot. } v' \text{ coſec. incl.}$

18. On trouvera donc par ce moyen le mouvement
des nœuds & la variation de l'inclinaiſon, en regardant
les portions d'orbites de la Comète & du Satellite, comme des ellipſes. On joindra à cette opération le réſultat
de celles par leſquelles on a trouvé ces mêmes varia-
tions, en ayant égard aux forces perturbatrices, & on
aura la variation totale.

19. Après quoi ce ſera une opération de Trigonométrie ſphérique fort ſimple, que de trouver la variation des nœuds & de l'inclinaiſon par rapport à l'ecliptique. Car ayant la poſition nouvelle du nœud & de
l'inclinaiſon par rapport à l'orbite de la Planète perturbatrice, on aura cette poſition & cette inclinaiſon par
rapport à l'écliptique, & par conſéquent la variation des

nœuds & de l'inclinaison par rapport à ce même grand cercle.

20. Au reste il ne faut pas s'attendre ici à une préci-sion plus grande que dans les calculs du périhélie, & par la même raison. Par exemple, dans la Comète de 1682, la théorie a donné pour le nœud un mouvement de 1° 29′ 11″ en 1759, suivant l'ordre des signes; & les observations donnent le double, savoir 3° 1′. La même théorie donne 6′ 36″ pour la diminution de l'inclinai-son depuis 1682, & les observations donnent 3′, c'est-dire, moins de la moitié. On ne doit donc point exiger ni espérer sur cet article beaucoup d'exactitude dans le résultat des calculs tirés de la théorie.

21. En général toutes les inégalités du mouvement des Comètes venant d'une force qui agit alternativement en différens sens, il ne faut point être surpris que le résultat du calcul puisse être fort différent de l'obser-vation: parce que ce résultat est composé d'un grand nombre de parties, dont les unes se retranchent des au-tres; & que la différence, qui est le résultat qu'on cher-che, peut être à peu-près du même ordre que les quanti-tés qu'on a négligées; auquel cas il ne seroit point sur-prenant que le résultat de la théorie fût double ou tri-ple &c. ou la moitié, ou le tiers, de celui des obser-vations. Le Calculateur doit même se trouver fort heu-reux, si le résultat de la théorie n'est pas quelquefois en sens contraire de celui que les observations donnent, comme cela pourroit très-bien arriver, quelque éxacti-

tude qu'il eût mise dans ses calculs. Car si le résultat
cherché est la différence de deux nombres considérables, l'un positif, l'autre négatif, peu différens l'un de
l'autre, & que dans chacun de ces nombres il y ait une
erreur de plusieurs unités, il se pourra faire que le résultat
des deux erreurs combinées soit plus grand que la différence des deux nombres; & alors le résultat de la théorie
se trouveroit en sens contraire de l'observation.

22. De-là on doit tirer deux conséquences; 1°. qu'il
ne faut compter que jusqu'à un certain point sur l'éxactitude des calculs, dans la théorie des perturbations des
Comètes; 2°. que l'inéxactitude, s'il y en a, pourra venir
souvent de la nature du Problème, & non pas de la faute
du Calculateur.

23. On pourroit joindre à ces recherches sur les perturbations des Comètes, la théorie de la résistance qu'elles éprouveroient de la part d'un milieu très-rare où on
les supposeroit se mouvoir; on trouveroit les fondemens
de cette théorie, & les principes nécessaires pour la développer, dans nos *Recherches sur le Système du Monde*,
IIᵉ Partie Liv. II. Chap. VI; où nous avons traité des
Trajectoires dans des milieux résistans. Mais j'abandonne,
au moins quant à présent, cette recherche aux calculs
des Mathématiciens pour deux raisons; 1°. parce qu'on
ne peut faire que des suppositions vagues sur la nature
du milieu, dans lequel les Comètes se meuvent; 2°.
parce que cette recherche forme une des branches de la
question proposée par l'Académie des Sciences, pour le

Prix de l'année prochaine 1762 ; à quoi je dois ajouter que M. Euler a déja donné un favant Effai fur ce fujet, en 1746, dans le premier Volume de fes *Opufcules*.

CONCLUSION.

1. En finiffant ce Mémoire, je crois devoir remettre fous les yeux du Lecteur les avantages particuliers à ma méthode pour calculer les perturbations des Comètes. Quoique ces avantages foient déja indiqués en différens endroits de ma théorie, il ne m'a pas paru inutile de les réunir tous ici fous un même point de vûe, en y ajoutant quelques remarques qui ferviront encore à les rendre plus fenfibles.

1°. Dans toute la partie de l'orbite où la diftance de la Comète au Soleil eft plus grande que vingt fois le rayon du grand orbe, c'eft-à-dire, que vingt fois la diftance moyenne de la Terre au Soleil ; ma méthode nonfeulement abrege confidérablement le calcul des perturbations, mais (§. XV. n°. 3. & XVIII. n. 9.) le réduit prefque à rien, au calcul du mouvement dans une ellipfe ; fans qu'on ait befoin de chercher dans cette partie de l'orbite la pofition de la Planète perturbatrice, dont la détermination dans cette partie (§. XVI. n. 2.) pourroit être fort fujette à erreur.

2°. Dans la plûpart des Comètes, ma méthode abrege beaucoup le calcul (§. XXI, XXII & XXIII.) pour la partie qui s'étend depuis le périhélie jufqu'à 90 degrés de part & d'autre ; elle difpenfe d'avoir recours pour

cette

cette partie à des quadratures de courbes méchaniques.

3°. Depuis le point où la distance de la Comète au Soleil est égale à celle de Jupiter, jusqu'au point où le rayon vecteur de la Comète est égal à vingt fois le rayon du grand orbe; ma méthode donne encore (§. XVI. n. 3. & XVII. n. 2.) le moyen d'abréger le calcul, non pas en supprimant absolument les quadratures méchaniques, mais en rendant plus simples les quantités qui y entrent.

4°. Cette même méthode (§. XIX. art. 11 & 16.) réduit tout à des quadratures simples & totales, & jamais à des quadratures représentées par un double signe d'intégration; ce qui rend tout-à-la-fois les approximations plus faciles, & plus susceptibles d'une éxactitude poussée aussi loin qu'on voudra.

5°. Pour connoître la position de la Planète perturbatrice par rapport à la Comète, lorsque celle-ci se rapproche de son périhélie vers la fin de la seconde révolution; je n'ai pas besoin (§. XX. art. 15 & 16.) de faire une fausse supposition sur ce périhélie; supposition qui peut produire une erreur assez considérable & assez à craindre dans la position de la Planète perturbatrice; car si on commettoit, par exemple, une erreur de neuf mois ou davantage dans le tems supposé du périhélie, cette erreur en entraîneroit une de plus de vingt degrés dans la position de Jupiter, & par conséquent pourroit occasionner (§. XVI. n°. 2.) un mécompte très-considérable dans l'estimation des forces perturbatrices & de leur effet.

6°. Un autre avantage de ma méthode, c'est de faire toujours marcher les ζ d'un même côté, dans le sens du mouvement de la Comète : ce qui rend le calcul plus simple, & moins sujet aux méprises que pourroit occasionner la marche des ζ en différens sens. Ceux qui ont employé cette marche alternative des ζ en sens contraires dans la recherche des perturbations des Comètes, s'y sont crus obligés par une autre supposition qu'ils avoient faite, & qui consiste à employer dans leurs calculs l'anomalie excentrique, au lieu de l'anomalie vraie. Pour nous, nous avons cru pouvoir nous en tenir sans danger à l'anomalie vraie, sans y substituer l'anomalie excentrique, & cela pour plusieurs raisons. La première, parce que dans la partie inférieure de l'orbite (dans celle qui est la plus proche du Soleil), les rayons vecteurs exprimés par les anomalies vraies, ont un accroissement moins rapide par rapport à ces anomalies, & par conséquent varient moins que par rapport aux anomalies excentriques (*a*). La seconde, parce que dans la partie qui s'étend depuis le périhélie jusqu'à 90 degrés de part & d'autre, l'orbite de la Comète pouvant être prise pour une Parabole, la considération des rayons vec-

_____

(*a*) En effet quand le rayon-vecteur est devenu, par exemple, le double de la distance périhélie, l'anomalie vraie est déja d'environ 90 degrés, au lieu que l'anomalie excentrique n'est encore que d'un assez petit nombre de degrés ; par exemple, de 14 environ, dans la Comète de 1632. Les rayons vecteurs varient donc moins dans la partie inférieure de l'orbite, par rapport à l'anomalie vraie, que par rapport à l'anomalie excentrique.

teurs exprimés par les anomalies vraies, rend les intégrations beaucoup plus faciles & les calculs moins pé-
nibles fans comparaison (§. XXI. & XXII.), que par
les anomalies excentriques, dont la confidération fuppofe qu'on regarde l'orbite de la Comète comme une
ellipfe. La troifiéme, c'eft que dans la partie fupérieure
de l'orbite, dans celle qui eft la plus éloignée du Soleil,
& où les rayons vecteurs croiffent affez rapidement, ces
rayons n'apportent aucun inconvénient aux calculs, foit
parce qu'une grande portion de cette partie fupérieure
eft fenfiblement elliptique (§. XV. n. 3.) & ne demande aucun calcul ; foit parce que la confidération du
Satellite fait difparoître en grande partie (§. XVI. n°. 3.)
le rayon vecteur x des calculs qu'on eft obligé de faire.
Enfin la quatriéme raifon, c'eft que la confidération des
anomalies excentriques introduiroit dans une partie de
la quantité M (§. IX. n. 3.) les rayons vecteurs qui répondent à ces anomalies, & que ces rayons vecteurs fe
trouvant placés au dénominateur, & décroiffant prodi-
gieufement par rapport aux derniers degrés d'anomalie
excentrique, produifent des fauts confidérables dans la
quantité M; ce qui peut occafionner des erreurs affez
fortes dans les quantités dérivées de celle-là.

7°. Quoique dans ma folution on paffe plufieurs fois
de l'orbite de la Comète à celle du Satellite fictif dans
l'efpace abfolu, & de celle-ci à celle de la Comète ; ces
paffages n'empêchent point le calcul d'être uniforme &
fimple dans fa marche. On n'a pas befoin, par exemple,

quand on paſſe de l'orbite de la Comète à celle du Sa‑
tellite (ce qui arrive au point *C* de la fig. 13. ou *S C =*
la diſtance moyenne de Jupiter); on n'a pas beſoin, dis‑
je, de chercher par un calcul particulier, l'altération que
l'action *précédente* des Planètes perturbatrices dans la
partie *A C*, doit produire dans la partie *ſubſéquente C D c*
de l'orbite de la Comète, c'eſt‑à‑dire, dans celle à la‑
quelle on ſubſtitue l'orbite γ o γ' (*fig.* 14.), que le Satel‑
lite fictif γ décrit dans l'eſpace abſolu. On n'a pas beſoin
non plus, en conſidérant cette derniere orbite γ o γ', de
chercher l'altération que l'action *précédente* des Planètes
perturbatrices ſur la Comète dans la partie *A C*, a dû
produire dans la viteſſe & dans la direction initiale du
Satellite. Voici la preuve de ces deux propoſitions.

2. Ne conſidérons, pour abréger, dans la quantité qui
exprime l'altération du tems périodique (§. XIX. n. 10.),
que le terme $\int d P \int X d z$ ſin. z, ou (en faiſant X ſin. $z = X'$)
$\int d P \int X' d z = P \int X' d z - \int P X' d z$; on fera ſur cha‑
cun des autres termes le même raiſonnement que nous
allons faire. Lorſque la Comète eſt arrivée au point
C, où l'on paſſe de ſon orbite à celle du Satellite, ſoit
$\varkappa = \zeta$, ϖ la valeur de *P*, *α* celle de $\int X' d z$, & $\mathfrak{C}$ celle
de $\int P X' d z$, répondantes à $z = \zeta$; il eſt évident que
la viteſſe & la direction que la Comète auroit eûe au
point *C*, ſans perturbation, ont ſouffert par l'action pré‑
cédente des Planètes perturbatrices, une altération telle,
que ſi cette action ceſſoit en ce moment, l'altération du
tems dans la ſuite de la période ſeroit *P* $\varkappa - \mathfrak{C}$.

3. Or comme l'orbite du Satellite dans l'espace absolu, & celle de la Comète different très-peu entr'elles, & sont très-proches l'une de l'autre; il est aisé de voir que l'altération $P\, a - \mathcal{C}$, qui vient uniquement de l'action *précédente* des Planètes perturbatrices, seroit sensiblement la même dans l'orbite $\gamma o \gamma'$ du Satellite & dans celle de la Comète. Soit $P = \varpi + p$, p étant $= o$ lorsque $\chi = \zeta$, & ϖ une constante, qui est la valeur de P. quand $\chi = \zeta$: & l'altération dont on vient de parler, sera $(\varpi + p)\, a - \mathcal{C}$.

4. Présentement soit $\chi = \zeta + u$, u étant $= o$ lorsque $\chi = \zeta$, c'est-à-dire, au point γ, où l'on commence à considérer l'orbite du Satellite; & il est évident que l'altération du tems dans cette orbite, provenant de l'action des Planètes perturbatrices sur le Satellite dans la partie d'orbite $\gamma o \gamma'$, sera $\int dp \int \xi\, d u$, en nommant ξ les différentes valeurs de X' dans cette portion d'orbite ; à quoi il faut ajouter l'altération déja trouvée $(\varpi + p)\, a - \mathcal{C}$, pour avoir l'altération totale $(\varpi + p)\, a - \mathcal{C} + \int dp \int \xi\, d u$ $= (\varpi + p)\, a - \mathcal{C} + p \int \xi\, d u - \int p \xi\, d u$. Or il est facile de prouver que cette quantité est la même chose que $P \int X'\, d\chi$ $- \int P\, X'\, d\chi$; car $P \int X'\, d\chi - \int P\, X'\, d\chi = (\varpi + p)$ $(a + \int \xi d u) - \mathcal{C} - \int \overline{\varpi + p} \cdot \xi\, d u = (\varpi + p)\, a +$ $p \int \xi\, d u + \varpi \int \xi\, d u - \int \varpi \xi\, d u - \mathcal{C} - \int p \xi\, d u = (\varpi + p)$ $a + p \int \xi\, d u - \mathcal{C} - \int p \xi\, d u$, à cause que ϖ étant constante, $\varpi \int \xi\, d u - \int \varpi \xi\, d u = o$. Donc &c.

5. Un savant Géometre a donné dans sa *Théorie des Comètes*, une méthode ingénieuse pour abréger le calcul

de la perturbation qui vient de l'action des Planètes sur le Soleil. Cette méthode est telle, que la perturbation étant une fois calculée pour une révolution, elle le sera pour une autre révolution quelconque. Mais 1°. la méthode suppose, comme ce Géometre le remarque, qu'on néglige l'excentricité & l'inclinaison de l'orbite de la Planète perturbatrice ; ce qui ne peut être permis que dans certains cas. 2°. Dans la comparaison de deux révolutions successives, cette méthode qui abrege extrêmement, & qui réduit presque à rien le calcul de la perturbation de la seconde révolution, double le calcul de la premiere (*a*) ; ainsi le calcul n'est point réellement abrégé par cette méthode, lorsqu'on ne considere que deux révolutions successives. Il est vrai qu'il le sera beaucoup lorsqu'on calculera plus de deux révolutions ; mais alors il faut non-seulement qu'on puisse négliger sans crainte l'excentricité & l'inclinaison de la Planète perturbatrice, il faut de plus que dans toutes les révolutions on suppose à la Comète la même orbite elliptique primitive, & indépendante des perturbations : ce qui pourroit n'être pas sans inconvénient dans certains cas, où les ellipses primitives répondantes à chaque révolution, peuvent différer de plusieurs années.

6. Nous avons enseigné ci - dessus (§. XX. n. 16.) à

(*a*) La raison pour laquelle ce calcul est doublé, vient de ce qu'au lieu de cos. ζ & sin. ζ (§. IX.) on substitue cos. A cos. t — sin. A sin. t & sin. A cos. t + cos. A sin. t ; A étant l'élongation au périhélie, & ζ étant = $A + t$.

trouver la *véritable Ellipse primitive* de la Comète, lorfqu'on fait par l'obfervation le tems de la révolution, &
qu'on a trouvé par les calculs de la théorie l'altération
de cette révolution. Pour trouver l'*Ellipfe primitive* de
la révolution fuivante, dans laquelle je fuppofe qu'on
connoît déja par obfervation la fituation & la diftance
périhélie, il ne s'agit que de favoir quel feroit le tems
de la feconde révolution, indépendamment de l'action
des Planètes perturbatrices pendant cette feconde révolution, & en vertu feulement de l'action des Planètes
pendant la révolution précédente. Or foient P', R',
V', les valeurs de P, R, V (§. XIX. n. 16.) lorfque
$\zeta = 360$ degrés ; & foient α, γ, δ, les valeurs de
$\int X d\zeta$ fin. ζ, $\int Y d\zeta$, $\int Y d\zeta (1 - \cos.\zeta)$, à la fin de
la premiere révolution; foit fuppofé de plus, comme
dans le §. XIX, m le tems de la premiere révolution, lequel eft connu par obfervation ; on aura pour
le tems de la feconde révolution, indépendamment des
perturbations pendant cette révolution, & en vertu
feulement des perturbations de la précédente,

$$m + \frac{m \sqrt{\delta}}{\delta + .6,283185} \left(P' \alpha + V' \gamma + \frac{2 \int . R' \gamma}{\delta \cdot \delta} \right.$$

$$\left. - \frac{2 \int . P' \delta}{\delta \cdot \delta} \right).$$

Cette formule, qu'il eft très-aifé de fe démontrer,
fi on a bien compris la théorie précédente, fera d'autant
plus facile à employer, que les différentes parties qui la
compofent fe trouveront déja calculées (§. XXXVI.

n. 52.) dans les opérations qu'on aura faites pour trouver la perturbation de la premiere révolution.

7. Nous ne devons pas omettre ici une obfervation qui peut être de quelque confidération dans le calcul des altérations du mouvement de la Comète. On a pris pour le tems de la révolution dans l'Ellipfe primitive, celui que les obfervations donnent depuis le paffage au premier périhélie, jufqu'au retour au fecond périhélie. Or les deux périhélies n'étant pas fitués fur la même ligne, il eft évident que ce tems eft un peu plus petit ou plus grand que celui de la révolution. C'eft pourquoi, comme on fuppofe que l'angle entre les deux périhélies eft connu, on calculera, dans l'hypothèfe Parabolique, le tems que la Comète mettroit à parcourir cet angle, & qui ne peut jamais être que de très-peu de jours tout au plus; & on ajoutera ou on retranchera ce tems de la quantité *m*, pour avoir celui que la Comète mettroit à faire une révolution entiere depuis fon départ du premier périhélie, jufqu'à ce qu'elle revienne fur la ligne du même périhélie. C'eft cette quantité *m* ainfi corrigée qu'il fera bon d'employer dans le calcul, au lieu de la quantité *m*, qui exprime le tems d'une révolution d'un périhélie à l'autre. Il ne fera pas même néceffaire d'employer cette correction dans toutes les parties du calcul, mais feulement dans celle qui donne le tems du retour de la Comète fur la ligne du périhélie; c'eft-à-dire, le tems qui répond à l'anomalie $z = 360°$.

8. La principale fource d'erreur dans cette correction, viendra

viendra de la position du premier périhélie, qui peut être
assez fautive, étant fondée sur des observations anciennes & grossieres, comme dans les Comètes de 1531 &
1532. A cet inconvénient, qui vient uniquement de l'incertitude des observations, je ne connois point d'autre
remede, que d'en attendre de meilleures, & de calculer,
comme par provision, d'après celles qu'on a, & qui sont
les seules dont on puisse faire usage.

9. Au reste, je le répete encore en finissant ce Mémoire, la nature du Problême est telle, que les quantités
négligées pourroient quelquefois occasionner de grandes
erreurs dans le dernier résultat, sans qu'il fût possible au
Calculateur d'y remédier : c'est pourquoi on ne doit
jamais se fier à ce dernier résultat qu'avec beaucoup de
réserve & de restriction ; & on ne doit même jamais imputer au Calculateur l'erreur commise, avant que d'avoir
prouvé par un calcul plus éxact, qu'il pouvoit l'éviter.

En général, & toutes choses d'ailleurs égales, les calculs des altérations seront d'autant moins éxacts, que
les Elémens de la Comète seront moins éxactement
déterminés, & que sa période sera plus longue ; & par
cette raison je ne serois point étonné que la Comète
de 1661 donnât deux mois, & peut-être plus, d'erreur
dans le calcul de son retour ; puisque la Comète de
1682, dont les Elémens sont mieux connus, & dont la
période est beaucoup plus courte, a donné près d'un mois
de différence entre le calcul & l'observation.

Fin du douziéme Mémoire.

TREIZIÉME MÉMOIRE.

Réfléxions sur la Comète de 1682 & 1759.

CETTE Comète, dont le retour a été prédit par M. Halley, & calculé par M. Clairaut, a excité parmi les Savans quelques contestations. Nous allons en rendre compte, & donner en même tems le moyen de les décider.

1. M. Halley ne s'étoit pas contenté de prédire le retour de la Comète de 1682, qui avoit déja paru (comme ses calculs le démontrent) en 1531 & 1607 : il annonça de plus qu'à cause de l'action de Jupiter, la période commencée en 1682 seroit plus longue que celle de 1607 à 1682, qui n'avoit été que de 75 ans; il prédit que la nouvelle période seroit allongée de plus d'une année par cette action, qu'elle seroit de plus de 76 ans; & il annonça le retour de la Comète pour la fin de 1758 ou le commencement de 1759. L'événement a vérifié sa prédiction avec une éxactitude surprenante; la Comète a été vûe pour la premiere fois en Saxe, le 14 Décembre 1758 (vieux style); ce style est

celui qu'employoit M. Halley dans ses calculs.

2. Un savant Géometre (qu'on dit être M. Da⁚. B.)
pense (*a*) que dans cette prédiction, *M. Halley, de la
maniere dont il s'énonce, ne s'est trompé que de trois mois;*
& il ne paroît pas douter *que M. Halley n'eût déterminé
encore plus éxactement qu'il n'a fait le retour de la Comète, s'il avoit eû égard à l'action de Saturne.* Ce Géometre paroît donc croire que le calcul de M. Halley
sur l'action de Jupiter, étoit suffisamment-éxact, & qu'il
n'a laissé quelque latitude dans sa prédiction, que par
rapport à l'action de Saturne. Pour nous, nous croyons
que M. Halley en avoit encore une autre raison; c'est
qu'il regardoit lui-même son calcul sur l'action de Jupiter, comme n'étant pas assez rigoureux, & ayant été fait,
ainsi qu'il le dit, *levi calamo.*

3. Cependant on ne sauroit douter que M. Halley n'ait
fait quelque essai de calcul sur l'action de Jupiter, puisqu'il a prévû & prédit que cette action retarderoit la
Comète de plus d'un an; il seroit donc à souhaiter qu'il
nous en eût donné plus précisément le résultat, & qu'il
nous eût dit dans quel tems le calcul lui donnoit le périhélie. Car si le calcul de l'action de Jupiter lui a donné
le périhélie à la fin de 1758, ou au commencement
de 1759, on peut dire que ce calcul a été fort éxact
dans son résultat, puisque ce calcul ne différeroit de
l'observation que d'environ trois mois, & que ces trois

_____

(*a*) Voyez le *Journal Etranger* du mois de Janvier 1760: p. 78.

mois, fuivant M. Clairaut, font l'effet de l'action de Saturne, que M. Halley n'a pas calculée. Si au contraire fon calcul lui a donné le périhélie en Mars, par exemple, ou en Avril 1759, & que d'après ce réfultat il ait annoncé l'apparition de la Comète pour la fin de 1758, ou le commencement de 1759, comme elle a dû effectivement arriver dans cette fuppofition; en ce cas fon calcul fur l'action de Jupiter auroit à la vérité été en erreur de trois mois; mais par une circonftance heureufe, ce calcul fe trouveroit d'accord avec l'obfervation, l'action de Saturne redreffant l'erreur commife.

4. Quoi qu'il en foit, on ne peut refufer à M. Halley la gloire d'avoir prédit le premier le retour de la Comète, & d'avoir de plus annoncé fon retard, finon par un calcul éxact, au moins par un calcul dont le réfultat a été heureux. Mais on ne fauroit diffimuler en même tems, que ce calcul avoit befoin d'être fait avec plus d'éxactitude, fur-tout depuis qu'on eft parvenu à trouver des méthodes pour cet objet.

5. Ce que M. Halley n'avoit pas fait, M. Clairaut l'a entrepris; la folution du Problême des trois corps, qu'il avoit trouvée conjointement avec M. Euler & moi, & qui eft le feul moyen de calculer rigoureufement l'action des Planètes les unes fur les autres, l'a mis en état d'appliquer, ou faire appliquer les opérations arithmétiques à la formule qu'il avoit trouvée (conjointement avec nous) pour la folution de ce Problême : & au mois de Novembre 1758, plus de 76 ans après la derniere

apparition de la Comète, il annonça qu'en vertu de l'action de Jupiter & de Saturne, elle ne repasseroit à son périhélie que vers le 15 Avril 1759. Elle y a passé le 12 Mars; ce qui fait 33 jours de différence entre le calcul & l'observation.

6. Quelques Astronomes, en conséquence du calcul de M. Clairaut, se hâterent de dresser des Ephémérides du mouvement de la Comète, qui furent même lûes à l'Académie des Sciences. Mais le calcul de ces Ephémérides donnoit les lieux de la Comète à 40, 50 degrés, & au-delà, du lieu où elle étoit réellement. En conséquence les Astronomes qui avoient aidé M. Clairaut dans ses calculs, cherchant la Comète où elle n'étoit pas, ne la pouvoient trouver; il est vrai qu'ils avoient tort de s'en rapporter si servilement à ces calculs, puisque M. Clairaut lui-même avoit averti qu'il pouvoit bien s'être trompé d'un mois en excès ou en défaut.

7. La différence de plus d'un mois entre le calcul de M. Clairaut & l'observation, différence qui avoit empêché ces Astronomes d'appercevoir la Comète, a été l'objet d'une grande dispute parmi les Mathématiciens. Les uns ont prétendu que l'erreur étoit très-légere, attendu qu'elle devoit être comparée, non-seulement à la révolution totale qui est de 75 ou 76 ans, mais à la somme de deux révolutions consécutives, c'est-à-dire, à plus de 150 ans, ce qui ne fait pas la 1800e partie du tout. D'autres au contraire ont soutenu qu'il falloit comparer cette différence d'un mois, non à la somme, mais

à la feule différence des deux périodes confécutives, laquelle eft de 18 mois, & qu'ainfi l'erreur eft au moins d'un dix-huitiéme ; il y en a même qui ont été plus loin, & qui ont fait monter cette erreur à un quart du total. Voyez le *Journal Encycl.* de Juillet 1759, Tome 2, p. 117. Je vais, fi je ne me trompe, donner des principes bien fimples pour décider cette conteftation.

8. Pour déterminer la différence de deux périodes confécutives de la Comète, qui eft la feule chofe qu'on puiffe déterminer dans ce Problême, voici comme on s'y prend.

9. On fuppofe que la Comète part de fon périhélie de 1607 avec une certaine viteffe, qui lui feroit décrire une ellipfe éxacte, fans l'action de Jupiter & Saturne. En vertu de cette viteffe, fa période de 1607 à 1682 auroit été X, quantité qu'on ne connoît pas, qu'on ne fauroit connoître, ni par conféquent mefurer, & qu'il fuffit d'avoir groffiérement, c'eft-à-dire, à un an près, ou même un peu moins éxactement, par les obfervations des retours de la Comète.

10. D'après cette fuppofition on calcule l'altération que les actions de Jupiter & de Saturne ont dû caufer à la Comète ; & cette altération eft fenfiblement la même, quelque valeur qu'on fuppofe à X, pourvû que cette valeur ne foit pas fort différente de 75 ans & demi, ou 76 ans.

11. Soit a l'altération que les actions des deux Planètes caufent à la révolution de la Comète ; on aura

$X +a$ pour la révolution réelle de la Comète, révolution inconnue, parce qu'elle renferme la quantité X, dont on n'eſt pas ſûr à un ou deux ans près.

12. La révolution ſuivante ſeroit $= X$, ainſi que la premiere, ſi pendant les deux révolutions le Soleil ſeul agiſſoit ſur la Comète : mais la même action des deux Planètes qui a altéré la premiere révolution de la quantité a, altere la ſeconde révolution d'une autre quantité C que l'on trouve également par le calcul ; de ſorte qu'on a $X + C$ pour la ſeconde révolution.

13. Cette quantité eſt inconnue, ainſi que la valeur $X + a$ de la premiere révolution, parce que X n'eſt pas aſſez éxactement connue ; mais en retranchant la premiere révolution $X + a$ de la ſeconde $X + C$, l'inconnue X diſparoît, & l'on a la différence $C - a$ des deux révolutions conſécutives, qu'on peut comparer à l'obſervation.

14. Par cet expoſé du calcul, il eſt aiſé, ce me ſemble, de démontrer, que *la différence du calcul à l'obſervation doit être comparée, non à la ſomme, mais à la différence des deux périodes conſécutives.* En effet ; 1°. on convient unanimement, & M. Clairaut l'a très-bien remarqué, que ſi on connoiſſoit éxactement par les obſervations la quantité X, l'erreur commiſe dans le calcul de la révolution devroit être uniquement comparée aux quantités a & C. Or que l'on connoiſſe ou non cette quantité X, l'erreur commiſe dans le calcul n'en doit pas moins être comparée uniquement aux quantités a & C ;

puifque ces quantités *a* & *6* font abfolument indépendantes de la valeur précife de *X*, qu'on ne peut, ni
connoître, ni mefurer, & que ces quantités *a* & *6* font
les feules qu'on mefure & qu'on calcule véritablement;
l'erreur ne peut donc être comparée qu'aux feules quantités qu'on a calculées, c'eft-à-dire, *a* & *6*. 2°. Non-feulement on n'a point calculé la quantité *X*, mais encore
cette quantité, comme on vient de le voir (*art.* 13.) dif-
paroît entiérement du calcul quand on compare les deux
révolutions; nouvelle raifon pour n'y avoir aucun égard
dans la comparaifon du calcul avec l'obfervation. Il eft
donc inconteftable que la différence d'un mois qui s'eft
trouvée entre le calcul & l'obfervation, doit être comparée uniquement à la différence des deux périodes, c'eft-
à-dire, à 18 mois; d'où il s'enf it qu'elle eft *au moins*
$-\frac{1}{18}$ du total; je dis *au moins*, car je ferai voir plus bas
qu'elle eft vraifemblablement beaucoup plus grande.

15. M. Clairaut eft venu lui-même à l'appui de ce
raifonnement (*a*); » la différence des deux périodes,
» dit-il, eft bien l'objet que je me fuis propofé de me-
» furer, mais il n'en étoit pas plus fufceptible de mefure
» immédiate, il falloit toujours calculer les perturbations
» de deux périodes. Pourquoi donc répandre l'erreur fur
» un autre efpace *que fur celui qu'il a fallu mefurer* «?
De ce principe inconteftable, il eft aifé de tirer la conféquence; l'efpace *qu'il a fallu mefurer*, n'eft pas celui

---

(*a*) *Réponfe à quelques pièces*, &c. 1759.

des

des 151 ans qui font la fomme des deux périodes ; c'eſt
uniquement l'*eſpace de tems* qui exprime l'*altération* de
la première période, & celle de la feconde. Voilà le
feul eſpace de tems qu'on ait calculé, le feul qu'on ait
pû calculer, & par conféquent le feul auquel on doive
comparer l'erreur du calcul.

16. En un mot, pour comparer l'erreur d'un mois à
ces 151 ans, il faudroit que les eſpaces de tems $X + a$
& $X + 6$ (art. 13.) dont la fomme fait environ 152 ans,
euſſent été meſurés tout entiers : or ils ne l'ont point été ;
& la partie $2X$, qui eſt d'environ 151 ans, n'eſt ni me-
furée, ni connue ; on n'a calculé, encore une fois, que
les feuls eſpaces de tems a & 6, l'un & l'autre très-petits
par rapport à ce nombre d'années.

Avant que d'aller plus loin, il ne fera peut-être pas
inutile de répondre à quelques objections faites par des
perſonnes très-peu inſtruites dans cette matiere, & qu'il eſt
bon d'éclairer. Un autre motif qui nous y engage, c'eſt
que d'habiles Mathématiciens ont paru adopter ces objections ; mais nous ne pouvons croire que ce foit férieu-
fement ; & ce n'eſt pas proprement à eux que nous allons
répondre.

17. On fuppofe, dit-on, qu'un Obſervateur meſure la diftance de Paris à Saint-Denis, & la trouve de 4300 toifes ;
que le même Obſervateur meſure enſuite la diſtance de
Paris à Saint-Cloud, & la trouve de 4700 toifes ; il en
conclura que la différence des deux diſtances eſt de 400
toifes ; fi cette différence fe trouvoit de 401 to.fes,

Opuſc. Math. Tome II. F f

feroit-il équitable de dire que l'Obfervateur s'eft trompé d'une toife fur 400, lorfqu'au contraire il ne s'eft trompé réellement que d'une toife fur 9000?

18. La différence entre cet exemple & celui de la Comète eft bien grande, & faute aux yeux. Dans l'exemple propofé on mefure *en entier* la diftance de Paris à Saint-Cloud, & celle de Paris à Saint-Denis. Dans le cas de la Comète, on ne mefure point en entier, à beaucoup près, chacune des deux périodes; on ne mefure qu'une très-petite partie de ces deux périodes, celle qui eft dûe à l'altération.

19. Pour rendre la comparaifon parfaitement jufte, voici comment il la faut faire. On fuppofe qu'il y ait entre Paris & Saint-Cloud un Village confidérablement plus près de Saint-Cloud que de Paris, & dont on mefure la diftance à Saint-Cloud, fans connoître ni mefurer la diftance de ce Village à Paris. On fuppofe de plus qu'au-delà de Saint-Denis par rapport à Paris, il y ait un autre Village, auffi beaucoup plus près de Saint-Denis, que Saint-Denis ne l'eft de Paris, & qu'on mefure la diftance de ce Village à Saint-Denis, fans mefurer ni connoître la diftance du même Village à Paris. On fuppofe enfin que l'on fache par quelque moyen indépendant de l'opération qu'on a faite, que les deux Villages dont il s'agit, font *à égale diftance* de Paris, fans qu'on connoiffe éxactement cette diftance; je dis 1°. qu'en mefurant les diftances d'un des Villages à Saint-Cloud, & de l'autre à Saint-Denis, & en ajoutant ces diftances, on aura la diffé-

rence des diſtances de Paris à Saint-Cloud, & de Paris à Saint-Denis. 2°. Que ſi les diſtances ajoutées donnoient, par exemple, 190 toiſes, & que la différence cherchée fût plus petite de 10 toiſes, on ſe feroit trompé de 10 toiſes ſur 180, c'eſt-à-dire, de 1 ſur 18.

20. Or voilà préciſément le cas de la Comète. La diſtance inconnue de Paris aux deux Villages, mais qu'on ſait être la même de part & d'autre, repréſente la longueur inconnue **X** dont chaque période auroit été par l'action ſeule du Soleil. Les quantités *a* & *c* qui ſont les ſeules qu'on meſure, repréſentent les diſtances des deux Villages à Saint-Cloud & à Saint-Denis. Cette comparaiſon bien entendue, confirme donc tout ce qui a été dit juſqu'ici, bien loin d'y être contraire.

21. On objecte encore que les Aſtronomes & les Géometres qui ont conſtruit des tables de la Lune, ont toujours comparé la différence qu'ils trouvoient entre le calcul & l'obſervation, non aux équations du mouvement de la Lune, mais à la révolution totale. S'ils l'ont fait, ils ont eu tort; car le mouvement vrai de la Lune eſt compoſé de deux parties; d'un mouvement moyen *uniquement donné par les obſervations*, & d'un certain nombre d'équations qui ſe déterminent par le calcul, & qui ſe retranchent du mouvement moyen, ou s'y ajoutent, pour avoir le mouvement vrai. Or ces équations étant la ſeule choſe qu'on calcule & qu'on puiſſe calculer, ſont par conſéquent la ſeule à laquelle on doive comparer les erreurs du calcul; c'eſt pourquoi la ſomme des équa-

tions lunaires pouvant monter à environ 8 degrés, si
l'erreur eſt, par exemple de 8′, elle ſera de 8′ ſur 8°;
c'eſt-à-dire, de $\frac{1}{60}$; & ſi la ſomme des équations n'étoit
que de 2′, & que l'erreur fût de 1′, il ſeroit vrai de dire
que l'erreur ſeroit de la moitié du tout, quoique cette
erreur parût peu conſidérable en elle-même; ce qui n'im-
plique aucune contradiction, puiſque dans ce cas la différence du mouvement vrai au mouvement moyen ſeroit
elle-même peu conſidérable, n'étant que de deux minutes, & que l'erreur, ſans être conſidérable en elle-même,
le ſeroit par rapport à la quantité qu'on chercheroit.

22. Mais pour rendre d'ailleurs le cas de la Lune parfaitement ſemblable à celui de la Comète, il faut ſuppoſer qu'un Aſtronome cherche à déterminer la différence de deux révolutions ſucceſſives de la Lune; or je
dis que s'il détermine cette différence à 15 minutes
d'heure, par exemple, & qu'elle ſoit de 14, ſon erreur
aura été de 1′ ſur 14, c'eſt-à-dire, de $\frac{1}{14}$; parce que
cette différence eſt la ſeule choſe qu'il ait meſurée &
calculée, & que le mouvement moyen (commun aux
deux révolutions de la Lune), non-ſeulement n'entre
point dans le calcul, mais même en a diſparu, en retranchant la ſeconde révolution de la précédente.

23. En voilà, ce me ſemble, beaucoup plus qu'il n'eſt
néceſſaire, pour prouver démonſtrativement que la différence d'un mois entre le calcul du retour de la Comète
& l'obſervation de ce retour, ne doit pas être comparée
à la révolution totale, & encore moins à la ſomme de

deux révolutions successives, mais à la différence d'environ 18 mois, qui se trouve réellement entre ces deux révolutions.

24. Allons plus loin, & tâchons de prouver que cette différence est non-seulement $\frac{1}{11}$ du total, mais qu'elle est même vraisemblablement bien plus considérable.

25. Pour cela supposons que y soit la quantité dont on s'est trompé en calculant l'altération α de la première révolution, causée par Jupiter seul ; on aura donc pour la valeur éxacte de cette première révolution, en vertu de l'action de Jupiter, $X + \alpha + y$; supposons de même que ζ soit la quantité dont on s'est trompé en calculant l'altération $\mathcal{G}$ de la seconde révolution, causée par Jupiter seul ; on aura cette seconde révolution $= X + \mathcal{G} + \zeta$; & la différence réelle des deux révolutions, en vertu de l'action seule de Jupiter $= \mathcal{G} + \zeta - \alpha - y$. M. Clairaut trouve de plus que la seconde période a dû être allongée par l'action de Saturne de 100 jours ; quantité que j'appelle γ, & dans laquelle je suppose que l'erreur soit $+ z$; donc la différence réelle de la seconde révolution sur la première est $\mathcal{G} + \zeta + \gamma + z - \alpha - y$: or cette différence est de 586 jours suivant l'observation ; & suivant le calcul de M. Clairaut (*a*), on a $\mathcal{G} + \gamma - \alpha = 618$;

_____

(*a*) Je donne ici le résultat du calcul de M. Clairaut, tel qu'il se trouve dans son Mémoire de 1758, publié avant le retour de la Comète ; Mémoire qui a donné lieu aux contestations que je me propose d'examiner dans cet Ecrit. Depuis le retour de la Comète, M. Clairaut a fait un calcul un peu plus éxact ; mais il s'agit ici du premier calcul, de celui par lequel il a prédit le retour de la Comète ; & d'ailleurs on peut appliquer.

donc $\zeta + \zeta - y = - 32$; de plus, fuivant le même calcul, $a = - 420$; donc $\gamma + 6 = 198$.

26. Il faut maintenant comparer les quantités ζ, ζ & y, aux quantités $6, \gamma$ & a, trouvées par le calcul; & pour cela il faut tâcher de découvrir, au moins à-peu-près, la valeur de ces quantités ζ, ζ & y.

27. Or on voit d'abord que les quantités a & $\gamma + 6$ étant à-peu-près comme 2 à 1, la fuppofition la plus naturelle qu'on puiffe faire, c'eft de répandre à-peu-près dans la même proportion l'erreur $- 32'$ fur chacune de ces deux quantités. Suppofons donc 22 jours d'erreur fur $a = - 420$, & 10 fur $\gamma + 6 = 198 = 100 + 98$, enforte que $y = + 22$, $\zeta = - 5$, & $\zeta = - 5$; ce qui eft la répartition la plus naturelle & *la plus favorable*; & voyons ce qui en réfultera pour l'erreur commife fur la période de 1531 à 1607.

28. Soit ξ la valeur qu'auroit eûe la période de 1531 à 1607 par la feule action du Soleil, & $\mathcal{J}$ l'altération caufée à cette période par l'action de Jupiter (*a*); on aura par le calcul de M. Clairaut $\mathcal{J} = - 19$; de plus M. Clairaut trouve que la période fuivante (celle qui commence à 1607) feroit abrégée de 31 jours par cette même

à ce fecond calcul, *mutatis mutandis*, les raifonnemens que nous allons faire fur le premier.

(*a*) M. Clairaut trouve que les effets de l'action de Saturne fe détruifent à-peu-près dans les deux premieres périodes, & par cette raifon n'en fait aucune mention dans fon Mémoire de 1758. Nous n'en ferons pas mention non plus, & nous en dirons d'ailleurs plus bas une autre raifon.

action de Jupiter depuis 1531 jusqu'en 1607; donc en nommant $\xi + \epsilon$ ce que la période de 1607 devroit être par l'action de Jupiter sur la période précédente, indépendamment de son action de 1607 à 1682, on aura $\epsilon = -31$. Enfin M. Clairaut trouve encore que cette période de 1607 à 1682, seroit accourcie de 420 jours, quantité que nous avons nommée a, ensorte que $a = -420$. Donc $\epsilon + a - \delta = -451 + 19 = -432^j$.

29. Soit maintenant v l'erreur commise dans δ, x l'erreur commise dans ϵ; on aura $\epsilon + x + a + y - \delta - v = -459^j$. différence réelle de la période de 1531 à celle de 1607. Donc $x + y - v = -27$ (a); donc si on suppose comme ci-dessus (art. 27.) $y = +22$, on aura $x - v = -49$, & par conséquent $\epsilon - \delta + x - v = -31 + 19 - 49 = -12 - 49$. Ainsi l'erreur de 49^j. commise sur $\epsilon - \delta = -12$, seroit plus que quadruple de cette quantité: ce qu'on ne sauroit guères supposer; car il faudroit pour cela (même dans la combinaison la plus favorable) qu'on se fût trompé sur chacun des nombres trouvés 31 & 19, d'une quantité égale à chacun de ces nombres; ce qui détruiroit toute espéce de confiance dans le résultat de ce calcul.

30. De-là on peut conclure que y est beaucoup plus

(a) M. Clairaut trouve dans son Mémoire de 1758, que la différence est de 37 jours; en quoi il s'est trompé à son désavantage, n'ayant pas fait attention au retranchement de 10 jours qu'il faut faire de 1531 à 1607, suivant le nouveau style.

petit que $+ 22$, & vraifemblablement même eft négatif ainfi qu'on le va voir. Comme les quantités ϵ, δ, dépen-dent des obfervations de 1531 qui font peu éxactes, fup-pofons que dans chacune de ces quantités ϵ, δ, on fe foit trompé de la moitié ; ce qui donne dans la combinaifon la plus favorable, $x = - 15$, $\nu = 9$: cette fuppofition eft d'autant moins choquante, que dans un calcul fait poftérieurement, M. Clairaut a trouvé la quantité $\delta = -8$, après l'avoir trouvée d'abord $= - 19$, ce qui donneroit $\delta + \nu = -8$, & $\nu = -8 + 19 = 11$; ainfi l'erreur du premier calcul de la quantité δ, en fuppofant le fecond calcul à peu-près éxact, auroit été de plus de la moitié du total. On aura donc $x + y - \nu = - 24 + y = -27$; & $y = - 3$ (a).

31. Donc puifque $\zeta + z - y = - 32$, on aura $\zeta + z = - 35$. Donc la vraie valeur de $\gamma + 6$ fera tout au plus $198 - 35 = 163$; donc l'erreur commife fur $\gamma + 6$ feroit au moins de 35 fur 163, c'eft-à-dire, de plus d'un cinquiéme.

32. Si on fuppofe les erreurs x, ν plus petites que de la moitié du total, ou même égales à cette moitié, mais

---

(a) Cette erreur $y = - 3$ pourra paroître affez petite par rapport à la quantité $a = - 420$; mais il faut, ou adopter cette conclufion, ou fup-pofer que l'erreur commife dans les derniers réfultats du calcul ($\epsilon = - 31$, & $\delta = - 19$) eft égale ou à-peu-près égale à chacun de ces réfultats mêmes ; enforte que ϵ au lieu d'être $- 31$, auroit dû être environ $- 60$, & que δ au lieu d'être $- 19$, auroit dû être à-peu-près $= 0$; or de pareilles erreurs dans les quantités qu'on cherche, m'ont paru trop confidérables pour les fuppofer.

d'un

d'un autre figne, alors l'erreur $\chi + \zeta$ feroit beaucoup plus confidérable, & pourroit aller à la moitié du tout, ou au-delà. Il n'eft donc pas furprenant que quelques Mathématiciens ayent trouvé l'erreur égale à $\frac{1}{4}$ du total. C'eft qu'ils fuppofoient les erreurs x, v, plus petites que de la moitié des quantités auxquelles elles fe rapportent ; fuppofition qu'il étoit affez naturel de faire. La nature de la queftion préfente eft telle, que quand on diminue les erreurs dans un fens, elles augmentent dans un autre.

33. J'ai fuppofé ici avec M. Clairaut dans fon Mémoire de 1758, $\delta = -19$, parce qu'encore une fois, c'eft de ce Mémoire feul qu'il s'agit ici. Dans *fa Théorie des Comètes*, il trouve δ plus petit de la moitié, & $= -8$; donc $\iota + a - \delta = -443$; donc $x + y - v = -16$. Ainfi 1°. en n'ayant égard qu'à l'action de Jupiter, l'erreur dans la différence des deux premieres périodes, ne feroit que de 16 jours. 2°. M. Clairaut trouve qu'en ayant égard de plus à l'action de Saturne, l'erreur feroit de 33 jours (a). La confidération de l'action de Saturne fur les

---

(a) M. Clairaut dit dans *fa Théorie des Comètes*, qu'en négligeant l'action de Saturne fur les deux premieres périodes, il avoit d'abord trouvé une erreur de 37 jours, & que cette erreur s'eft réduite à 33 en ayant égard à l'action de Saturne, & en rectifiant quelques erreurs de calcul qui s'étoient gliffées dans les autres opérations. Il devoit dire (V. la Note fur l'art 29.) que l'erreur, qui n'étoit d'abord que de 27 jours (& non de 37) en négligeant l'action de Saturne, & qui même n'eft proprement que de 16 jours, s'eft trouvée enfuite de 33 jours, en ayant égard à cette action. Ainfi plus de fcrupule dans les opérations n'a fait ici qu'augmenter l'erreur ; c'eft ce qui eft enco-re arrivé à ce favant Géometre dans d'autres occafions ; comme on le

deux premieres périodes, ne fait donc ici que multiplier l'erreur, & par conséquent on peut avec juſtice faire abſ-traction de ce calcul, & regarder l'effet de l'action de Saturne comme nul dans les deux premieres périodes.

34. La ſuppoſition de $x + y - v = - 16$, donne-roit (en faiſant toujours $y = 22$) $x - v = - 38$, & par conſéquent $\epsilon - \delta + x - v = - 31 + 8 - 38 = - 23 - 38$. Et l'erreur $- 38$ commiſe ſur $\epsilon - \delta$ ſeroit encore trop forte ; puiſqu'il faudroit qu'on ſe fût trompé de la valeur entiere de chacune des quantités ϵ, δ. En corrigeant l'erreur par la ſuppoſition de $x = - \dfrac{\epsilon}{2}$; $v = - \dfrac{\delta}{2}$, c'eſt-à-dire, $x = - 15$, $v = 4$, on auroit $y = + 3$, & $\zeta + \chi = - 29$. Ainſi l'erreur ſeroit encore de 29 ſur 169, c'eſt-à dire d'environ $\frac{1}{5}$. Au reſte je ne fais cette remarque qu'en paſſant, parce qu'il n'eſt point queſtion ici des réſultats que trouve M. Clairaut dans ſa *Théorie des Comètes*, mais de ceux qu'il a annoncés dans ſon Mémoire de 1758, & qui ont été l'objet de la con-teſtation. Or on a vû (art. 31.) que l'erreur dans le dernier réſultat eſt vraiſemblablement de plus de $\frac{1}{5}$.

35. Donc en faiſant la répartition la plus vraiſemblable

---

peut voir p. 229 de ſa *Théorie des Comètes.* Que faut-il conclure de-là ? Rien autre choſe, ſinon que le Problème des perturbations des Comètes n'eſt pas ſuſceptible *par ſa nature* d'un certain degré de préciſion dans ſa ſolution ; & c'eſt uniquement ce que je me propoſe de faire voir dans cet Ecrit, ſans prétendre d'ailleurs attaquer les calculs de M. Clairaut, dont on ne ſauroit trop louer le courage & la patience.

& la plus favorable des erreurs commises dans les différens réfultats, la différence de 32 jours entre le réfultat
du calcul & l'obfervation du périhélie de 1759, fuppofe
une erreur de plus de $\frac{1}{5}$ dans le calcul de la quantité
$\gamma + \delta$.

36. Quelque confidérable que paroiffe cette erreur, il
feroit néanmoins injufte de l'imputer à M. Clairaut, puifqu'il a reconnu lui-même dans fon Mémoire de 1758,
que fon calcul pourroit bien différer d'un mois d'avec
l'obfervation. Or cette différence d'un mois décompofée
& analyfée de la maniere la plus vraifemblable, fuppofe
une erreur de $\frac{1}{5}$, & au delà, fur le dernier réfultat,
ainfi que nous l'avons fait voir; & tout Calculateur qui
prévoit & annonce la quantité dont il peut s'être trompé,
ne doit point être chargé de cette erreur, quelque confidérable qu'elle puiffe être.

37. Il eft vrai que dans un Ecrit poftérieur, cet habile Mathématicien femble attribuer la différence fuf-
dite (au moins en grande partie) aux erreurs des obfervations antérieures, à l'action des autres Planètes & de
leurs Satellites, à celle des Comètes, & à la réfiftance
de l'éther. Mais il ne paroit pas que ces différentes caufes
puiffent altérer beaucoup les révolutions de la Comète.
M. Clairaut convient lui-même dans fon Mémoire de
1758, que l'action des autres Planètes *ne produit qu'un*
effet prefque infenfib'e; & à l'égard de l'action des autres
Comètes, ou même de quelque Planète trop diftante
du Soleil pour être jamais apperçue, il convient auffi

*qu'il paroît peu vraisemblable que de telles causes de dé-
rangemens ayent eu lieu.* Enfin la résistance de l'éther,
dont M. Clairaut n'avoit point parlé dans son Mémoire
de 1758, paroît ne devoir produire ici qu'un effet presque insensible. Car comment concevoir que cette résistance, qui n'altere pas sensiblement un grand nombre de
révolutions successives des Planètes, rende chaque révolution de la Comète plus courte d'environ un mois dans
l'espace de 75 ans?

38. Ajoutons, que quelles que soient les différentes
causes, négligées dans le calcul, qui peuvent altérer le
mouvement de la Comète, M. Clairaut les a séparées entiérement (& ce me semble, avec raison) dans son Mémoire de 1758, des causes d'erreur qui viennent des
quantités négligées dans le calcul de l'action de Jupiter &
de Saturne; car il s'exprime ainsi à la fin de son Mémoire, après avoir annoncé le retour de la Comète pour
le 15 Avril 1759. » On sent avec quels ménagemens je
» présente une telle annonce, *puisque tant de petites quan-
» tités négligées nécessairement par les méthodes d'appro-
» ximation pourroient bien en altérer le terme d'un mois....*
puisque d'ailleurs *tant de causes inconnues, ainsi que je
l'ai dit au commencement de ce Mémoire, peuvent avoir
agi sur notre Comète.* Ces causes inconnues (les seules
dont M. Clairaut ait parlé dans son Mémoire de 1758)
sont l'action des autres Planètes & de leurs Satellites;
le mot *d'ailleurs* fait voir que M. Clairaut ne pensoit
point alors à leur attribuer la différence d'un mois qui

pouvoit se trouver entre son calcul & l'observation, mais uniquement aux quantités négligées dans le calcul ; & je n'imagine pas non plus qu'il regarde la résistance de l'éther comme une cause qui puisse influer fort sensiblement dans l'altération du mouvement des Comètes, sur-tout dans celle de la Comète de 1682.

39. De toute cette discussion, il s'ensuit 1°. qu'on peut attribuer aux seules quantités qu'on est forcé de négliger dans le calcul de l'action de Jupiter & de Saturne, la différence d'un mois qui s'est trouvée entre le calcul & l'observation ; 2°. que cette différence doit être comparée, non à la révolution entière de la Comète, ni à plus forte raison à la somme de deux révolutions successives, mais à la différence de 18 mois qui se trouve entre les deux dernieres périodes ; & qu'ainsi l'erreur est au moins de $\frac{1}{18}$, & non pas de $\frac{1}{900}$, ni de $\frac{1}{1800}$, comme l'ont prétendu quelques Ecrivains peu instruits. 3°. Qu'en éxaminant quelles peuvent être les erreurs les plus vraisemblables des différentes parties du calcul, on trouve que l'erreur commise sur l'altération de la derniere période, peut-être $\frac{1}{7}$ de cette altération. 4°. Que cette erreur, quelque considérable qu'elle soit, doit être imputée uniquement à la nature du Problême ; puisque d'une part il n'est peut-être pas possible (sans s'engager dans des calculs impraticables) de déterminer l'altération plus éxactement ; & puisque d'un autre côté on doit se proposer dans ces sortes de calculs, non de prédire éxactement le retour d'une Comète, de maniere qu'on puisse

avoir fon lieu dans le Ciel, à 30, 40 & 50 degrés près, mais feulement de prouver, que par la Théorie de la gravitation l'action de Jupiter & de Saturne doit altérer confidérablement le cours de ces Aftres ; & c'eft ce que M. Clairaut a fuffifamment prouvé par fon travail.

4º. Voilà mon fentiment fur cette difpute ; fentiment que plufieurs Savans m'ont engagé à mettre par écrit, & qui ne peut, ce me femble, offenfer perfonne, ni par lui-même, ni par la maniere dont j'ai tâché de l'expofer. Quoique ce Mémoire foit fait il y a long-tems, j'ai lifféré jufqu'à préfent à le mettre au jour, parce qu'il m'a paru à propos d'attendre un tems où perfonne ne prendroit plus guères d'intérêt à cette queftion, que celui de la vérité. Peut-être même n'aurois-je point communiqué aux Géometres ces réfléxions, fi la méthode dont je me fers pour déterminer d'une maniere vraifemblable les erreurs du calcul dans la théorie des perturbations des Comètes, n'étoit, ce me femble, fondée fur des confidérations affez délicates, qui peuvent la rendre curieufe par elle-même, & utile dans d'autres occafions.

Fin du treiziéme Mémoire.

QUATORZIÉME MÉMOIRE.

Réfléxions sur le Probléme des trois Corps, avec de nouvelles Tables de la Lune, d'un usage très-simple & très-facile.

I.

J'AI publié dans mes *Recherches sur le Systême du Monde,* imprimées en 1754, des Tables de la Lune, telles que la théorie me les avoit données. J'avois cru devoir conserver dans ces Tables la forme de celles des *Institu- tions Astronomiques,* parce que les Astronomes me paroissoient accoutumés à cette forme, & parce que d'ailleurs cette forme me sembloit avoir quelques autres avantages, dont j'ai fait mention p. 249 & 250 de la premiere Partie des *Recherches* déja citées.

I I.

Ayant fait réfléxion depuis, qu'il seroit très-commode & très-utile aux Astronomes d'avoir des Tables particu- lieres qui marquassent seulement la différence des mien- nes d'avec celles des *Institutions,* j'ai publié ces Tables

de correction au commencement de 1756 ; & je me pro-
pofois d'en faire ufage, pour m'affurer de combien la
théorie s'écartoit des obfervations, & pour rectifier par
les obfervations ces mêmes Tables de correction, qui étant
enfuite réunies & comme incorporées dans les Tables des
Inftitutions Aftronomiques, auroient vraifemblablement
donné les lieux de la Lune aufli éxactement qu'on auroit
pû le defirer.

I I I.

Mais d'autres occupations m'ayant empêché de fuivre
ce travail, je n'ai pû tirer de ces Tables de correction tout
le parti que j'aurois defiré. Cependant elles ne m'ont pas
été tout-à-fait inutiles. Car comme j'avois indiqué les
cas où il falloit les comparer aux obfervations pour juger
de leur éxactitude, quelques Aftronomes ayant bien voulu
prendre la peine de les calculer dans quelques-uns de
ces cas, ont cru s'appercevoir que j'avois fait la *variation* trop petite, & l'*évection* trop grande ; ce qui ne
m'a point paru furprenant, malgré le foin & la patience
que j'avois mis à calculer en particulier la valeur de
ces deux équations ; car j'ai toujours été perfuadé, & je
le fuis encore, que l'on ne peut jamais être affuré *à priori*
d'avoir affigné à une minute près, ou même davantage,
les coëfficiens de chacune des équations de la Lune. J'en
ai dit ailleurs les raifons plus en détail.

I V.

Il étoit donc néceffaire en conféquence, de réformer
ces

ces deux équations dans mes Tables de correction. D'un autre côté je remarquois des différences assez considérables entre mes Tables & celles de M. Mayer, qui jusqu'ici ont paru les plus éxactes, pour me faire naître des soupçons sur l'éxactitude des miennes; enfin je ne pouvois me dissimuler que la forme des Tables de M. Mayer étoit de toutes la plus commode & la plus expéditive. Ces considérations m'ont engagé à calculer de nouvelles Tables de la Lune, auxquelles j'ai donné en partie cette derniere forme, en la simplifiant encore. Ces Tables seront beaucoup plus éxactes que celles que j'ai publiées précédemment, & seront d'ailleurs d'un calcul aussi court qu'on puisse le desirer.

V.

1. Mais avant que d'entrer dans le détail de mes noüveaux calculs, je crois devoir faire quelques réfléxions sur la solution que j'ai donnée du Problême des trois Corps, & en montrer les avantages. Cette discussion est d'autant plus nécessaire, qu'il me paroît très-essentiel de rendre sur cette matiere à chacun la justice qui lui appartient. Quoiqu'on ait affecté, ce me semble, de déprimer mon travail sur ce sujet, je me flatte que les Géometres en jugeront autrement, quand ils auront lû les réfléxions suivantes, qui pourront être utiles à l'Histoire de ce fameux Problême, & qui renferment d'ailleurs des discussions délicates, dont l'Analyse pourra tirer quelque fruit.

2. Le Probléme des trois Corps, entant qu'il eſt applicable au mouvement des Planètes, ſe réduit, comme Mrs Euler, Clairaut & moi l'avons remarqué, à trouver, au moins par une méthode d'approximation, l'orbite d'une Planète qui eſt attirée vers le Soleil en raiſon inverſe du quarré de la diſtance, & qui eſt en même tems troublée par deux forces φ & π, très-petites par rapport à la gravitation, & dont la premiere φ eſt dans la direction du rayon vecteur, & la ſeconde π perpendiculaire à ce rayon.

3. Pour déterminer cette orbite, il faut remplir deux objets; 1°. trouver l'équation différentielle; 2°. intégrer cette équation.

4. Quant au premier objet, je crois y être arrivé par une méthode beaucoup plus ſimple qu'aucun des Géometres qui ont réſolu la même queſtion.

5. Cette méthode conſiſte à prendre d'abord l'équation de l'orbite, en la ſuppoſant décrite par une force Q qui tende toujours vers le centre commun des rayons vecteurs; cette équation, comme le ſavent tous les Géometres, eſt $d\chi = \dfrac{-dx}{x^2 \sqrt{\dfrac{1}{hh} - \dfrac{2\int Q\,dx}{gghh} - \dfrac{1}{xx}}}$; laquelle en faiſant $\dfrac{1}{x} = u$, & en différentiant, ſe change en $ddu + ud\chi^2 - \dfrac{Q\,d\chi^2}{hhuugg} = 0$.

6. Dans l'orbite ainſi décrite, l'Elément du tems ſeroit

$\frac{x \pi d \zeta}{g h}$, c'est-à-dire, proportionnel au secteur; mais dans cette même orbite décrite en vertu des forces Ψ & π, dont l'une est supposée dans la direction du rayon vecteur, & l'autre perpendiculaire à ce rayon, l'Elément du tems seroit $\frac{q x \pi d \zeta}{g k}$, q étant une inconnue que nous déterminerons dans un moment. Dans cette derniere orbite décrite en vertu des forces Ψ & π, la force qui agit suivant le rayon vecteur, est $\Psi + \frac{\pi d x}{x d \zeta}$; comme il est aisé de s'en assurer par une décomposition très-simple de la force π: de plus cette force $\Psi + \frac{\pi d x}{x d \zeta}$ faisant parcourir la même petite ligne parallèle au rayon vecteur, qui est parcourue en vertu de la force Q, il s'en-suit que la force $\Psi + \frac{\pi d x}{x d \zeta}$ est à la force Q, par les principes de Méchanique, en raison inverse des quarrés des tems, c'est-à-dire, comme 1 est à q^2; donc $Q = (\Psi + \frac{\pi d x}{x d \zeta}) q^2$; or on trouve par un calcul fort simple que $q^2 = (1 - \frac{d s}{v x \pi d \zeta} \int \frac{\pi x d s}{v})^2$, ou

$$q^2 = \frac{1}{1 + 2 \int \frac{\pi x^3 d x}{g^2 h h}} \quad (a);$$ donc l'équation de

---

(a) Cette seconde équation se tire de l'équation $d(x \pi d \zeta) = \pi x d t^2$, qui donne en multipliant par $x \pi d \zeta$, l'intégrale $\frac{(x \pi d \zeta)^2}{2}$.

l'orbite fera $ddu + ud\zeta^2 - \dfrac{d\zeta^2}{uugghh} \times q^2 \left(\Psi - \dfrac{\pi\, du}{u\, d\zeta}\right)$ $= 0$, dans laquelle on peut mettre indifféremment pour q^2, une des deux valeurs trouvées ci-deſſus.

7. On voit donc que j'arrive à cette équation par la méthode & le calcul du monde le plus facile, en ſubſtituant dans la formule (très-connue & très-uſitée) des trajectoires décrites par une ſeule force centrale, à la place de Q ſa valeur, qu'une ſimple Analogie m'a fournie ; & que je n'ai pas beſoin des transformations & des ſubſtitutions épineuſes que d'autres Géometres ont em

———————————————

$d\,t^2 \int \pi x^3\, d\zeta + \dfrac{d\,t^2 \cdot g^2 h^2}{2}$. Voyez Rech. ſur le Syſtéme du *Monde*, I. Partie, p. 14. On peut encore conſidérer que dt, ou $\dfrac{ds}{v} =$

$\dfrac{\pi\pi\, d\zeta}{g\,h} - \dfrac{ds}{v\,g\,h} \int \dfrac{\pi x\, ds}{v}$, comme je l'ai trouvé dans mon Mémoire de 1745 ; ce qui donne $q = 1 - \dfrac{ds}{v\pi\pi\, d\zeta} \int \dfrac{\pi x\, ds}{v}$;

expreſſion qui revient abſolument au même que $q = \dfrac{1}{\sqrt{1 + 2 \int \dfrac{\pi x^3\, d\zeta}{gghh}}}$;

comme il eſt aiſé de s'en aſſûrer ; car $\left(1 + 2 \int \dfrac{\pi x^3\, d\zeta}{g\,g\,h\,h}\right)^{-\frac{1}{2}}$ réduit

en ſerie, donnera préciſément la même formule que : $- \dfrac{ds}{v\pi\pi\, d\zeta}$

$\int \dfrac{\pi x\, ds}{v}$, en mettant pour $\dfrac{ds}{v}$, 1°. ſa valeur primitive $\dfrac{\pi\pi\, d\zeta}{g\,h}$;

2°. ſa valeur corrigée $\dfrac{\pi\pi\, d\zeta}{g\,h}\left(1 - \int \dfrac{\pi x^3\, d\zeta}{g^2\, h^2}\right)$; & ainſi de ſuite.

ployées pour parvenir à la même équation.

V I.

1. A l'égard de l'intégration de cette équation, je ne sai pourquoi un très-savant Mathématicien l'a appellée une *intégration délicate & neuve*; car dès 1740 (sept ans avant qu'il fût question du Problême des trois Corps), M. Euler avoit donné dans sa Piéce sur le *Flux & Reflux de la Mer*, p. 301 & suiv. une méthode pour intégrer les équations de cette forme $ddu + Kud\zeta^2 + \Sigma d\zeta^2 = 0$, K étant une constante quelconque, & Σ une fonction quelconque de ζ. Cette méthode, que M. Euler explique assez au long, & que j'ai depuis dévelopée & un peu simplifiée (ce qui étoit très-facile) dans l'art. 101 de la premiere Edition de mon *Traité de Dynamique*, imprimé en 1743 (quatre ans avant aucune solution connue du Problême des trois Corps) est analogue à celle dont M. Bernoulli s'est servi en 1697, pour intégrer les équations de cette forme $du + Kud\zeta + \Sigma d\zeta = 0$. Elle consiste à prendre $u =$ au produit de deux indéterminées; on la peut voir mise en usage, p. 131 de la seconde Partie de mes *Recherches sur le Systême du Monde*, où elle est appliquée à l'intégration même de l'équation différentielle du Problême des trois Corps.

2. La méthode, par laquelle le savant Mathématicien déja cité a intégré cette équation, se déduit aisément de cette méthode des indéterminées; qui est même plus analytique; car la méthode des indéterminées fait trouver

directement la quantité cos. z, par laquelle le savant Mathématicien multiplie l'équation avant que de l'intégrer. Cette multiplication semble supposer qu'on connoissoit déja l'intégrale par une autre méthode plus directe, dont on a ensuite abrégé tant soit peu le calcul, en multipliant les différentielles avant l'intégration, par les quantités que la méthode des indéterminées a fait trouver.

3. En effet, suivant la méthode donnée en 1743, dans mon *Traité de Dynamique*, soit $u = s\,q$; on trouve
$$s\,dd\,q + 2\,ds\,dq + q\,dds + sq\,dz^2 + \Sigma\,dz^2 = o;$$
& faisant (comme je l'ai prescrit dans l'endroit cité) $s\,dd\,q + sq\,dz^2 = o$, on a $q = \cos. z$, & $2\,ds\,dq + q\,dds + \Sigma\,dz^2 = o$, ou $d(qq\,ds) + \Sigma\,q\,dz^2 = o$; ou mettant pour s sa valeur $\dfrac{u}{q} = \dfrac{u}{\cos. z}$ $d\left(\dfrac{\cos. z^2\,du}{\cos. z}\right.$ $+ u\,dz \sin. z) + \Sigma\,q\,dz^2 = o$, ou $dd\,u\cos. z + u\,dz^2 \cos. z + \Sigma\,dz^2 \cos. z = o$; ce qui prouve qu'il faut multiplier l'équation par cos. z pour la rendre intégrable, & pour avoir l'intégrale $d\,u\cos. z + u\,dz \sin. z + dz \int \Sigma\,dz \cos. z = $ const.

4. Au reste, soit que les Géometres, qui ont eu recours à cette préparation, l'ayent trouvée par la méthode des indéterminées ou autrement, il est au moins certain que M. Euler, & moi après lui, sommes les premiers qui ayons donné des méthodes pour l'intégration de ces sortes d'équations, plusieurs années avant qu'on en pût prévoir l'usage par rapport au Probléme des trois Corps.

Cela eſt ſi vrai, que M. Euler, dans ſes Opuſcules imprimées à Berlin en 1746, p. 260, cherchant la quantité P, qu'il faut ajouter à *u* dans l'hypothèſe de la réſiſtance du milieu, trouve cette équation $ddP + Pd\chi^2 = \frac{sd\chi^2}{cg}$, qui eſt préciſément ſemblable à celle du Problème des trois Corps; & il ajoute, *quæ ſi methodo alibi expoſitâ integretur, dabit* $P = \frac{\text{ſin. } t}{cg} \int s\, dt \text{ coſ. } \varepsilon - \frac{\text{coſ. } t}{cg}$ $\int s\, dt$ ſin. *t*; réſultat qui eſt préciſément ſemblable à celui que le ſavant Mathématicien déja cité a donné depuis, & qu'il regarde, on ne voit pas pourquoi, comme le caractere diſtinctif de ſa ſolution, qui la rend, ſelon lui, ſupérieure à toutes les autres.

Il eſt donc inconteſtable; 1°. qu'on avoit long-tems avant 1747, des méthodes pour intégrer l'équation $ddu + ud\chi^2 + \Sigma d\chi^2$; 2°. qu'on avoit la formule même qui exprime l'intégrale de cette équation; & que ceux qui l'ont intégrée depuis, n'ont rien ajouté à cet égard à ce que les Géometres ſavoient.

V I I.

1. J'ai donné, dans les Mémoires de l'Académie de Berlin de 1748 & 1750, une méthode générale pour intégrer des équations beaucoup plus compliquées que l'équation $ddu + ud\chi^2 + \Sigma d\chi^2 = o$, & dont elle n'eſt qu'un cas très-ſimple. Cette méthode, qui dans les Mémoires de Berlin de 1748, eſt datée du 13 Avril 1747,

& qui par conféquent eft encore antérieure à toutes les folutions du Problème des trois Corps, eft celle dont je me fuis fervi la même année 1747, pour intégrer l'équation $d\,d\,u + u\,d\,z^2 + \Sigma\,d\,z^2$, relative au Problême des trois Corps.

2. Ce qui m'a déterminé à faire ufage dans cette folution, des expofans imaginaires (dont j'aurois pû me paffer, puifque dès 1743 j'avois intégré de pareilles équations fans employer ces expofans); c'eft que l'ufage de ces expofans imaginaires difpenfe de fe fouvenir des formules des finus & des cofinus multipliés entr'eux, defquelles on a befoin dans la théorie des perturbations des Planètes. D'ailleurs la folution que j'ai employée, & où fe trouvent ces expofans imaginaires, a l'avantage de pouvoir être appliquée à un grand nombre d'autres équations différentielles, plus compliquées que celle à laquelle fe réduit le Problême des trois Corps. Enfin les expofans imaginaires ne caufent aucun inconvénient dans le réfultat de la folution, puifque j'ai donné les moyens de faire difparoître ces expofans, fi on le juge à propos (a). En un mot, qu'on fe ferve des expofans imaginaires ou non, on parviendra toujours dans tous les cas à la même formule.

V I I I.

1. Un des deux Mathématiciens qui ont donné dans

(a) Voyez là-deffus mon Mémoire *fur la Théorie des Comètes*, §. V. Il eft imprimé dans ce Volume.

le même tems que moi, la solution du Problême des trois Corps, regarde comme un avantage particulier à sa solution (& qui la rend, selon lui, préférable à la mienne & à celle de M. Euler), celui de donner l'intégrale de l'orbite sons une forme telle, qu'elle renferme *deux parties;* dont l'une est l'équation de l'orbite non troublée, & l'autre exprime les dérangemens caufés à cette orbite par les forces perturbatrices. Comme cette affertion attaque ma folution, & tend à la déprimer, je me crois obligé d'y répondre.

J'obferve d'abord, que quand il s'agit de l'orbite des Comètes, où le terme $u\,d\,z^2$ refte *néceffairement* fans coëfficient, l'intégrale contiendra *néceffairement ces deux parties.* Car les trois premiers termes de l'équation différentielle feront alors, comme je l'ai expreffément remarqué dans mon Mémoire de 1745, art. XVII. (& comme je l'ai rappellé ci-deffus, §. IV & VI. de ma *Théorie des Comètes*) $d\,d\,u + u\,d\,z^2 - F\,d\,z^2 = o;$ or ces trois premiers termes font l'équation différentielle de l'orbite non troublée, & par conféquent l'intégrale contiendra *néceffairement* deux parties; dont l'une repréfentera l'équation de cette orbite non troublée; & l'autre, les dérangemens qui y font produits par l'action des forces perturbatrices.

2. La méthode du favant Mathématicien dont nous venons de parler, n'a donc encore à cet égard aucun avantage, & ne peut même en avoir, puifque la féparation de l'intégrale en deux parties, eft une fuite *néceffaire*

de l'intégration dans le cas de l'orbite des Comètes, où le terme $u\,d\zeta^2$ ne sauroit avoir d'autre coëfficient que l'unité. Mai je vais plus loin, & je me propose de faire voir que dans le cas de l'orbite des Planètes, cette disposition de l'intégrale a plusieurs inconvéniens considérables.

I X.

1. Ces inconvéniens, que je vais détailler, viennent en général de ce que cet habile Géometre a laissé mal-à propos, *dans le cas de l'orbite des Planètes*, l'équation différentielle de l'orbite sous la forme $dd\,u + u\,d\zeta^2 + \Sigma\,d\zeta^2 = o$. En conséquence l'équation intégrée contient un coëfficient de cette forme A cos. ζ; or si ce coëfficient se trouvoit dans la valeur du rayon vecteur, il en résulteroit dans la formule intégrale donnée par ce Géometre, des termes affectés d'arcs de cercle, qui rendroient la solution fautive. Pour éviter cet inconvénient, l'habile & adroit Analyste a recours à la méthode des indéterminées; il suppose le rayon de l'orbite égal à une formule dont les coëfficiens sont inconnus, & dans laquelle il a soin que cos. ζ ne se trouve pas; ensuite il substitue cette valeur dans l'intégrale générale de l'équation de l'orbite, & il fait égal à zéro dans cette intégrale, le terme qui contiendroit cos. ζ.

2. On pourroit d'abord demander sur quel fondement ce Géometre donne à la valeur du rayon la forme qu'il choisit, & dans laquelle il n'y a d'indéterminés que les

coëfficiens conſtans. D'où ſait-on que la valeur du rayon
doit avoir cette forme? Ne pourroit-on pas croire qu'en
donnant une autre forme à la valeur du rayon, toujours
avec des coëfficiens indéterminés, ſubſtituant cette valeur dans l'intégrale générale, & comparant les termes
d'une autre maniere, on parviendroit à un autre réſultat
qui n'approcheroit pas moins du vrai que le premier,
ou du moins qui pourroit paroître auſſi légitime, puiſque
l'Analyſe n'offriroit aucune raiſon de préférence? Et ce
doute ne ſeroit-il pas d'autant plus fondé, qu'il ne s'agit
point ici d'avoir la valeur du rayon de l'orbite éxactement, mais ſeulement à peu-près?

3. D'où ſait-on en particulier que la valeur du rayon
ne doit point contenir coſ. ζ? Il ſeroit d'autant plus naturel de penſer le contraire, que l'équation de l'orbite
non troublée contient ce terme coſ. ζ avec un coëfficient conſidérable, & qu'il eſt aſſez difficile de concevoir (ſur-tout quand on ſe contente de le ſuppoſer, &
qu'on ne le tire pas directement de la ſolution même)
comment ce terme ſi conſidérable peut diſparoître tout-
à-coup par l'action de très-petites forces perturbatrices?

4. La ſolution dont nous parlons, porte même à con-
ſerver les termes de cette forme; car un des grands
avantages de cette ſolution (ſelon ſon Auteur) eſt de
renfermer d'une part l'équation de l'orbite non troublée,
& de l'autre la perturbation; or il eſt naturel de croire
que la premiere ſubſtitution à faire dans la partie qui
contient la perturbation, eſt celle du rayon de l'orbite

primitive & non troublée, lequel rayon contient cof. ζ dans fon expreffion.

5. Enfin puifque ce terme A cof. ζ, qu'on avoit exclu de la valeur du rayon, fe retrouve après les fubftitutions dans l'intégrale, pourquoi vouloir l'en chaffer en faifant fon coëfficient égal à zéro? Quand même on accorderoit à l'Auteur de cette folution, qu'il a pù omettre ce terme dans la premiere valeur approchée qu'il a fuppofée au rayon de l'orbite, il n'en feroit pas plus en droit de le faire difparoître dans la valeur tirée de l'intégrale. Car la premiere valeur qu'il a fuppofée au rayon, n'eft qu'une valeur approchée; il peut donc fe trouver dans la feconde valeur, & il s'y trouve en effet des termes très-petits qui ne font pas dans la premiere; or le terme qui contient cof. ζ, peut être du nombre de ces derniers, & avoir un coëfficient très-petit, comme les autres termes qui ne fe trouvent pas dans la premiere valeur fuppofée au rayon; pourquoi donc vouloir que le coëfficient de ce terme foit $= o$, lorfqu'on ne fait pas la même fuppofition fur les autres?

6. Cette derniere objection revient pour le fond, à celle qui a été déja faite à ce favant Géometre par M. Fontaine, fur la fuppofition qu'il fait dans fa folution, du coëfficient de cof. ζ égal à zéro. M. Fontaine, en envifageant l'équation intégrée fous une autre forme, fait voir que fuppofer le coëfficient de cof. $\zeta = o$, c'eft fuppofer égale à zéro, une conftante qu'on doit ajouter en intégrant, & qu'on n'eft pas le maître de fuppofer nulle,

quand on n'a pas démontré directement & *à priori* qu'elle le doit être (*a*).

X.

1. Notre habile Analyſte ne peut faire qu'une ſeule réponſe à cette derniere objection & à toutes celles de l'article précédent ; c'eſt que s'il conſervoit dans la valeur du rayon des termes qui continſſent coſ. χ , ces termes dans la ſuite du calcul introduiroient des arcs de cercle dans la valeur du rayon , & rendroient ſa ſolution fautive. Mais en premier lieu, d'où ſait-il que la valeur du rayon ne doit point contenir d'arcs de cercle ? Il eſt vrai qu'elle ne doit point en contenir , pour être conforme à ce que les obſervations nous apprennent du mouvement des Planètes, & principalement de la Lune ; mais il pourroit ſe faire que la théorie Newtonienne donnât à cet égard un réſultat différent des Phénomènes ; & ſuppoſer le contraire, c'eſt ſuppoſer ce qui eſt en queſtion ; il faut faire voir *à priori*, & par la nature de l'équation même (ce que notre ſavant Mathématicien n'a pas fait) que la valeur du rayon ne doit point contenir d'arcs de cercle.

2. En ſecond lieu, quand même on ſe ſeroit aſſuré, par une voie directe & analytique, qu'il ne devroit point

---

(*a*) Le Mémoire de M. Fontaine ſur ce ſujet, doit ſe trouver dans le Recueil de ſes Œuvres , qui eſt actuellement ſous Preſſe, & qui vraiſemblablement ne tardera pas à paroître.

y avoir d'arcs de cercle dans la valeur du rayon, il y auroit, pour faire difparoître ces arcs, un autre moyen que
de fuppofer égal à zéro le coëfficient de cof. z ; ce feroit
de donner à cof. z un coëfficient indéterminé A, &
par le moyen de ce coëfficient & des autres, de rendre
égaux à zéro les termes qui contiendroient des arcs de
cercle dans l'expreffion du rayon trouvée par l'intégration. J'avoue que ce calcul feroit plus compliqué que
celui dans lequel on fait $= o$ le coëfficient de cof. z ;
mais le degré de complication plus ou moins grand ne
décide rien ici pour ou contre la méthode ; il falloit
faire voir *à priori*, & par la nature de l'équation même,
pourquoi le coëfficient de cof. z doit être néceffairement
égal à zéro, pour qu'il ne fe rencontre point d'arcs de
cercle dans l'expreffion du rayon vecteur ; & c'eft encore
ce que l'Auteur de la folution dont il s'agit, n'a pas
fait.

3. Il eft vrai que dans la premiere fubftitution, où l'on
néglige une grande quantité de termes, ceux qui renfermeroient des arcs de cercle ne donneroient point
d'autre condition que celle du coëfficient A égal à zéro ;
mais qu'on continue le calcul, qu'on ajoute de nouveaux
termes avec des coëfficiens indéterminés à la formule
du rayon vecteur, & qu'on pouffe l'éxactitude plus loin
dans les fubftitutions, & on verra bientôt que les termes
qui doivent renfermer des arcs de cercle dans l'intégrale,
contiendront dans leur coëfficient d'autres indéterminées
que A ; que d'ailleurs cette indéterminée A s'y trouvera

élevée à différentes puiffances, & que par conféquent
on pourra faire évanouir ces termes par d'autres fuppofitions que par celle de $A = o$.

4. En troifiéme lieu, quand même toutes les fuppofitions qu'on peut faire pour anéantir les termes qui contiennent des arcs de cercle, reviendroient à celle de
$A = o$ (ce qui n'eft pas), il eft certain que cela ne fe
voit pas facilement; & que la folution feroit au moins
imparfaite à cet égard, puifqu'on y auroit fuppofé comme
vraies des chofes qui demandoient à être prouvées.

5. Enfin (& c'eft ici le point important & décifif) fi
dans la folution que nous examinons, les termes qui
contiennent cof. z donnent des arcs de cercle, c'eft un
défaut particulier à cette folution, & qu'elle n'auroit
pas fi l'Auteur eût donné à l'équation différentielle de
l'orbite, & à fon intégrale, la vraie forme qu'elle doit
avoir dans le cas de l'orbite des Planètes, & finguliére-
ment de l'orbite de la Lune.

6. Cette forme confifte à fuppofer, comme je l'ai fait,
$u = a + t$, a étant la valeur premiere de u au commencement du mouvement. Cette valeur de u étant fubftituée
dans l'équation différentielle, on verra, après le déve-
loppement des différens termes, qu'au lieu du terme
$u\, dz^2$ dont le coëfficient eft l'unité, & qui fait le grand
embarras de la folution que nous examinons, on aura
un terme de cette forme $K\, t\, dz^2$, K étant un coëfficient
différent de l'unité, & qui pour la Lune, par exemple,

eft égal à environ $1 - \frac{3 n^2}{2}$ (*n* étant le rapport du mouvement moyen du Soleil à celui de la Lune); au moyen de ce coëfficient, s'il fe trouve dans l'expreſſion du rayon des termes qui renferment coſ. ζ, ces termes ne doivent point donner des arcs de cercle dans l'équation intégrée, mais des termes de cette forme $\frac{B \cos \zeta}{K - 1}$, comme il réfulte de ma folution; toute autre folution eſt donc fautive à cet égard, & induit l'Analyſte en erreur.

X I.

1. Auſſi la folution que nous éxaminons, ne donneroit-elle point la vraie valeur du rayon vecteur de la Lune, fi l'apogée du Soleil étoit immobile; car dans ce cas l'Auteur convient lui-même (Voyez fa *Théorie de la Lune*, p. 51.) que fa folution donneroit des arcs de cercle dans la valeur du rayon vecteur. Cependant il eſt aifé de voir par l'article précédent, que dans le cas même où l'apogée du Soleil feroit immobile, il ne devroit pas y avoir pour cela des arcs de cercle dans l'expreſſion du rayon; car l'immobilité de l'apogée donneroit à la vérité des coſ. ζ dans la différentielle, mais on vient de voir que dans une folution éxacte (telle qu'eſt la nôtre) ces coſ. ζ ne doivent point donner d'arcs de cercle.

2. D'ailleurs en fuppofant même fauſſement que les termes qui renfermeroient coſ. ζ dans la différentielle, duſſent donner des arcs de cercle dans l'intégrale, on

peut

peut demander à l'Auteur de la solution que nous éxaminons, pourquoi ces cof. χ, que renfermeroit l'équation différentielle dans le cas où l'apogée du Soleil feroit immobile, l'embarrafferoient plus que les cof. χ que renferme l'équation intégrale primitive du rayon vecteur, & qu'il fait difparoître au moyen des indéterminées? Pourquoi n'y auroit-il pas quelque expreffion indéterminée à donner au rayon vecteur, & qui étant fubftituée dans l'équation différentielle, feroit difparoître tous les cof. χ? Cela feroit facile : car trouvant d'abord au rayon vecteur (avec M. Clairaut) un terme de cette forme A cof. χ, & fubftituant ce terme dans l'équation différentielle; foit $m\,A\,d\chi^2$ cof. χ le terme qui en réfulte, & $B\,d\chi^2$ cof. χ le terme qui vient de l'immobilité fuppofée de l'apogée du Soleil; on aura $m\,A + B = 0$, ou $A = -\dfrac{B}{m}$: fuppofition qui empêchera qu'il ne fe rencontre des arcs de cercle dans l'intégrale. Pourquoi l'Auteur n'a-t-il pas fait cette fuppofition, ou pourquoi n'a-t-il pas démontré qu'il ne faut pas la faire?

X I I.

1. En vain ce favant Mathématicien allégueroit-il ce qu'il a dit, p. 52 de fa *Théorie de la Lune*, que l'apogée du Soleil n'eft pas immobile, & qu'ainfi au lieu des cof. χ il y aura dans l'équation différentielle des cof. $p\chi$, dans lefquels p eft un nombre qui n'eft pas éxactement l'unité, quoiqu'il en diffère prefque infenfiblement, attendu le

mouvement prefque infenfible de cet apogée.

2. Cette réponfe ne mettroit pas fa folution hors d'at-teinte. Car 1°. il faudroit au moins qu'il convînt que cette folution feroit fautive dans le cas du repos de cet apogée, où d'autres folutions, telles que la mienne, n'ont pas le même inconvénient ; or une folution qui ne s'étend pas à tous les cas où elle devroit & pourroit s'étendre, n'eft pas une bonne folution. 2°. Dans le cas même de la mobilité de cet apogée, ce favant Géometre a tort de croire, comme il le dit, p. 52 de fa Théorie, que le divifeur de cof. pz dans l'intégrale foit $1 - pp$; & d'en conclure, comme il le fait au même endroit, *qu'on ne puiffe trouver par la théorie* les coëfficiens de ces fortes de termes ; car le divifeur feroit, non pas $1 - pp$, mais $K - pp$, ou (pour la Lune) à très-peu-près

$$1 - \frac{3\,n^2}{2} - pp,$$ c'eft-à-dire, à-peu-près $- \frac{3\,n^2}{2}$;

& comme le numérateur de ces termes eft beaucoup plus petit, étant de l'ordre de $\frac{n^2\,\lambda}{B}$, où λ eft à-peu-près l'excentricité de l'orbe de la Terre, c'eft-à-dire, $\frac{1}{60}$, & $\frac{1}{B}$ le rapport de la parallaxe du Soleil à celle de la Lune ; il n'en réfulte point d'inconvénient dans l'inté-grale, puifque le coëfficient après l'intégration eft encore de l'ordre de $\frac{\lambda}{B}$, c'eft-à-dire, d'environ $\frac{15}{57.\,60^2}$, en fuppofant la parallaxe du Soleil de 15″, & celle de la

Lune de 57'. C'eſt ce que j'ai fait voir plus en détail dans ma Théorie de la Lune, p. 237 & 244.

XIII.

1. Voilà une partie des défauts qu'on peut reprocher à la ſolution que nous éxaminons, & dont nous avons été forcés de parler, par la néceſſité de défendre la nôtre contre les objeƈtions de l'Auteur.

Ajoutons que cette méthode laiſſe à deſirer non-ſeulement du côté de l'éxaƈtitude, mais encore du côté de la ſimplicité & de l'élégance. En effet, ſi on ſe permet avec l'Auteur de ſuppoſer une valeur indéterminée au rayon veƈteur, l'intégration de l'équation différentielle de l'orbite devient alors abſolument inutile; il ſuffit de ſubſtituer dans la différentielle la valeur ſuppoſée du rayon veƈteur, & de faire les coëfficiens des différens termes chacun égaux à zéro.

2. C'eſt la méthode qu'a ſuivie le célébre M. Euler; & qui eſt la plus ſimple & la plus facile de toutes; elle n'a qu'un ſeul inconvénient, comme je l'ai déja remarqué dans mes *Recherches ſur le Syſtême du Monde;* art. 103, 104 & 106. C'eſt qu'on n'eſt pas aſſuré que la forme qu'on donne à l'expreſſion du rayon veƈteur, ſoit la vraie; j'ai même fait voir que cette ſuppoſition avoit en effet produit une mépriſe dans la ſolution de M. Euler.

3. Mais l'inconvénient qui réſulte de cette ſuppoſition, eſt beaucoup moins grand dans la ſolution de M.

Euler, que dans celle que nous éxaminons. On defireroit
feulement que M. Euler eût démontré directement &
à priori, pourquoi la forme qu'il fuppofe au rayon vecteur eft la vraie; & en particulier, pourquoi il ne fait
point entrer cof. z dans l'expreffion de ce rayon. Du refte
fa méthode pour connoître le rayon vecteur par le feul
fecours de l'équation différentielle, eft très-courte, très-
élégante, & n'eft point fujette aux autres difficultés que
les cof. z font naître dans la folution éxaminée ci-deffus;
difficultés particulieres à cette folution, puifqu'elles viennent de la forme peu avantageufe que fon Auteur a donnée à l'intégrale qui exprime le rayon de l'orbite.

X I V.

1. La folution que j'ai donnée du Problême des trois
Corps, appliqué au mouvement des Planètes, demande
des intégrations pour trouver la valeur du rayon vecteur; & à cet égard elle eft moins fimple que celle de
M. Euler; mais elle a fur cette folution & fur toutes
les autres, l'avantage de donner directement & fans aucune fuppofition précaire, la forme du rayon vecteur. Et
d'abord l'on voit d'un coup d'œil par la premiere intégration, qu'à caufe du coëfficient K du terme $t\,d\,z^2$, le
rayon vecteur ne doit point renfermer de cof. z.

2. De plus ma folution a fur celle que j'ai éxaminée
dans ce Mémoire, l'avantage de n'être point fautive,
dans le cas même où il fe rencontreroit des cof. z dans
l'équation différentielle; cas où cette derniere folution

donne des arcs de cercle, quoiqu'il ne doive point y en
avoir; voyez §. XI.

3. En général si $A\,d\zeta^2$ cos. $Q\zeta$ est un des termes de
la différentielle, ma méthode donne dans tous les cas le
diviseur que A doit avoir dans l'intégrale, & qui n'est
point $1 - QQ$, comme le donne la solution examinée
dans ce Mémoire, mais $1 - \dfrac{3\,n^2}{2} - QQ$, ou plus
généralement $K - QQ$, K étant le coëfficient du terme
$t\,d\zeta^2$.

4. Ma méthode a de plus l'avantage de la facilité du
calcul. Car 1°. la seule inspection du coëfficient K du
terme $t\,d\zeta^2$ donne le premier terme de la série qui exprime le mouvement de l'apogée; ensorte que $\zeta\sqrt{K}$
est la premiere valeur de l'anomalie. 2°. De même la
seule inspection des termes qui renferment cos. $N\zeta$ dans
la différentielle, donne tout d'un coup, & sans employer
aucun autre calcul, la correction qu'il faut faire au mouvement de l'apogée; ensorte que si γ est le coëfficient de
ces termes, la correction à faire à $\sqrt{K}$ est $\sqrt{K + \dfrac{\gamma}{P}}$;
P exprimant l'excentricité. Et l'on ne sauroit m'objecter
que des termes de cette forme $\gamma\,d\zeta^2$ cos. $K\zeta$ devroient
donner des arcs de cercle dans ma solution; car j'ai
démontré *directement*, art. 27. de ma *Théorie de la Lune*,
que la valeur du rayon ne devoit point contenir d'arcs
de cercle dans le cas de l'orbite des Planètes, & j'ai
donné le moyen de faire disparoître ces arcs. J'ai de

plus déterminé, p. 242 & 243 de la même Théorie ; les cas où les termes de cette forme $\gamma \, d\zeta^2 \cos. K \zeta$ donneroient des arcs de cercle ; & j'ai remarqué que ces cas n'ont point lieu dans l'orbite des Planètes.

X V.

1. L'avantage que ma folution me paroît avoir de donner avec facilité & d'une maniere directe la forme du rayon vecteur, & le mouvement des apfides, a lieu non-feulement dans la théorie de la Lune & des autres Planètes, mais auffi dans tous les Problêmes du même genre, où il eft queftion de trouver l'orbite décrite en vertu des forces perturbatrices ajoutées à la force primitive. Suppofons, par exemple, avec le favant Géometre dont nous examinons la folution, que π foit $= o$, & la force $\Psi = \dfrac{F}{x^2} + \dfrac{K}{x^3}$, ou $F u^2 + K u^3$ (a); alors l'équation différentielle de l'orbite, en employant ma méthode, & en faifant $u = a + t = 1 + t$, fera $ddt + (1 - \dfrac{K}{gg}) t \, d\zeta^2 - F d\zeta^2 + d\zeta^2 - K d\zeta^2 = o$; d'où l'on tire tout d'un coup en intégrant par ma méthode (art. 25 de ma *Théorie*) $t = \dfrac{(1 - K - F) \times (\cos.\zeta \sqrt{1 - \dfrac{K}{gg}} - 1)}{1 - \dfrac{K}{gg}}$;

& par conféquent la valeur de u ou $1 + t$.

(a) Voyez p. 18 de fa Théorie de la Lune.

2. Au contraire le Géometre dont nous venons de parler, est obligé, pour ce cas si simple, d'employer la méthode des indéterminées, qui est moins directe, & plus longue; moins directe, parce qu'on a besoin, de l'aveu de ce Géometre, de savoir d'avance la forme que doit avoir l'expression du rayon vecteur; plus longue, parce qu'il faut employer au moins trois indéterminées; la premiere, pour faire disparoître le terme qui contiendroit cos. ζ; la seconde, pour connoître le coëfficient de ζ, ou, ce qui revient au même, le mouvement de l'apside; & la troisiéme, pour déterminer le terme constant que l'expression de u doit contenir.

3. L'inconvénient de la méthode que nous éxaminons, est encore plus grand, lorsque la force Ψ est égale à $F u^2 + K u^n + L u^v$ &c. un des coëfficiens m, n &c. étant différent du nombre 3; car indépendamment de la longueur du calcul, qui est incomparablement plus grande que par ma méthode, ce cas a un inconvénient de plus que celui de $\Psi = F u^2 + K u^3$. En effet dans le cas où $\Psi = F u^2 + K u^3$, quoiqu'on ne soit pas sûr d'abord que la valeur indéterminée qu'on a supposée au rayon vecteur, ait la forme convenable, on en est assuré à la fin du calcul, parce que l'intégrale se trouve éxacte, en déterminant convenablement les constantes inconnues. Au contraire dans le cas de $\Psi = F u^2 + K u^n + L u^v$ &c. l'intégrale n'est pas éxacte, & ne sauroit l'être par aucune méthode; on ne sauroit donc être sûr que la forme qu'on a supposée au rayon vecteur, soit la vraie:

d'autant plus que si on lui donnoit une autre forme ; & dans laquelle il se trouvât, par exemple, des cos. z, la formule de notre savant Géometre donneroit en ce cas des arcs de cercle dans l'expression du rayon vecteur; & qu'il faut démontrer auparavant (ce qu'il n'a pas fait) qu'il ne doit point y avoir des arcs de cercle dans cette expression.

4. Ma méthode n'est point sujette à ces inconvéniens. Car 1°. j'ai démontré (art. 27 de *ma Théorie de la Lune*) qu'il ne devoit point y avoir d'arcs de cercle dans l'équation de l'orbite, au moins dans le cas où K & L sont très-petits par rapport à F; ce qui est le seul cas dont il soit question ici. 2°. Je trouve par le calcul le plus court & le plus simple, l'équation différentielle approchée

$$ddt + \left(1 - \frac{\overline{m-2}.K}{gg} - \frac{\overline{n-2}.L}{gg}\right)tdz^2 +$$

$(1 - K - L - F) dz^2 = 0$, dont l'intégrale est par l'art.

25 de ma *Théorie*, $t = \dfrac{1 - K - L - F}{1 - \dfrac{m-2.K}{gg} - \dfrac{n-2.L}{gg}} \times (-1 +$

cos. $z \sqrt{1 - \dfrac{\overline{m-2}.K}{gg} - \dfrac{\overline{n-2}.L}{gg}}$). 3°.

Elle donne enfin, comme on le voit par l'art. 27 de cette même *Théorie*, un moyen facile d'approcher de plus en plus de la vraie valeur de t, & de corriger le mouvement déja trouvé des apsides, sans avoir aucune indéterminée à introduire dans l'expression du rayon, &

fans

fans être embarraffé des termes qui paroîtroient devoir donner des arcs de cercle dans l'expreffion du rayon vecteur.

XVI.

1. On peut voir dans mes *Recherches fur le Syflême du Monde*, p. 110 de la premiere partie, & p. 237 & fuiv. plufieurs autres remarques fur l'intégration de l'équation différentielle de l'orbite des Planètes. Je ne répéterai point ici ces remarques, auxquelles je renvoye le Lecteur. J'ajouterai feulement à ce qui a été dit à la page 241 de cet Ouvrage, que quand il fe trouveroit dans l'équation différentielle de l'orbite lunaire, des termes de cette forme cof. $N \zeta - n \zeta + \pi n \zeta$, ($N$ marquant, non pas la racine du coëfficient de $t d \zeta^2$, mais le mouvement réel de l'apogée de la Lune, & π étant un nombre très-peu différent de l'unité, qui donne le mouvement de l'apogée du Soleil); il n'y auroit point à craindre que ces termes en introduififfent de trop grands par l'intégration. Car le divifeur de ces termes dans l'intégrale feroit (p. 244 & fuiv. de notre Théorie) $1 - \frac{3 n^2}{2} - (N - n + \pi n)^2$; c'eft-à-dire, à-très-peu-près $1 - \frac{3 n^2}{2} - N^2$, ou $\frac{3 n^2}{2}$, qui ne feroit pas trop petit eu égard au coëfficient que pourroient avoir ces termes dans la différentielle. Ainfi quand même il fe trouveroit dans l'équation différentielle des termes qui contiendroient cof.

$N\zeta - n\zeta + \pi n\zeta$, ces termes, quoique fort augmentés par l'intégration, demeureroient encore très-petits.

XVII.

Après avoir exposé les avantages de ma solution du Problême des trois Corps, je ne dois point dissimuler qu'elle a des inconvéniens : mais ces inconvéniens lui sont communs avec toutes les autres solutions, & viennent de ce qu'on n'a point encore de méthode complette pour résoudre le Problême dont il s'agit.

Ces inconvéniens sont en général ;

1°. Que le grand nombre de quantités, qu'on est forcé de négliger, rend la valeur des coëfficiens très-incertaine. J'en ai donné la preuve dans la premiere & la troisiéme partie de mes *Recherches sur le Systéme du Monde*. Voyez premiere Partie, p. 197 — 204, 234, 235, 249, 250, 254 ; & troisiéme Partie, p. 17, 18, 29, 30, 31. Voyez aussi l'Ecrit inféré à la fin de la seconde Edition de mon *Traité de Dynamique*.

2°. Que les séries qui expriment la valeur des coëfficiens, ne sont pas toujours convergentes ; c'est ce qu'on remarque sur-tout dans celle qui exprime le mouvement de l'apogée, & dont le premier terme ne donne qu'environ la moitié de ce mouvement. M. Clairaut s'en est apperçu le premier, & a remarqué qu'en poussant le calcul plus loin, on retrouvoit l'autre moitié de ce mouvement. Mais quoique cette remarque soit très-importante, & réponde à la difficulté qui s'étoit élevée sur le mouvement de l'apogée; cependant, pour s'affurer entiérement de la conformité de la théorie avec les obfervations, ce calcul ne fuffifoit pas encore, ainfi que je l'ai déja remarqué ailleurs. Car les deux premiers termes de la férie qui exprime le mouvement de l'apogée, étant à-peu-près égaux, il pouvoit fe faire que la férie ne fût pas convergente au-delà de ces deux termes; il falloit donc prouver que les termes fuivans étoient beaucoup plus petits que les deux premiers; & c'eft ce que j'ai fait dans la premiere Partie de mes *Recherches*, Ch. XX. Cependant, malgré le réfultat favorable de ce calcul, c'eft toujours une imperfection commune à toutes les folutions, de ne pas donner le mouvement de l'apogée par une ferie qui foit tout d'un coup convergente.

3°. Le même inconvénient fe rencontre, mais moins fenfiblement, dans plufieurs autres termes de l'équation lunaire; inconvénient qui tient encore à l'imperfection de l'approximation. J'en ai donné la preuve dans les endroits déja cités de mes *Rech. fur le Syftéme du Monde.*

4°. Enfin on remarquera qu'il y a plufieurs termes, qui étant très-petits dans l'équation différentielle de l'orbite lunaire, augmentent confidérablement par l'intégration. Tels font, par exemple, les termes qui expriment les finus de $2\zeta - 2n\zeta - 2N\zeta$, n étant le rapport de la révolution moyenne de la Lune à celle du Soleil, & $N\zeta$ l'anomalie de la Lune. J'ai remarqué le premier la néceffité d'avoir égard à ces termes dans l'équation de l'orbite lunaire; & je fis part de cette remarque, pendant l'Eté de 1748, à M. Clairaut, qui n'ayant pas encore fait à ces fortes de termes une attention fuffifante, croyoit alors que la théorie s'éloignoit entiérement des obfervations.

5°. Il eft d'autres termes qui peuvent augmenter encore plus que ceux-ci par l'intégration; & qui peuvent même augmenter affez pour rendre la vraie valeur des coëfficiens affez incertaine. Tels font, par exemple, les termes qui renferment fin. $2z - 2pz - 2Nz$, p étant le rapport du mouvement moyen du nœud à celui de la Lune; voyez la premiere Partie de mes *Rech*. p. 47 & 49, & la troifiéme Partie, p. 17. Il y auroit même telle combinaifon qui rendroit énormément grand le réfultat de l'intégration. Par exemple, s'il fe trouvoit dans $\int \pi x^3 dz$ des finus de $nz - \pi nz$ ($\pi n z$ exprimant l'anomalie du Soleil); la double intégration qu'exige la quantité $x x d z \int \pi x^3 dz$ dans l'expreffion du tems, donneroit pour dénominateur $n^2 (1 - \pi)^2$; c'eft-à-dire, une quantité d'une petiteffe extrême, puifqu'à caufe de la lenteur du mouvement de l'apogée du Soleil, $1 - \pi$ eft prefque égal à zéro; en ce cas l'intégrale deviendroit fort grande. S'il fe trouvoit par hafard dans l'équation de l'orbite lunaire des termes de cette forte, ils mettroient en défaut toutes les théories connues.

Or dans la combinaifon infinie & inépuifable des différens termes qui doivent entrer dans l'équation de l'orbite lunaire, il me paroît bien difficile de s'affurer qu'on n'aura point de pareil termes. Leur effet feroit de produire à la longue une altération *apparente* dans le moyen mouvement, tant que $nz - \pi nz$ feroit affez petit pour que fin. $nz - \pi nz$ pût être cenfé à-peu-près égal à $nz - \pi nz$; car foit A le coëfficient de fin. $nz - \pi nz$ qu'on fuppofe entrer dans la valeur de $\int \pi x^3 dz$; l'intégration donnera $\dfrac{A \text{ cof. } nz - \pi nz}{n(1-\pi)}$; & la double intégration $\dfrac{A \text{ fin. } nz - \pi nz}{n^2(1-\pi)^2} = \dfrac{Az}{n(1-\pi)}$, c'eft-à-dire, proportionnelle au moyen mouvement; ce qui donne par conféquent une altération apparente au moyen mouvement, tant que $nz - \pi nz$ eft une partie affez petite de la circonférence. Mais au bout d'un grand nombre d'années, ou, fi l'on veut, de fiécles, lorfque fin. $nz - \pi nz$ ne peut plus être pris pour $nz - \pi nz$; alors l'équation n'eft plus proportionnelle au moyen mouvement, & rentre dans la claffe des équations ordinaires (*a*).

Il fuit de-là que les folutions trouvées jufqu'ici du Problême des trois Corps, & en particulier des inégalités de la Lune, n'ont point encore le dégré de perfection qu'on y peut fouhaiter; & on ne fauroit trop exhorter les Géometres à chercher les moyens de parvenir à

(*a*) Voyez la feconde Partie de mes *Recherches fur le Syftéme du Monde*, p. 94 & fuiv. J'y fais voir que l'altération *apparente* du moyen mouvement de Saturne pourroit bien tenir à des termes de cette efpéce; c'eft auffi ce qu'on a remarqué depuis dans la piéce qui a remporté le Prix de l'Académie des Sciences en 1760, fur *l'altération du mouvement moyen des Planètes*.

ce but fi defiré, en perfectionnant, fi cela eft poffible, les méthodes analytiques qui peuvent y conduire.

X V I I I.

Dans l'application du Problême des trois Corps au mouvement de Jupiter & de Saturne, il fe rencontre une difficulté que M. Euler a le premier réfolue, & qui vient des coëfficiens de certains termes de l'équation. Voyez mes *Recherches fur le Syftéme du Monde*, feconde Partie art. 222 & fuiv. Je dois remarquer à cette occafion, que quand j'ai propofé, art. 232 du même Ouvrage, une méthode pour trouver les coëfficiens de ces termes, par la rectification des Sections coniques, & que j'ai donné cette méthode *comme plus curieufe & plus géométrique, que commode pour le calcul*; ce n'eft pas que je ne la croye très-praticable, & préférable même aux quadratures que d'autres Géometres ont employées pour le même objet; car en général les approximations par rectification font plus éxactes que les approximations par quadrature: mais c'eft que j'avois donné dans cette même *feconde Partie*, pag. 55 — 89, d'autres méthodes encore plus commodes (& auffi éxactes, ce me femble, qu'aucune autre), pour parvenir à la valeur de ces coëfficiens; méthodes qui m'appartiennent en propre, & qui confiftent dans la fommation approchée de certaines feries, dont les derniers termes forment à-très-peu-près une progreffion géométrique.

Je fais cette remarque relativement à deux endroits

des Mémoires de l'Académie de 1754, p. 545 & 549.
Au reste que l'on employe ces series, ou la quadrature
méchanique de certaines courbes, ou la rectification des
Sections coniques, il n'est pas moins certain que la méthode donnée dans ces Mémoires, est fondée fur une
idée que j'ai proposée le premier, & qui n'a rien de
commun, comme on l'a voulu faire entendre, avec la
méthode, d'ailleurs très-ingénieuse, de M. Euler. Cette
idée consiste à remarquer, comme je l'ai fait art. 232 de
la seconde Partie de mes *Recherches fur le Système du
Monde*, que la connoissance des coëfficiens dépend de
l'intégration complette de certaines quantités, lorsque
la variable qu'elles renferment, est égale à la moitié de
la circonférence, ou à la circonférence entiere ; ce que
j'ai démontré de la maniere la plus simple, sans avoir
besoin du savant circuit qu'on a employé pour cela dans
les Mémoires cités de 1754.

X I X.

Je viens maintenant à mes nouvelles Tables. La forme
que je leur donne, est celle que M. Euler a employée
le premier, & que M. Mayer a suivie. Elle consiste à
regarder l'excentricité comme constante, & à substituer
à l'excentricité variable des Tables des *Instit.* un terme
proportionnel à sin $2Z - 2q' - N.Z$, qui fait à-peu-
près le même effet. Comme les Astronomes commencent
à faire usage des Tables disposées suivant cette nouvelle
forme, qui est en effet plus commode & plus simple,

je me fuis déterminé à donner maintenant à mes Tables cette forme qui réfulte immédiatement de la théorie, & que je leur aurois donnée plutôt, fi je n'avois vû les Aftronomes encore attachés à la forme ancienne, comme je l'ai dit en publiant mes premieres Tables.

Il y a néanmoins quelque différence entre la forme des Tables de M. Mayer, & la forme des miennes.

1°. M. Mayer fuppofe qu'on ait calculé le lieu vrai du Soleil, au lieu que je n'ai befoin que du lieu moyen de cet Aftre. Cette fuppofition abrege le calcul; il eft vrai qu'on ne pourroit pas employer le même abrégé pour fimplifier les Tables des *Inftitutions*, comme je l'ai remarqué dans la troifiéme Partie de mes *Recherches*, §. XXIV, mais cela vient de la forme particuliere aux Tables des *Inftitutions*, qui eft très-différente de celle des Tables de M. Mayer.

2°. J'ai donné une difpofition différente à mes Tables quant à la place que certaines équations y occupent.

3°. Quelques équations, comme celle des argumens VI & XIII, me font particulieres.

4°. Quelques équations font autrement préfentées; comme celles des argumens IV & V. qui reviennent à l'équation VIII de M. Mayer, & à l'équation qu'il donne pour l'anomalie moyenne, dont je fuppofe au contraire que le mouvement eft uniforme, ce qui me paroît plus fimple.

5°. Dans notre argument XV, qui répond à l'argument XIII de M. Mayer, on n'a point d'égard à la correction
qui

qui vient de l'équation du centre, au lieu que M. Mayer y a eu égard, comme on l'a déja remarqué dans la troisiéme Partie des *Recherches sur le Syftême du Monde*, p. 24.

X X.

Du refte, pour conftruire les différentes équations de ces Tables, voici comment je m'y fuis pris.

J'ai eu recours aux quatre différentes Tables, dont j'ai offert la comparaifon, p. 28 de la troifiéme Partie de mes *Recherches fur le Syftême du Monde*; & voici l'ufage que j'en ai fait. Je fuppofe que le Lecteur ait ces Tables fous les yeux.

La premiere équation qui eft proportionnelle à fin. $\pi \zeta'$, & qui dépend de l'anomalie moyenne du Soleil, je l'ai prife de 11' 30", qui eft à-peu-près le milieu entre les quatre Tables; le vrai milieu eft 11' 40", mais j'ai retranché 10", parce que je crois un peu trop grande l'équation 12' 57" que donne ma théorie; cette équation eft le premier argument de mes nouvelles Tables.

J'ai confervé la feconde équation de mes Tables $+$ 2' 28" fin. $2 Z - 2 \zeta' - 2 N. Z$; parce que cette équation ne differe pas beaucoup de celle de M. Clairaut, & qu'il paroît que dans les Tables de M^r, Mayer & le Monnier, qui donnent 3' 45", on s'eft contenté de la valeur de cette équation trouvée par Newton, dont la théorie ne femble pas affez éxacte. C'eft le fecond argument des nouvelles Tables de cet Ouvrage.

Il en eft de même de l'équation $- 1'$ 9" fin. $2 \zeta' -$

2 $p Z$, donnée par ma Théorie, & que j'ai confervée par les mêmes raifons. C'eft le troifiéme argument de mes nouvelles Tables.

Quant à la *variation* (qui fait l'argument XV des nouvelles Tables, & l'argument IV de la page 28 de la troifiéme partie de mes *Recherches*); comme il eft difficile de la déterminer rigoureufement par la théorie, & que je crois en particulier, ainfi que je l'ai dit ci-deffus, ne l'avoir pas déterminée affez éxactement par la mienne, j'ai pris le milieu 40′ 38″ entre les deux équations de M⁽ˢ⁾ Mayer & le Monnier, qui paroiffent fondées fur les obfervations. De plus (art. 95 de la premiere Partie de mes *Recherches fur le Syftéme du Monde*) j'ai retranché 23″ à caufe de la correction du lieu qui provient du mouvement des nœuds & de l'inclinaifon, & j'ai eû 40′. 15″. Cette équation fait partie de l'argument XV de mes nouvelles Tables, du quel je parlerai encore plus bas.

Pour la cinquiéme équation, j'ai pris d'abord 1′ 30″ qui eft à-très-peu-près le milieu entre les quatre équations des quatre Tables; ce qui donne d'abord + 1′ 30″. fin. $2 Z - 2 \zeta'' + \pi \zeta' - N Z$. De plus en mettant pour ζ', longitude vraie du Soleil, la quantité $\zeta - 2 \lambda$ fin. $\pi \zeta$ dans l'équation VII, il en vient à-peu-près un terme de cette forme $- 2′ 32″$ fin. $2 \zeta - 2 \zeta + \pi \zeta - N. Z$; refte donc $- 1′ 2″$ fin. $2 Z - 2 \zeta + \pi \zeta - N. Z$ pour dernier réfultat de l'équation. C'eft l'argument X de mes nouvelles Tables.

J'ai gardé la fixiéme équation 2′ 5″ que la Théorie

m'a donnée, & qui d'ailleurs est à-peu-près moyenne
entre les deux de Mrs le Monnier & Mayer. Celle de
M. Clairaut 3′ 40″ paroît incertaine, & je la crois trop
grande. Voyez *Rech. sur le Systême du Monde*, troisiéme
Partie, p. 29. C'est une partie de l'argument XV des nouvelles Tables.

Pour l'équation VII nommée *Evection*, j'ai pris l'équation — 1° 17′ de M. le Monnier, qui tient à-peu-près le
milieu entre les autres; ayant d'ailleurs lieu de croire,
comme je l'ai dit ci-dessus, que l'équation 1° 18′ 18″
que j'ai trouvée par ma Théorie, est un peu trop grande.
C'est l'argument XVI de mes nouvelles Tables.

Pour l'équation VIII, j'ai pris celle de M. Mayer —
3′ 0″, qui est à-peu-près moyenne entre les autres; c'est
l'argument IX de mes nouvelles Tables.

Pour l'équation IX, j'ai pris — 1 38″ qui est à-peu-près
moyenne entre les autres; & à laquelle les deux Tables
de Mrs le Monnier & Mayer sont d'ailleurs assez conformes; c'est l'argument IV de mes nouvelles Tables.

Pour l'équation X, j'ai pris — 2 20″, sur laquelle Mrs
Clairaut & Mayer s'accordent à-peu-près, & que j'ai re-
connue par le calcul avoir en effet à-peu près cette valeur;
c'est l'argument V.

Pour la XIe Equation, j'ai pris d'abord 1′ qui est à-peu-
près moyen entre les Tables de M. Clairaut & les miennes, & qui ne diffère pas d'ailleurs beaucoup de celles
de M. Mayer. Ensuite comme la substitution de $\zeta - 2\lambda$
sin. $\pi\zeta$ au lieu de χ' dans l'*Evection* donne encore ici +

2' 32" fin. 2 Z — 2 ζ — $\pi \zeta$ — $N.Z$, il en réfulte l'équation totale + 3' 32" fin. 2 Z — 2 ζ — $\pi\zeta$ — $N.Z$; c'est l'argument XI de mes nouvelles Tables.

Pour la XII Equation, j'ai pris 1' 2" qui est à-peu-près le milieu entre les Tables de M. Clairaut & les miennes, & qui d'ailleurs s'accorde à-très-peu-près avec celles de M. Mayer; c'est l'argument XII.

J'ai fupprimé la XIIIe Equation, qui est nulle dans les deux Tables de Mrs Mayer & le Monnier, & qui est affez incertaine par la Théorie, comme on le voit non-feulement par ce que nous avons dit plus haut §. XVII, & p. 17 de la troifiéme Partie de mes *Recherches*, mais encore par la comparaifon des Tables de M. Clairaut avec les miennes, les deux réfultats étant même de fignes différens.

Pour la XVe Equation, j'ai pris — 45", qui est celle des Tables des *Inflitutions*, & qui est à peu-près moyenne entre les autres; enfuire comme la *variation*, en mettant pour ζ' fa valeur ζ — 2 λ fin. $\pi\zeta$, donne à-peu-près + 1' 8" fin. 2 Z — 2 ζ + $\pi \zeta$, il en réfulte une équation totale de 23"; c'est l'argument VII.

Enfin pour la XVIe Equation, j'ai pris d'abord le réfultat — 1' 2" des Tables de M. Mayer, qui est à-peu-près moyen entre les autres; à quoi ajoutant — 1' 8" donné par la fubftitution de ζ — 2 λ fin. $\pi \zeta$ dans la *variation*, j'ai — 2' 10" fin. 2 Z — 2 ζ — $\pi \zeta$. C'est l'argument VIII.

A l'égard de la XVII Equation qui est nulle dans

les trois Tables de M^rs le Monnier, Clairaut & moi,
je l'ai fupprimée, quoique dans les Tables de M. Mayer
elle monte à près de 30″.

J'aurois pû en faire de même de la XIVe Equation,
qui eſt nulle dans les trois Tables de Mrs Mayer, le
Monnier & Clairaut, & qui dans la mienne monte à
18″; cependant, comme j'ai tout lieu de croire que
mon réfultat eſt préférable, par la raifon que mes formules
(§. XII.) font beaucoup plus éxactes pour calculer ces
fortes d'équations, j'ai cru qu'on pourroit faire ufage de
cette équation; & j'en ai dreſſé une Table à part, dont
j'ai fait l'Argument VI : on peut la fupprimer quand
l'argument fera de peu de degrés; l'équation qui en réfulte, n'étant alors que de quelques fecondes.

X X I.

L'Equation du moyen mouvement ou du tems par
le mouvement vrai, qui donne la valeur de Z en z,
renfermant deux termes de cette forme $+ a$ fin. $2z -$
$2nz - Nz - G$ fin. $2z - 2nz$, il en réfulte 1°. une

équation $- \frac{a \cdot a}{2} -$ fin. $4 Z - 4z' - 2 N . Z$, qui

donne en changeant le figne, pour appliquer cette équation au lieu moyen, un réfultat égal à $+46″$ fin. $4 Z -$
$4z' - 2 N . Z$. Ce réfultat fait partie de l'Argument
XVI. 2°. Une équation $- G G$ fin. $4 Z - 4z'$, qui donne
en changeant le figne $+ 23″$ fin. $4 Z - 4z'$. Ce réfultat fait partie de l'Argument XV ; dans la Table propre

à cet argument, il eſt combiné avec la *variation* & la VIᵉ Equation dont il a été parlé ci-deſſus. 3°. Deux Equations $-\frac{\alpha\,6}{2}$ ſin. $N.Z+\frac{3\,\alpha\,6}{2}$ ſin. $4Z-4z'-N.Z$, qui donnent en changeant les ſignes $+23''$ ſin. $N.Z-1'12''$ ſin. $4Z-4z'-N.Z$.

La premiere de ces Equations $+23''$ ſin. $N\,Z$ doit ſe combiner avec l'Equation du centre (argument XIV.) que j'ai faite avec M. Mayer $-6°.18'44''$, & qui s'accorde d'ailleurs très-bien avec les Tables de M. le Monnier, & à-très-peu-près avec les miennes.

A l'égard de l'Equation $-1'12''$ ſin. $4Z-4\zeta-N.Z$, j'en ai fait une Table particuliere, qui eſt celle de l'argument XIII. Cette derniere Equation paroît avoir été négligée (au moins en partie) par M. Mayer; & c'eſt peut-être pour cela que dans les ſyzygies, les Tables de cet habile Aſtronome donnent quelquefois autant d'erreur que hors des ſyzygies. Au reſte je ne dis ceci que par conjecture, M. Mayer n'ayant point encore publié la théorie ou la méthode d'après laquelle il a conſtruit ſes Tables.

XXII.

Pour calculer la latitude, j'ai employé la méthode expliquée ...ns la troiſiéme Partie de mes *Recherches ſur le Syſtème du Monde*, p. 50 & 51; & c'eſt d'après cette méthode, que j'avois dreſſé d'abord les Tables de latitude, en prenant 9' 30'' pour l'équation du nœud, &

9′ pour la plus grande équation donnée par le second argument de la latitude; & en supposant l'inclinaison moyenne de 5° 9′.

Mais j'ai trouvé ensuite un moyen de rendre ces équations plus éxactes. Pour cela j'ai considéré 1°. que dans les équations du nœud, telles que nous les avons données dans la troisiéme Partie des *Rech. sur le Syſtême du Monde* §. VIII, on trouve entr'autres équations, ces deux-ci — 8′ 22″ fin. 2 ζ — 2 ζ' + 8′ 22″ fin. 2 ζ — 2 $p\zeta$. 2°. Qu'à ces équations du mouvement du nœud, il en répond deux de même figne pour l'inclinaiſon; ſavoir (— 8′ 22″ coſ. 2 ζ — 2 ζ' + 8′ 22″ coſ. 2 ζ — 2 $p\zeta$) × μ, μ exprimant le rapport de la tangente de l'inclinaiſon au finus total. 3°. Que fi par conféquent on se ſert de ces équations pour corriger la latitude ſuivant la méthode donnée dans la troifiéme Partie des *Recherches ſur le Syſtême du Monde* §. XXV; on aura pour la correction de la latitude — 8′ 22″ × μ × fin. ζ — $p\zeta$ — 2ζ + 2 ζ' + 8′ 22″ × μ fin. ζ — $p\zeta$ — 2ζ + 2 $p\zeta$ = à-très-peu-près 41″ fin. ζ — 2 $n\zeta$ + $p\zeta$ — 41″ fin. ζ — $p\zeta$. Il faut donc retrancher 41″ de la plus grande équation de la premiere Table, ce qui la réduit à 5° 9′ — 41″, ou 5° 8′ 19″; & il faut au contraire ajouter 41″ à la plus grande équation de la feconde Table; ce qui la change en 9′ 41″. C'eſt d'après cette correction que les deux premieres Tables de la latitude ont été formées.

Outre les deux équations du nœud dont nous venons de parler, il y en a encore une autre aſſez confidérable

$+ 4' 45''$ fin. $2 \zeta - 2 N \zeta - 2 p z$, qui peut produire environ $23''$ dans la latitude; cette équation eſt à très-peu-près $+ 23''$ fin. $2 N z - z + p z$, & ſon argument eſt le double de l'anomalie moyenne de la Lune, moins l'argument de la latitude, ou plus éxactement, le double de l'argument XIV, moins l'argument de la latitude. J'en ai formé une troiſiéme Table, qui ne ſe trouve point dans celles de M. Mayer.

XXIII.

Quant à la parallaxe de la Lune, j'ai employé d'abord la parallaxe moyenne de $57' 12''$, ainſi que je l'ai trouvée dans ma *Théorie de la Lune*, art. 154; or la parallaxe moyenne, ſuivant les Tables de M. Mayer, eſt $57' 18''$ (en prenant le milieu entre la plus grande parallaxe de ces Tables $60' 26''$, & la plus petite $54' 10''$); ainſi il faut ôter conſtamment $6''$ de la Table des parallaxes de M. Mayer. C'eſt de cette maniere que j'ai formé la Table des parallaxes.

A l'égard des deux Tables de corrections de la parallaxe, elles ont été faites d'après un calcul nouveau, qui s'accorde d'ailleurs aſſez avec les Tables de Mrs Mayer & Clairaut.

Fin du quatorziéme Mémoire.

NOUVELLES TABLES

NOUVELLES
TABLES
DE
LA LUNE.

EPOQUES POUR LES CALCULS DE LA LUNE.

N. B. Ces Epoques sont conformes à celles des *Institutions Astronomiques*, avec cette seule différence, qu'on a ajouté 15″ à la longitude moyenne de la Lune.

Années.	Longitude moyenne du Soleil.	Anomalie moyenne du Soleil.	Longitude moyenne de la Lune.	Longitude moyenne de son Apogée.	Anomalie moyenne de la Lune.	Nœud ascendant rétrograde.
	Sig. D. M. S.	Sig. D. M. S	Sig. D. M. S.	Sig. D. M. S.	Sig. D. M. S.	Sig. D. M. S.
1749	9 10 14 40	6 01 39 48	01 28 53 31	04 10 19 02	09 18 34 29	09 29 34 43
1750	9 10 00 21	6 01 24 26	06 08 16 34	05 20 58 52	00 17 17 42	09 10 15 00
1751	9 09 46 01	6 01 09 03	10 17 39 38	07 01 38 43	03 16 00 55	08 20 55 17
1752 B	9 10 30 49	6 01 53 48	03 10 13 16	08 12 25 14	06 27 48 02	08 01 32 23
1753	9 10 16 29	6 01 37 25	07 19 35 20	09 23 05 05	09 26 31 15	07 11 12 40
1754	9 10 02 09	6 01 22 02	11 28 59 23	11 03 44 55	00 25 14 28	06 22 52 56
1755	9 09 47 49	6 01 06 39	04 08 22 27	00 14 24 46	03 23 57 41	06 03 33 13
1756 R	9 10 32 38	6 01 50 25	09 00 56 05	01 25 11 17	07 05 44 48	05 14 10 19
1757	9 10 18 18	6 01 35 02	01 10 19 09	03 05 51 08	10 04 28 01	04 24 50 36
1758	9 10 03 58	5 01 19 39	05 19 42 12	04 16 30 58	01 03 11 14	04 05 30 53
1759	9 09 49 38	6 01 04 16	09 29 05 16	05 27 10 49	04 01 54 27	03 16 11 10
1760 B	9 10 34 27	6 01 48 02	02 21 38 54	07 07 57 20	07 13 41 34	02 26 48 16
1761	9 10 20 07	6 01 32 39	07 01 01 57	08 18 37 10	10 12 24 47	02 07 38 33
1762	9 10 05 47	6 01 17 16	11 10 25 00	09 29 17 01	01 11 07 59	01 18 08 50
1763	9 09 51 27	6 01 01 53	03 19 48 04	11 09 56 51	04 09 51 13	00 28 49 06
1764 B	9 10 36 15	6 01 45 38	08 12 21 43	00 20 43 23	07 21 38 20	00 09 26 12
1765	9 10 21 55	6 01 30 15	00 21 44 46	02 01 23 13	10 20 21 33	11 20 06 29
1766	9 10 07 36	6 01 14 53	05 01 07 50	03 12 03 04	01 19 04 46	11 00 46 45
1767	9 09 53 16	6 00 59 30	09 10 30 53	04 22 42 54	04 17 47 59	10 11 27 03
1768 B	9 10 38 04	6 01 43 15	02 03 04 32	06 03 29 26	07 29 35 06	09 22 04 09
1769	9 10 23 44	6 01 27 52	06 12 27 35	07 14 09 16	10 28 18 19	09 02 44 26
1770	9 10 09 25	6 01 12 30	10 21 50 39	08 24 49 07	01 27 01 32	08 13 24 43
1771	9 09 55 05	6 00 57 07	03 01 13 42	10 05 28 57	04 25 44 45	07 24 05 00
1772 B	9 10 39 53	6 01 40 52	07 23 47 21	11 16 15 29	08 07 31 52	07 04 42 06
1773	9 10 25 33	6 01 25 29	00 03 10 24	00 26 55 19	11 06 15 05	06 15 22 23
1774	9 10 11 13	6 01 10 06	04 12 33 28	02 07 35 10	02 04 58 18	05 26 02 40
1775	9 09 56 54	6 00 54 44	08 21 56 31	03 18 15 00	05 03 41 31	05 06 41 57
1776 B	9 00 41 42	6 01 38 29	01 14 30 10	04 29 01 32	08 15 28 38	04 17 20 03

EPOQUES POUR LES CALCULS DE LA LUNE.

N. B. Ces Epoques font conformes à celles des *Inftitutions Aftronomiques*, avec cette feule différence, qu'on a ajouté 15" à la longitude moyenne de la Lune.

Années.	Longitude moyenne du Soleil.	Anomalie moyenne du Soleil.	Longitude moyenne de la Lune.	Longitude moyenne de fon Apogée.	Anomalie moyenne de la Lune.	Nœud ascendant rétrograde.
	Sig. D. M. S.	Sig. D. M. S.	Sig. D. M. S.	Sig. D. M. S.	Sig. D. M. S.	Sig. D. M. S.
1777	9 10 27 22	6 01 23 06	05 23 53 13	06 09 41 22	11 14 11 51	03 28 00 20
1778	9 10 13 02	6 01 07 43	10 03 16 17	07 20 21 13	02 12 55 04	03 08 40 37
1779	9 09 58 42	6 00 52 20	02 12 39 20	09 01 01 03	05 11 38 17	02 19 20 54
1780 B	9 10 43 31	6 01 36 06	07 05 12 59	10 11 47 35	08 23 25 24	01 29 58 01
1781	9 10 29 11	6 01 20 43	11 14 36 02	11 22 27 85	11 22 08 37	01 10 38 18
1782	9 10 14 51	6 01 05 20	03 23 59 06	01 03 07 16	02 20 51 50	00 21 28 35
1783	9 10 00 31	6 00 49 57	08 03 22 09	02 13 47 06	05 19 35 03	00 02 08 52
1784 B	9 10 45 20	6 01 33 43	00 25 55 48	03 24 33 38	09 01 22 10	11 12 35 57
1785	9 10 31 00	6 01 18 20	05 05 18 51	05 05 13 28	00 00 05 23	10 23 16 14
1786	9 10 16 40	6 01 02 57	09 14 41 55	06 15 53 19	02 28 48 36	10 03 56 31
1787	9 10 02 20	6 00 47 34	01 24 04 58	07 26 33 09	05 27 31 49	09 14 36 48
1788 B	9 10 47 09	6 01 31 20	06 16 38 37	09 07 19 41	09 09 18 56	08 25 13 54
1789	9 10 32 49	6 01 15 57	10 26 01 40	10 17 59 31	00 08 02 09	08 05 54 11
1790	9 10 18 29	6 01 00 34	03 05 24 44	11 28 39 22	03 06 45 22	07 16 34 28
1791	9 10 04 09	6 00 45 11	07 14 47 47	01 09 19 12	06 05 28 35	06 27 14 45
1792 B	9 10 48 57	6 01 28 56	00 07 21 36	02 20 05 44	09 17 15 42	06 07 51 51
1793	9 10 34 37	6 01 13 33	04 16 44 29	04 00 45 34	00 15 58 55	05 18 32 08
1794	9 10 20 17	6 00 53 10	08 26 07 33	05 11 25 25	03 14 42 08	04 29 12 25
1795	9 10 05 57	6 00 42 47	01 05 30 36	06 22 05 15	06 13 25 21	04 09 52 42
1796 B	9 10 50 46	6 01 26 33	05 28 04 15	08 02 51 47	09 25 12 28	03 20 29 48
1797	9 10 36 26	6 01 11 10	10 07 27 18	09 13 31 37	00 23 55 41	03 01 10 05
1798	9 10 22 06	6 00 55 47	02 16 50 22	10 24 11 29	03 22 38 53	02 11 50 22
1799	9 10 07 46	6 00 40 24	06 26 13 25	00 04 51 19	06 21 22 06	01 22 30 39
1800 B	9 10 52 35	6 01 24 10	11 18 47 04	01 15 37 50	10 03 09 14	01 03 07 46

MOYENS MOUVEMENS DU SOLEIL ET DE LA LUNE.
pour le dernier jour de chaque mois.

Mois.	Longitude moyenne du Soleil.	Anomalie moyenne du Soleil.	Longitude moyenne de la Lune.	Longitude moyenne de l'Apogée.	Anomalie moyenne de la Lune.	Nœud ascendant rétrograde.
	S. D. M. S.	S. D. M. S.	S. D. M. S.	S. D. M. S.	S. D. M. S.	S. D. M. S.
Janvier	01 00 33 18	01 00 33 13	01 18 28 06	0 03 27 13	01 15 00 53	0 01 38 30
Février	01 28 09 11	01 28 09 01	01 27 24 26	0 06 34 23	01 20 50 03	0 03 07 28
Mars	02 28 42 30	02 28 42 14	03 15 52 32	0 10 01 37	03 05 50 55	0 04 45 57
Avril	03 28 16 39	03 28 16 18	04 21 10 03	0 13 22 00	04 07 47 54	0 06 21 17
Mai	04 28 49 58	04 28 49 32	06 09 38 08	0 16 49 11	05 22 48 46	0 07 59 47
Juin	05 28 24 08	05 28 23 37	07 14 55 39	0 20 09 54	06 24 45 44	0 09 35 06
Juillet	06 28 57 26	06 28 56 49	09 03 23 45	0 23 37 08	08 09 46 37	0 11 13 35
Août	07 29 30 14	07 29 30 02	10 21 51 51	0 27 04 21	09 24 47 30	0 12 52 05
Septem	08 29 04 54	08 29 04 07	11 27 09 21	01 00 24 53	10 26 44 28	0 14 27 24
Octob.	09 29 38 12	09 29 37 20	01 15 37 27	01 03 52 07	00 11 45 20	0 16 05 53
Nov.	10 29 12 22	10 29 11 24	02 20 54 58	01 07 12 39	01 13 42 19	0 17 41 12
Décem.	11 29 45 40	11 29 44 37	04 09 23 04	01 10 39 52	02 28 43 12	0 19 19 43

MOYENS MOUVEMENS DU SOLEIL ET DE LA LUNE
pour les jours du Mois (a).

Jours.	Longitude moyenne du Soleil.				Anomalie moyenne du Soleil.				Longitude moyenne de la Lune.				Longitude moyenne de l'Apogée.				Anomalie moyenne de la Lune.				Nœud ascendant rétrograde.			
	S.	D.	M.	S.	S.	D.	M.	S.	S.	D.	M.	S.	S.	D.	M.	S.	S.	D.	M.	S.	S.	D.	M.	S.
1	00	00	59	08	00	00	59	08	00	13	10	35	00	00	06	41	00	13	03	54	00	00	03	11
2	00	01	58	17	00	01	58	17	00	26	21	10	00	00	13	22	00	26	07	48	00	00	06	21
3	00	02	57	25	00	02	57	25	01	07	31	45	00	00	20	03	01	09	11	42	00	00	09	32
4	00	03	56	33	00	03	56	33	01	22	42	20	00	00	26	44	01	22	15	36	00	00	12	43
5	00	04	55	42	00	04	55	42	02	05	52	55	00	00	33	25	02	05	19	30	00	00	15	53
6	00	05	54	50	00	05	54	49	02	19	03	30	00	00	40	06	02	18	23	24	00	00	19	04
7	00	06	53	58	00	06	53	57	03	02	14	05	00	00	46	48	03	01	27	17	00	00	22	14
8	00	07	53	07	00	07	53	06	03	15	24	40	00	00	53	29	03	14	31	11	00	00	25	25
9	00	08	52	15	00	08	52	14	03	28	35	15	00	01	00	10	03	27	35	05	00	00	28	36
10	00	09	51	23	00	09	51	22	04	11	45	50	00	01	06	51	04	10	38	59	00	00	31	46
11	00	10	50	32	00	10	50	30	04	24	56	25	00	01	13	32	04	23	42	53	00	00	34	57
12	00	11	49	40	00	11	49	38	05	08	07	00	00	01	20	13	05	06	46	47	00	00	38	08
13	00	12	48	48	00	12	48	46	05	21	17	35	00	01	26	54	05	19	50	41	00	00	41	18
14	00	13	47	57	00	13	47	55	06	04	28	10	00	01	33	35	06	02	54	35	00	00	44	29
15	00	14	47	05	00	14	47	03	06	17	38	45	00	01	40	16	06	15	58	29	00	00	47	40
16	00	15	46	13	00	15	46	11	07	00	49	20	00	01	46	57	06	29	02	23	00	00	50	50
17	00	16	45	22	00	16	45	19	07	13	59	55	00	01	53	38	07	12	06	17	00	00	54	01
18	00	17	44	30	00	17	44	27	07	27	10	30	00	02	00	19	07	25	10	11	00	00	57	11
19	00	18	43	38	00	18	43	35	08	10	21	05	00	02	07	00	08	08	14	05	00	01	00	22
20	00	19	42	47	00	19	42	44	08	23	31	40	00	02	13	41	08	21	17	59	00	01	03	33
21	00	20	41	55	00	20	41	52	09	06	42	15	00	02	20	23	09	04	21	52	00	01	06	43
22	00	21	41	03	00	21	41	00	09	19	52	50	00	02	27	04	09	17	25	46	00	01	09	54
23	00	22	40	12	00	22	40	08	10	03	03	26	00	02	33	45	10	00	29	41	00	01	13	05
24	00	23	39	20	00	23	39	16	10	16	14	01	00	02	40	26	10	13	33	35	00	01	16	15
25	00	24	38	28	00	24	38	24	10	29	24	36	00	02	47	07	10	26	37	29	00	01	19	26
26	00	25	37	37	00	25	37	33	11	12	35	11	00	02	53	48	11	09	41	23	00	01	22	37
27	00	26	36	45	00	26	36	41	11	25	45	46	00	03	00	29	11	22	45	17	00	01	25	47
28	00	27	35	53	00	27	35	49	00	08	56	21	00	03	07	10	00	05	49	11	00	01	28	58
29	00	28	35	02	00	28	34	57	00	22	06	56	00	03	13	51	00	18	53	05	00	01	32	09
30	00	29	34	10	00	29	35	05	01	05	17	31	00	03	20	32	01	01	56	59	00	01	35	19
31	01	00	33	18	01	00	33	13	01	18	28	06	00	03	27	13	01	15	00	53	00	01	38	30

(a) Dans les années Bissextiles, il faut retrancher un jour de la date du mois, si cette date tombe dans les mois de Janvier ou de Février. Par exemple, si on demande le lieu de la Lune le 31 Janvier dans une année Bissextile, ou le 10 Février, il faudra prendre le lieu qui répond au 30 Janvier, ou au 9 Février.

MOYENS MOUVEMENS DU SOLEIL ET DE LA LUNE,
pour les Heures, Minutes & Secondes.

N. B. Pour les Heures, Minutes & Secondes, le mouvement de l'Apogée du Soleil est insensible. C'est pourquoi dans les deux Tables suivantes l'Anomalie moyenne du Soleil est toujours égale à la longitude moyenne de cet Astre.

	Longitude moy. du Soleil.			Anomalie moy. du Soleil.			Longitude moy. de la Lune.			Longitude moy. de l'Apogée.			Anomalie moy. de la Lune.			Nœud ascendant rétrograde.		
Secondes.	S.	T.	Q.	S.	T.	Q.	S.	T.	Q.	S.	T.	Q.	S.	T.	Q.	S.	T.	Q.
Minutes.	M.	S.	T.	M.	S.	T.	M.	S.	T.	M.	S.	T.	M.	S.	T.	M.	S.	T.
Heures.	D.	M.	S.	D.	M.	S.	D.	M.	S.	D.	M.	S.	D.	M.	S.	D.	M.	S.
1	00	02	28	03	02	28	00	33	36	00	00	17	00	33	40	00	00	,08
2	00	04	56	00	04	56	01	05	53	00	00	33	01	05	20	00	00	,16
3	00	07	24	00	07	24	01	38	49	00	00	50	01	37	59	00	00	24
4	00	09	51	00	09	51	02	11	46	00	01	07	02	10	39	00	00	32
5	00	12	19	00	12	19	02	44	42	00	01	24	02	43	18	00	00	40
6	00	14	47	00	14	47	03	17	39	00	01	40	03	15	59	00	00	48
7	00	17	15	00	17	15	03	50	35	00	01	57	03	48	38	00	00	56
8	00	19	43	00	19	43	04	23	32	00	02	14	04	21	18	00	01	04
9	00	22	11	00	22	11	04	56	28	00	02	30	04	53	58	00	01	12
10	00	24	38	00	24	38	05	29	24	00	02	47	05	26	37	00	01	19
11	00	27	06	00	27	06	06	02	21	00	03	04	05	59	17	00	01	27
12	00	29	34	00	29	34	06	35	18	00	03	20	06	31	58	00	01	35
13	00	32	02	00	32	02	07	08	14	00	03	37	07	04	37	00	01	43
14	00	34	30	00	34	30	07	41	10	00	03	54	07	37	16	00	01	51
15	00	36	58	00	36	58	08	14	07	00	04	11	08	09	56	00	01	59
16	00	39	25	00	39	25	08	47	03	00	04	27	08	42	36	00	02	07
17	00	41	53	00	41	53	09	20	00	00	04	44	09	15	16	00	02	15
18	00	44	21	00	44	21	09	52	56	00	05	01	09	47	55	00	02	23
19	00	46	49	00	46	49	10	25	53	00	05	18	10	20	35	00	02	31
20	00	49	17	00	49	17	10	58	49	00	05	34	10	53	15	00	02	39
21	00	51	45	00	51	45	11	31	46	00	05	51	11	25	55	00	02	47
22	00	54	12	00	54	12	12	04	42	00	06	08	11	58	34	00	02	55
23	00	56	40	00	56	40	12	37	39	00	06	24	12	31	15	00	03	03
24	00	59	08	00	59	08	13	10	35	00	06	41	13	03	54	00	03	11
25	01	01	36	01	01	36	13	43	32	00	06	58	13	36	34	00	03	19
26	01	04	04	01	04	04	14	16	28	00	07	14	14	09	14	00	03	27
27	01	06	32	01	06	32	14	49	24	00	07	31	14	41	53	00	03	35
28	01	09	00	01	09	00	15	22	21	00	07	48	15	14	33	00	03	43
29	01	11	27	01	11	27	15	55	18	00	08	05	15	47	13	00	03	51
30	01	13	55	01	13	55	16	28	14	00	08	21	16	19	53	00	03	59

SUITE de la Table des Moyens Mouvemens du Soleil & de la Lune, pour les Heures, Minutes & Secondes.

	Longitude moyenne du Soleil.	Anomalie moyenne du Soleil.	Longitude moyenne de la Lune.	Longitude moyenne de l'Apogée.	Anomalie moyenne de la Lune.	Nœud ascendant rétrograde.
Secondes.	S. T. Q.	S. T. Q.	S. T. Q.	S. T. Q.	S. T. Q.	S. T. Q.
Minutes.	M. S. T.	M. S. T.	M. S. T.	M. S. T.	M. S. T.	M. S. T.
31	01 16 23	01 16 23	17 01 10	00 08 38	16 52 32	00 00 04
32	01 18 51	01 18 51	17 34 07	00 08 55	17 25 12	00 00 04
33	01 21 19	01 21 19	18 07 03	00 09 11	17 57 52	00 00 04
34	01 23 47	01 23 47	18 39 59	00 09 28	18 30 31	00 00 04
35	01 26 14	01 26 14	19 12 55	00 09 44	19 03 11	00 00 05
36	01 28 42	01 28 42	19 45 52	00 10 01	19 35 51	00 00 05
37	01 31 10	01 31 10	20 18 48	00 10 17	20 08 31	00 00 05
38	01 33 38	01 33 38	20 51 45	00 10 35	20 41 10	00 00 05
39	01 36 06	01 36 06	21 24 41	00 10 51	21 13 50	00 00 05
40	01 38 34	01 38 34	21 57 38	00 11 08	21 46 30	00 00 05
41	01 41 01	01 41 01	22 30 34	00 11 24	22 19 10	00 00 06
42	01 43 29	01 43 29	23 03 31	00 11 42	22 51 49	00 00 06
43	01 45 57	01 45 57	23 36 27	00 11 58	23 24 29	00 00 06
44	01 48 25	01 48 25	24 09 24	00 12 15	23 57 09	00 00 06
45	01 50 53	01 50 53	24 42 20	00 12 31	24 29 49	00 00 06
46	01 53 21	01 53 21	25 15 17	00 12 49	25 02 28	00 00 06
47	01 55 48	01 55 48	25 48 13	00 13 05	25 35 08	00 00 06
48	01 58 16	01 58 16	26 21 10	00 13 22	26 07 48	00 00 06
49	02 00 44	02 00 44	26 54 06	00 13 38	26 40 28	00 00 06
50	02 03 12	02 03 12	27 27 03	00 13 56	27 13 07	00 00 07
51	02 05 40	02 05 40	27 59 59	00 14 12	27 45 47	00 00 07
52	02 08 08	02 08 08	28 32 56	00 14 29	28 18 27	00 00 07
53	02 10 36	02 10 36	29 05 52	00 14 45	28 51 07	00 00 07
54	02 13 03	02 13 03	29 38 49	00 15 03	29 23 46	00 00 07
55	02 15 31	02 15 31	30 11 45	00 15 19	29 56 26	00 00 07
56	02 17 59	02 17 59	30 44 42	00 15 36	30 29 06	00 00 07
57	02 20 27	02 20 27	31 17 38	00 15 52	31 01 46	00 00 08
58	02 22 55	02 22 55	31 50 34	00 16 09	31 34 25	00 00 08
59	02 25 23	02 25 23	32 23 31	00 16 26	32 07 05	00 00 08
60	02 27 50	02 27 50	32 56 27	00 16 42	32 39 45	00 00 08

ARG. I. Anomalie moyenne du Soleil.
Ajoutez en descendant.

0ʳ. I. II.

Otez en descendant.

D.	VI. M. S.	VII. M. S.	VIII. M. S.	D.
0	0 00	5 38	9 51	30
1	0 12	5 49	9 58	29
2	0 24	6 00	10 4	28
3	0 36	6 09	10 10	27
4	0 47	6 19	10 15	26
5	0 59	6 29	10 20	25
6	1 10	6 39	10 25	24
7	1 22	6 49	10 30	23
8	1 34	6 58	10 35	22
9	1 46	7 8	10 39	21
10	1 56	7 16	10 44	20
11	2 8	7 25	10 48	19
12	2 20	7 34	10 52	18
13	2 31	7 43	10 57	17
14	2 42	7 51	11 2	16
15	2 54	8 0	11 4	15
16	3 5	8 9	11 7	14
17	3 17	8 18	11 10	13
18	3 29	8 26	11 12	12
19	3 40	8 34	11 14	11
20	3 51	8 41	11 17	10
21	4 3	8 49	11 20	9
22	4 14	8 57	11 22	8
23	4 24	9 5	11 24	7
24	4 35	9 13	11 25	6
25	4 46	9 20	11 27	5
26	4 56	9 27	11 28	4
27	5 7	9 32	11 29	3
28	5 18	9 39	11 30	2
29	5 28	9 45	11 31	1
30	5 38	9 51	11 31	0

V. IV. III.

Ajoutez en montant.

XI. X. IX.

Otez en montant.

ARG. II. Distance moyenne du Soleil à l'Apogée moyen de la Lune.

Otez en descendant.

D.	0ʳ. VI. M. S.	I. VII. M. S.	II. VIII. M. S.	D.
0	0 0	2 9	2 9	30
1	0 6	2 12	2 6	29
2	0 11	2 14	2 3	28
3	0 17	2 16	2 1	27
4	0 21	2 18	1 58	26
5	0 26	2 20	1 55	25
6	0 32	2 21	1 52	24
7	0 36	2 22	1 48	23
8	0 42	2 23	1 44	22
9	0 46	2 24	1 40	21
10	0 52	2 25	1 36	20
11	0 56	2 26	1 32	19
12	1 1	2 27	1 28	18
13	1 5	2 27	1 23	17
14	1 11	2 28	1 19	16
15	1 14	2 28	1 14	15
16	1 19	2 28	1 11	14
17	1 23	2 27	1 5	13
18	1 28	2 27	1 1	12
19	1 32	2 26	0 56	11
20	1 36	2 25	0 52	10
21	1 40	2 24	0 46	9
22	1 44	2 23	0 42	8
23	1 48	2 22	0 36	7
24	1 52	2 21	0 32	6
25	1 55	2 20	0 26	5
26	1 58	2 18	0 21	4
27	2 1	2 16	0 17	3
28	2 3	2 14	0 11	2
29	2 6	2 12	0 6	1
30	2 9	2 9	0 0	0

XI. V. | X. IV. | IX. III.

Ajoutez en montant.

ARG III. *Distance moyenne du Soleil au lieu moyen du Noeud.*

Otez en descendant.

D.	O'. VI. M. S.	I. VII. M. S.	II. VIII. M. S.	D.
0	0 0	1 1	1 1	30
1	2	1 1	1 0	29
2	4	1 3	58	28
3	7	1 4	57	27
4	9	1 4	55	26
5	12	1 5	54	25
6	15	1 6	53	24
7	17	1 6	51	23
8	18	1 6	48	22
9	23	1 7	47	21
10	24	1 8	45	20
11	26	1 8	43	19
12	28	1 8	41	18
13	30	1 8	39	17
14	32	1 8	38	16
15	35	1 8	35	15
16	38	1 8	32	14
17	39	1 8	30	13
18	41	1 8	28	12
19	43	1 8	26	11
20	45	1 8	24	10
21	47	1 7	23	9
22	48	1 6	18	8
23	51	1 6	17	7
24	53	1 6	15	6
25	54	1 5	12	5
26	55	1 4	9	4
27	57	1 4	7	3
28	58	1 3	4	2
29	1 0	1 1	0	1
30	1 1	1 1	0	0
	XI. V.	X. IV.	IX. III.	

Ajoutez en montant.

ARG. IV. *Anomalie moyenne de la Lune, plus l'Anomalie moyen du Soleil.*

Otez en descendant.

O'. I. II.

Ajoutez en descendant.

D.	VI. M. S.	VII. M. S.	VIII. M. S.	D.
0	0	47	1 22	30
1	1	48	1 23	29
2	2	50	1 24	28
3	3	51	1 24	27
4	5	52	1 25	26
5	8	54	1 26	25
6	9	55	1 27	24
7	10	56	1 28	23
8	11	58	1 28	22
9	13	59	1 29	21
10	14	1 0	1 30	20
11	17	1 1	1 31	19
12	18	1 2	1 31	18
13	19	1 3	1 32	17
14	21	1 5	1 33	16
15	22	1 6	1 33	15
16	25	1 7	1 34	14
17	26	1 8	1 34	13
18	27	1 9	1 34	12
19	29	1 10	1 35	11
20	30	1 11	1 35	10
21	33	1 13	1 36	9
22	34	1 14	1 36	8
23	35	1 15	1 35	7
24	37	1 16	1 37	6
25	39	1 17	1 37	5
26	42	1 18	1 38	4
27	43	1 19	1 38	3
28	44	1 20	1 38	2
29	46	1 21	1 38	1
30	47	1 22	1 38	0
	V.	IV.	III.	

Otez en montant.

XI. X. IX

Ajoutez en montant.

ARG. V. Anomalie moyenne de la Lune, moins l'Anomalie moyenne du Soleil.

Ajoutez en descendant.

0.   I.   II.

Otez en descendant.

	V I. (M. S.)	VII. (M. S.)	VIII. (M. S.)	
0	0	1 10	2 1	30
1	2	1 12	2 2	29
2	5	1 14	2 4	28
3	7	1 15	2 5	27
4	10	1 18	2 6	26
5	12	1 20	2 7	25
6	15	1 22	2 8	24
7	17	1 24	2 9	23
8	19	1 26	2 10	22
9	22	1 28	2 11	21
1	24	1 30	2 12	20
11	27	1 32	2 12	19
12	29	1 34	2 13	18
13	31	1 35	2 14	17
14	34	1 38	2 15	16
15	36	1 39	2 15	15
16	39	1 41	2 16	14
17	41	1 42	2 16	13
18	43	1 44	2 17	12
19	46	1 45	2 17	11
20	48	1 47	2 18	10
21	50	1 48	2 18	9
22	52	1 50	2 19	8
23	55	1 52	2 19	7
24	57	1 52	2 19	6
25	59	1 55	2 20	5
26	1 2	1 56	2 20	4
27	1 4	1 58	2 20	3
28	1 6	1 59	2 20	2
29	1 8	2 0	2 20	1
30	1 10	2 1	2 20	0

V.   IV.   III.

Ajoutez en montant.

XI.   X.   IX.

Otez en montant.

ARG. VI. Distance moy. de la Lune au Soleil, plus l'Anom. moy. du Soleil.

Otez en descendant.

0.   I.   II.

Otez en descendant.

	V I. (S.)	VII. (S.)	VIII. (S.)	
0	0	9	15	30
1	0	9	16	29
2	0	9	16	28
3	0	10	16	27
4	1	10	16	26
5	1	10	17	25
6	1	10	17	24
7	2	11	17	23
8	2	11	17	22
9	2	11	17	21
10	3	12	17	20
11	3	12	17	19
12	3	12	17	18
13	4	12	17	17
14	4	13	17	16
15	4	13	18	15
16	5	13	18	14
17	5	13	18	13
18	5	13	18	12
19	6	13	18	11
20	6	14	18	10
21	6	14	18	9
22	6	14	18	8
23	7	14	18	7
24	7	14	18	6
25	7	14	18	5
26	8	14	18	4
27	8	15	18	3
28	8	15	18	2
29	9	16	18	1
30	9	16	18	0

V.   IV.   III.

Otez en montant.

XI.   X.   IX.

Ajoutez en montant.

ARG. VII. Doubl. dist. moy. de la Lune au Soleil, plus l'Anom. moy. du Sol.

Ajoutez en descendant.

0.   I.   II.

Otez en descendant.

	V I. (S.)	VII. (S.)	VIII. (S.)	
0	0	11	20	30
1	0	11	20	29
2	0	12	20	28
3	1	12	20	27
4	1	13	21	26
5	2	13	21	25
6	2	13	21	24
7	2	13	21	23
8	2	14	21	22
9	3	14	21	21
10	3	15	22	20
11	4	15	22	19
12	4	15	22	18
13	5	15	22	17
14	5	16	22	16
15	5	16	22	15
16	6	16	22	14
17	6	17	22	13
18	7	17	23	12
19	7	17	23	11
20	7	17	23	10
21	8	18	23	9
22	8	18	23	8
23	9	18	23	7
24	9	19	23	6
25	9	19	23	5
26	10	19	23	4
27	10	19	23	3
28	11	19	23	2
29	11	20	23	1
30	11	20	23	0

V.   IV.   III.

Ajoutez en montant.

XI.   X.   IX.

Otez en montant.

ARG. VIII. Doubl: distance moy. de la Lune au Soleil, moins l'Anomalie moyenne du Soleil.

Otez en descendant.

	O'.	I.	II.	

Ajoutez en descendant.

D.	VI. M. S.	VII. M. S.	VIII. M. S.	D.
0	0	1 5	1 53	30
1	2	1 7	1 54	29
2	4	1 9	1 55	28
3	7	1 11	1 56	27
4	9	1 13	1 57	26
5	11	1 14	1 58	25
6	13	1 16	1 59	24
7	16	1 18	2 0	23
8	18	1 20	2 1	22
9	20	1 22	2 1	21
10	22	1 23	2 2	20
11	25	1 25	2 3	19
12	27	1 27	2 3	18
13	29	1 29	2 4	17
14	31	1 30	2 5	16
15	34	1 32	2 5	15
16	36	1 34	2 6	14
17	38	1 35	2 7	13
18	40	1 37	2 7	12
19	42	1 38	2 8	11
20	44	1 40	2 8	10
21	47	1 41	2 8	9
22	49	1 42	2 9	8
23	51	1 44	2 9	7
24	53	1 45	2 9	6
25	55	1 47	2 9	5
26	57	1 48	2 10	4
27	59	1 49	2 10	3
28	1 1	1 50	2 10	2
29	1 3	1 51	2 10	1
30	1 5	1 53	2 10	0

	V.	IV.	III.	

Otez en montant.

	XI.	X.	IX.	

Ajoutez en montant.

ARG. IX. Double distance moyenne de la Lune au Soleil, plus l'Anomalie moyenne de la Lune.

Otez en descendant.

	O'.	I.	II.	

Ajoutez en descendant.

D.	VI. M. S.	VII. M. S.	VIII. M. S.	D.
0	0	2 30	2 36	30
1	3	1 33	2 37	29
2	6	1 35	2 38	28
3	11	1 38	2 40	27
4	13	1 41	2 41	26
5	15	1 42	2 42	25
6	18	1 45	2 44	24
7	23	1 48	2 45	23
8	26	1 50	2 47	22
9	28	1 53	2 47	21
10	31	1 54	2 48	20
11	35	1 57	2 49	19
12	38	2 0	2 49	18
13	41	2 3	2 51	17
14	43	2 5	2 52	16
15	47	2 7	2 52	15
16	50	2 10	2 53	14
17	53	2 11	2 54	13
18	56	2 14	2 54	12
19	58	2 15	2 55	11
20	1 1	2 18	2 55	10
21	1 5	2 19	2 55	9
22	1 8	2 20	2 56	8
23	1 11	2 23	2 56	7
24	1 14	2 25	2 56	6
25	1 17	2 28	2 57	5
26	1 19	2 30	2 57	4
27	1 21	2 31	2 58	3
28	1 24	2 32	2 58	2
29	1 27	2 33	2 59	1
30	1 30	2 36	2 59	0

	V.	IV.	III.	

Otez en montant.

	XI.	X.	IX.	

Ajoutez en montant.

ARG. X. *Argument VII, moins l'Anomalie moyenne de la Lune.*

Otez en descendant.

	0ʳ.	I.	II.	
	Ajoutez en descendant.			
	VI.	VII.	VIII.	
D.	M. S.	M. S.	M. S.	D.
0	0	31	54	30
1	1	32	54	29
2	2	33	55	28
3	3	34	55	27
4	4	35	56	26
5	6	36	56	25
6	7	37	56	24
7	8	38	57	23
8	9	38	57	22
9	10	39	58	21
10	11	40	58	20
11	12	41	58	19
12	13	42	59	18
13	14	42	59	17
14	15	43	1 0	16
15	16	44	1 0	15
16	17	45	1 0	14
17	18	45	1 0	13
18	19	46	1 1	12
19	20	47	1 1	11
20	21	48	1 1	10
21	22	48	1 1	9
22	23	49	1 1	8
23	24	50	1 1	7
24	25	50	1 2	6
25	26	51	1 2	5
26	27	51	1 2	4
27	28	52	1 2	3
28	29	52	1 2	2
29	30	53	1 2	1
30	31	54	1 2	0
	V.	IV.	III.	

Otez en montant.

	XI.	X.	IX.	

Ajoutez en montant.

ARG. XI. *Argument VIII, moins l'Anomalie moyenne de la Lune.*

Ajoutez en descendant.

	0ʳ.	I.	II.	
	Otez en descendant.			
	VI.	VII.	VIII.	
D.	M. S.	M. S.	M. S.	D.
0	0	1 46	3 3	30
1	3	1 49	3 5	29
2	7	1 52	3 7	28
3	11	1 55	3 9	27
4	15	1 58	3 10	26
5	18	2 1	3 12	25
6	23	2 4	3 13	24
7	26	2 7	3 15	23
8	29	2 10	3 16	22
9	34	2 13	3 18	21
10	37	2 16	3 19	20
11	41	2 19	3 20	19
12	45	2 22	3 21	18
13	48	2 24	3 23	17
14	52	2 28	3 24	16
15	55	2 30	3 25	15
16	59	2 33	3 26	14
17	1 3	2 35	3 27	13
18	1 6	2 37	3 28	12
19	1 10	2 40	3 28	11
20	1 13	2 42	3 29	10
21	1 16	2 45	3 30	9
22	1 20	2 47	3 30	8
23	1 24	2 49	3 31	7
24	1 27	2 51	3 31	6
25	1 30	2 54	3 32	5
26	1 34	2 55	3 32	4
27	1 37	2 58	3 32	3
28	1 40	3 0	3 32	2
29	1 43	3 1	3 32	1
30	1 46	3 3	3 32	0
	V.	IV.	III.	

Ajoutez en montant.

	XI.	X.	IX.	

Otez en montant.

ARG XII. *Double distance moyenne de la Lune au Nœud, moins l'Anomalie moyenne de la Lune.*

Ajoutez en descendant.

0.	I.	II.

Otez en descendant.

	VI.	VII.	VIII.	
D.	M. S.	M. S.	M. S.	D.
0	0	31	54	30
1	1	32	54	29
2	2	33	55	28
3	3	34	55	27
4	4	35	56	26
5	6	36	56	25
6	7	37	56	24
7	8	38	57	23
8	9	38	57	22
9	10	39	58	21
10	11	40	58	20
11	12	41	58	19
12	13	42	59	18
13	14	42	59	17
14	15	43	1 0	16
15	16	44	1 0	15
16	17	45	1 0	14
17	18	45	1 0	13
18	19	46	1 1	12
19	20	47	1 1	11
20	21	48	1 1	10
21	22	48	1 1	9
22	23	49	1 1	8
23	24	50	1 1	7
24	25	50	1 2	6
25	26	51	1 2	5
26	27	51	1 2	4
27	28	52	1 2	3
28	29	52	1 2	2
29	30	53	1 2	1
30	31	54	1 2	0

	V.	IV.	III.	

Ajoutez en montant

XI.	X.	IX.

Otez en montant.

ARG. XIII. *Argument VII, [..] Argument XI.*

Otez en descendant.

0.	I.	II.

Ajoutez en descendant.

	VI.	VII.	VIII.	
D.	M. S.	M. S.	M. S.	D.
0	0	36	1 2	30
1	1	37	1 3	29
2	2	38	1 3	28
3	.	39	1 4	27
4	5	40	1 4	26
5	6	41	1 5	25
6	8	42	1 5	24
7	9	43	1 6	23
8	10	44	1 6	22
9	12	45	1 7	21
10	13	46	1 7	20
11	14	47	1 8	19
12	16	48	1 8	18
13	17	49	1 9	17
14	18	50	1 9	16
15	19	51	1 10	15
16	20	52	1 10	14
17	22	52	1 10	13
18	23	53	1 11	12
19	24	54	1 11	11
20	25	55	1 11	10
21	26	56	1 11	9
22	28	56	1 11	8
23	29	57	1 11	7
24	30	58	1 12	6
25	31	59	1 12	5
26	32	59	1 12	4
27	33	1 0	1 12	3
28	34	1 1	1 12	2
29	35	1 1	1 12	1
30	36	1 2	1 12	0

	V.	IV.	III.	

Otez en montant.

XI.	X.	IX.

Ajoutez en montant.

ARGUMENT XIV.
EQUATION DU CENTRE.
ANOMALIE MOYENNE DE LA LUNE + A.

N. B. J'appelle *A* la somme des Equations précédentes.

Otez en descendant.

	O.	Differ.	I.	Differ.	II.	Differ.	
D.	**D. M. S.**	**M. S.**	**D. M. S.**	**M. S.**	**D. M. S.**	**M. S.**	**D.**
0	0 0 0		2 58 22		5 16 8		30
1	0 6 11	6 11	3 3 50	5 28	5 19 35	3 27	29
2	12 21	6 10	3 9 14	5 24	5 22 57	3 22	28
3	18 31	6 10	3 14 36	5 22	5 26 14	3 17	27
4	24 41	6 10	3 19 54	5 18	5 29 25	3 11	26
5	30 51	6 10	3 25 11	5 17	5 32 32	3 7	25
		6 9		5 14		3 1	
6	37 0		3 30 25		5 35 33		24
7	43 8	6 8	3 35 35	5 10	5 38 28	2 55	23
8	49 16	6 8	3 40 41	5 6	5 41 17	2 49	22
9	55 23	6 7	3 45 44	5 3	5 44 0	2 43	21
10	1 1 30	6 7	3 50 42	4 58	5 46 36	2 36	20
		6 5		4 56		2 31	
11	1 7 35		3 55 38		5 49 7		19
12	1 13 40	6 5	4 0 30	4 52	5 51 33	2 26	18
13	1 19 42	6 2	4 5 19	4 49	5 53 53	2 20	17
14	1 25 44	6 2	4 10 3	4 44	5 56 7	2 14	16
15	1 31 46	6 2	4 14 44	4 41	5 58 15	2 8	15
		5 59		4 37		2 2	
16	1 37 45		4 19 21		6 0 17		14
17	1 43 43	5 58	4 23 53	4 32	6 2 12	1 55	13
18	1 49 39	5 56	4 28 21	4 28	6 4 1	1 49	12
19	1 55 34	5 55	4 32 45	4 24	6 5 44	1 43	11
20	2 1 27	5 53	4 37 5	4 20	6 7 20	1 36	10
		5 50		4 15		1 30	
21	2 7 17		4 41 20		6 8 50		9
22	2 13 6	5 49	4 45 31	4 11	6 10 14	1 24	8
23	2 18 52	5 46	4 49 37	4 6	6 11 32	1 18	7
24	2 24 38	5 46	4 53 38	4 1	6 12 42	1 10	6
25	2 30 22	5 44	4 57 36	3 58	6 13 47	1 5	5
		5 41		3 53		0 58	
26	2 36 3		5 1 29		6 14 45		4
27	2 41 41	5 38	5 5 17	3 48	6 15 36	0 51	3
28	2 47 15	5 34	5 9 0	3 43	6 16 20	0 44	2
29	2 52 50	5 35	5 12 36	3 36	6 16 57	0 37	1
30	2 58 21	5 31	5 16 8	3 32	6 17 27	0 30	0
	XI.		**X.**		**IX.**		

Ajoutez en montant

TABLES DE LA LUNE.
ARGUMENT XIV.
EQUATION DU CENTRE.
ANOMALIE MOYENNE DE LA LUNE + A.

Otez en descendant.

D.	III. D. M. S.	Differ. M. S.	IV. D. M. S.	Differ. M. S.	V. D. M. S.	Differ. M. S.	D.
0	6 17 27	0 24	5 38 40	3 7	3 20 53	6 0	30
1	6 17 51	0 17	5 35 33	3 12	3 14 53	6 3	29
2	6 18 8	0 10	5 32 21	3 20	3 8 50	6 6	28
3	6 18 18	0 3	5 29 1	3 27	3 2 44	6 11	27
4	6 18 21	0 4	5 25 34	3 32	2 56 33	6 14	26
5	6 18 17	0 11	5 22 2	3 39	2 50 19	6 19	25
6	6 18 6	0 18	5 18 23	3 45	2 44 0	6 22	24
7	6 17 48	0 25	5 14 38	3 52	2 37 38	6 25	23
8	6 17 23	0 32	5 10 46	3 59	2 31 13	6 30	22
9	6 16 51	0 38	5 6 47	4 5	2 24 43	6 32	21
10	6 16 13	0 46	5 2 42	4 12	2 18 11	6 36	20
11	6 15 27	0 53	4 58 30	4 18	2 11 35	6 38	19
12	6 14 34	0 59	4 54 12	4 24	2 4 57	6 40	18
13	6 13 35	1 7	4 49 48	4 28	1 58 17	6 44	17
14	6 12 28	1 14	4 45 20	4 35	1 51 33	6 46	16
15	6 11 14	1 21	4 40 45	4 41	1 44 47	6 49	15
16	6 9 53	1 28	4 36 4	4 46	1 37 58	6 51	14
17	6 8 25	1 35	4 31 18	4 54	1 31 7	6 53	13
18	6 6 50	1 43	4 26 24	4 59	1 24 14	6 55	12
19	6 5 7	1 50	4 21 25	5 6	1 17 19	6 55	11
20	6 3 17	1 56	4 16 19	5 10	1 10 24	6 58	10
21	6 1 21	2 05	4 11 9	5 16	1 3 16	6 58	9
22	5 59 17	2 10	4 5 53	5 20	56 28	7 1	8
23	5 57 7	2 17	4 0 33	5 25	49 27	7 2	7
24	5 54 50	2 25	3 55 8	5 30	42 25	7 3	6
25	5 52 25	2 30	3 49 38	5 35	35 21	7 3	5
26	5 49 55	2 37	3 44 3	5 39	28 18	7 4	4
27	5 47 18	2 41	3 38 24	5 46	21 14	7 4	3
28	5 44 27	2 47	3 32 38	5 49	14 10	7 5	2
29	5 41 40	3 0	3 26 49	5 56	7 5	7 5	1
30	5 38 40		3 20 53		0 0		0

| | VIII. | | VII. | | VI. | | |

Ajoutez en montant.

ARGUMENT XV.
VARIATION.
DISTANCE MOYENNE DE LA LUNE AU SOLEIL, + A.

D.	0ˢ. M. S.	Differ. M. S.	I. M. S.	Differ. M. S.	I I. M. S.	Differ. M. S.	D.
0	+ 0 0		+ 34 14		+ 32 46		30
1	+ 1 23	1 23	+ 34 48	34	+ 31 59	47	29
2	+ 2 46	1 23	+ 35 20	37	+ 31 12	47	28
3	+ 4 9	1 23	+ 35 52	33	+ 30 23	49	27
4	+ 5 31	1 22	+ 36 21	29	+ 29 32	0 51	26
5	+ 6 53	1 22	+ 36 49	28	+ 28 39	0 53	25
6	+ 8 14	1 21	+ 37 14	25	+ 27 43	0 56	24
7	+ 9 34	1 20	+ 37 36	22	+ 26 45	1 0	23
8	+ 10 43	1 19	+ 37 54	18	+ 25 42	1 1	22
9	+ 12 1	1 18	+ 38 11	17	+ 24 40	1 2	21
10	+ 13 26	1 15	+ 38 24	13	+ 23 36	1 4	20
11	+ 14 41	1 15	+ 38 34	10	+ 22 31	1 5	19
12	+ 15 55	1 14	+ 38 42	8	+ 21 24	1 7	18
13	+ 17 18	1 13	+ 38 45	3	+ 20 16	1 8	17
14	+ 18 31	1 13	+ 38 46	1	+ 19 4	1 12	16
15	+ 19 41	1 10	+ 38 45	1	+ 17 51	1 13	15
16	+ 21 1	1 10	+ 38 41	4	+ 16 37	1 14	14
17	+ 22 9	1 8	+ 38 32	9	+ 15 23	1 14	13
18	+ 23 17	1 8	+ 38 19	11	+ 14 7	1 16	12
19	+ 24 23	1 6	+ 38 6	15	+ 12 50	1 17	11
20	+ 25 26	1 3	+ 37 48	18	+ 11 32	1 18	10
21	+ 26 30	1 4	+ 37 28	20	+ 9 14	1 18	9
22	+ 27 30	1 0	+ 37 6	22	+ 8 54	1 20	8
23	+ 28 28	0 58	+ 36 42	24	+ 7 33	1 21	7
24	+ 29 24	0 56	+ 36 15	27	+ 6 12	1 21	6
25	+ 30 18	0 54	+ 35 54	31	+ 4 50	1 22	5
26	+ 31 10	0 52	+ 35 21	31	+ 3 27	1 23	4
27	+ 32 0	0 50	+ 34 46	35	+ 2 04	1 23	3
28	+ 32 48	0 48	+ 34 10	36	+ 0 41	1 23	2
29	+ 33 34	0 46	+ 33 29	41	− 0 42	1 23	1
30	+ 34 14	40	+ 32 46	43	− 2 5	1 23	0
	X I.		**X·**		**I X.**		

Signe contraire en montant.

ARGUMENT XV.
VARIATION.
DISTANCE MOYENNE DE LA LUNE AU SOLEIL, + A.

	III.	Differ.	IV.	Differ.	V.	Differ.	
D.	M. S.	M. S.	M. S.	M. S.	M. S.	M. S.	
0	— 2 5	1 23	— 36 28	39	— 36 10	44	30
1	— 3 28	1 23	— 37 7	39	— 35 26	47	29
2	— 4 51	1 22	— 37 45	34	— 34 39	48	28
3	— 6 13	1 21	— 38 20	31	— 33 51	50	27
4	— 7 34	1 21	— 38 51	31	— 33 01	52	26
5	— 8 55	1 22	— 39 22	27	— 32 9	59	25
6	— 10 15	1 20	— 39 49	24	— 31 10	1 0	24
7	— 11 35	1 20	— 40 3	24	— 30 10	1 4	23
8	— 12 55	1 19	— 40 37	23	— 29 6	1 4	22
9	— 14 14	1 19	— 40 50	15	— 28 2	1 6	21
10	— 15 33	1 18	— 41 5	13	— 26 56	1 7	20
11	— 16 51	1 17	— 41 18	13	— 25 49	1 12	19
12	— 18 8	1 16	— 41 31	7	— 24 37	1 12	18
13	— 19 24	1 15	— 41 38	7	— 23 25	1 12	17
14	— 20 39	1 12	— 41 45	0	— 21 13	1 17	16
15	— 21 51	1 11	— 41 45	1	— 20 56	1 14	15
16	— 23 02	1 10	— 41 44	6	— 19 42	1 20	14
17	— 24 12	1 10	— 41 38	4	— 18 22	1 20	13
18	— 25 22	1 7	— 41 34	12	— 17 2	1 21	12
19	— 26 29	1 5	— 41 22	14	— 15 41	1 21	11
20	— 27 34	1 2	— 41 8	17	— 14 2?	1 23	10
21	— 28 36	1 0	— 40 51	1)	— 12 59	1 23	9
22	— 29 36	0 59	— 40 32	22	— 11 36	1 24	8
23	— 30 35	0 58	— 40 10	26	— 10 12	1 25	7
24	— 31 33	0 56	— 39 44	29	— 8 47	1 26	6
25	— 32 29	0 51	— 39 15	33	— 7 21	1 :7	5
26	— 33 20	51	— 38 43	33	— 5 54	1 27	4
27	— 34 11	46	— 38 10	37	— 4 27	1 28	3
28	— 34 57	46	— 37 33	40	— 2 59	1 28	2
29	— 35 43	45	— 36 53	43	— 1 31	1 3	1
30	— 36 28		— 36 10		— 0 0		0
	VIII.		VII.		VI.		

Signe contraire en montant.

ARGUMENT XVI.
DOUBLE ARGUMENT XV,
moins l'anomalie moyenne de la Lune.

Otez en descendant.

	0ˢ.	Differ.	I.	Differ.	II.	Differ.	
D.	D. M. S.	M. S.	D. M. S.	M. S.	D. M. S.	M. S.	D.
0	0 0	1 20	37 48	1 10	1 6 1	40	30
1	1 20	1 20	38 58	1 9	1 6 41	38	29
2	2 40	1 19	40 7	1 8	1 7 19	38	28
3	3 59	1 19	41 15	1 7	1 7 57	37	27
4	5 18	1 18	42 22	1 6	1 8 34	35	26
5	6 36	1 18	43 28	1 5	1 9 9	34	25
6	7 54	1 18	44 33	1 5	1 9 43	33	24
7	9 12	1 18	45 38	1 3	1 10 16	32	23
8	10 30	1 18	46 41	1 2	1 10 48	30	22
9	11 48	1 18	47 43	1 2	1 11 18	30	21
10	13 06	1 18	48 45	1 2	1 11 48	30	20
11	14 24	1 18	49 47	1 0	1 12 18	27	19
12	15 42	1 17	50 47	0 58	1 12 45	25	18
13	16 59	1 17	51 45	0 59	1 13 10	23	17
14	18 16	1 16	52 44	0 57	1 13 33	23	16
15	19 32	1 16	53 41	0 57	1 13 56	23	15
16	20 48	1 16	54 38	0 55	1 14 19	21	14
17	22 4	1 16	55 33	0 54	1 14 41	18	13
18	23 20	1 15	56 27	0 54	1 14 59	18	12
19	24 35	1 15	57 21	0 53	1 15 17	17	11
20	25 50	1 14	58 14	0 51	1 15 34	15	10
21	27 4	1 13	59 5	0 51	1 15 49	12	9
22	28 17	1 13	59 56	0 49	1 16 1	12	8
23	29 30	1 12	1 0 45	48	1 16 13	12	7
24	30 42	1 12	1 1 33	49	1 16 25	10	6
25	31 54	1 11	1 2 21	47	1 16 35	8	5
26	33 5	1 11	1 3 8	46	1 16 43	6	4
27	34 16	1 11	1 3 54	44	1 16 49	5	3
28	35 27	1 11	1 4 38	42	1 16 54	4	2
29	36 38	1 10	1 5 20	41	1 16 58	2	1
30	37 48		1 6 1		1 17 0		0
	XI.		X.		IX.		

Ajoutez en montant.

TABLES DE LA LUNE.

ARGUMENT XVI.
DOUBLE ARGUMENT XV,
moins l'Anomalie moyenne de la Lune.

Otez en descendant.

| | III. | | | IV. | | V. | | |
| | | Differ. | | | Differ. | | Differ. | |
D.	D M. S.	M. S.		D. M. S.	M. S.	D. M. S.	M. S.	D.
0	1 17 0			1 7 21		0 39 09		30
1	1 17 0	0 0		1 6 40	0 41	37 59	1 10	29
2	1 17 0	0 0		1 5 58	0 42	36 48	1 11	28
3	1 16 58	0 2		1 5 16	0 42	35 37	1 11	27
4	1 16 5	0 3		1 4 32	0 44	34 25	1 12	26
5	1 16 51	0 4		1 3 47	0 45	33 13	1 12	25
		0 8			0 46		1 13	
6	1 16 43			1 3 1		32 00		24
7	1 16 35	0 8		1 2 13	0 48	30 46		23
8	1 16 27	0 8		1 1 24	0 49	29 31	1 14	22
9	1 16 17	0 10		1 0 35	0 49	28 15	1 15	21
10	1 16 6	0 11		59 44	0 51	26 58	1 16	20
		0 15			0 53		1 17	
11	1 15 51			58 51		25 41		19
12	1 15 36	0 15		57 58	0 53	24 23	1 18	18
13	1 15 21	0 15		57 5	0 53	23 04	1 19	17
14	1 15 4	0 17		56 10	0 55	21 44	1 20	16
15	1 14 45	0 19		55 13	0 57	20 14	1 20	15
		0 21			0 57			
16	1 14 24			54 16		19 04		14
17	1 14 2	0 22		53 17	0 59	17 43	1 21	13
18	1 13 39	0 23		52 19	0 58	16 22	1 21	12
19	1 13 16	0 23		51 17	1 2	15 01	1 21	11
20	1 12 51	0 25		50 15	1 2	13 40	1 21	10
		0 26			1 2			
21	1 12 25			49 13		12 19		9
22	1 11 55	0 30		48 10	1 3	10 57	1 22	8
23	1 11 24	0 31		47 6	1 4	9 35	1 22	7
24	1 10 53	0 31		46 0	1 6	8 13	1 22	6
25	1 10 21	0 32		44 54	1 6	6 51	1 22	5
		0 33			1 7			
26	1 9 48			43 47		5 29		4
27	1 9 13	0 35		42 38	1 9	4 07	1 22	3
28	1 8 37	0 36		41 29	1 9	2 45	1 22	2
29	1 8 1	0 36		40 19	1 10	1 23	1 22	1
30	1 7 21	0 40		39 9	1 10	0 0	1 22	0
	VIII.			VII.		VI.		

Ajoutez en montant.

RÉDUCTION A L'ÉCLIPTIQUE.

Longitude vraie de la Lune, moins la longitude moyenne du Nœud.

Otez en descendant.

D.	O. VI. M.	S.	I. VII. M.	S.	II. VIII. M.	S.	D.
0	0	0	5	59	5	59	30
1	0	14	6	7	5	52	29
2	0	29	6	13	5	44	28
3	0	43	6	19	5	36	27
4	0	58	6	26	5	27	26
5	1	12	6	31	5	18	25
6	1	26	6	36	5	7	24
7	1	40	6	40	4	57	23
8	1	54	6	44	4	47	22
9	2	8	6	47	4	37	21
10	2	21	6	50	4	27	20
11	2	34	6	52	4	16	19
12	2	47	6	54	4	3	18
13	3	1	6	55	3	52	17
14	3	14	6	56	3	40	16
15	3	27	6	56	3	27	15
16	3	40	6	56	3	14	14
17	3	52	6	55	3	1	13
18	4	3	6	54	2	47	12
19	4	16	6	52	2	34	11
20	4	27	6	50	2	21	10
21	4	37	6	47	2	8	9
22	4	47	6	44	1	54	8
23	4	57	6	40	1	40	7
24	5	7	6	36	1	26	6
25	5	18	6	31	1	12	5
26	5	27	6	26	0	58	4
27	5	36	6	19	0	43	3
28	5	44	6	13		29	2
29	5	52	6	7		14	1
30	5	59	5	59		0	0
	XI.	V.	X.	IV.	I X.	III.	

Ajoutez en montant.

ÉQUATION DU NŒUD.
ANOMALIE MOYENNE DU SOLEIL.

Ajoutez en defcendant.

0ˢ.		I.		II.	

Otez en defcendant.

	VI.		VII.		VIII.		
D.	M.	S.	M.	S.	M.	S.	D.
0	0	0	4	40	8	9	30
1		9	4	48	8	14	29
2		19	4	57	8	19	28
3		29	5	5	8	24	27
4		39	5	13	8	28	26
5		48	5	21	8	32	25
6		58	5	29	8	36	24
7	1	8	5	37	8	40	23
8	1	18	5	45	8	44	22
9	1	27	5	53	8	48	21
10	1	37	6	00	8	52	20
11	1	46	6	8	8	55	19
12	1	55	6	15	8	58	18
13	2	5	6	22	9	2	17
14	2	15	6	30	9	5	16
15	2	24	6	37	9	7	15
16	2	34	6	44	9	10	14
17	2	43	6	50	9	12	13
18	2	53	6	57	9	15	12
19	3	2	7	4	9	17	11
20	3	11	7	11	9	19	10
21	3	20	7	17	9	21	9
22	3	29	7	23	9	22	8
23	3	38	7	29	9	24	7
24	3	47	7	35	9	25	6
25	3	56	7	41	9	26	5
26	4	5	7	46	9	27	4
27	4	14	7	52	9	28	3
28	4	23	7	58	9	29	2
29	4	31	8	4	9	29	1
30	4	40	8	9	9	30	0

	V.		IV.		III.		

Ajoutez en montant.

XI.		X.		IX.	

Otez en defcendant.

LATITUDE DE LA LUNE.
ARGUMENT I.

(*) *Longitude vraie de la Lune, moins la longitude du Nœud, corrigée par l'équation précéd.*

	O. Boreal. VI. auft.	Differ.	I. Boreal. VII. auft.	Differ.	II. Bor. VIII. auft.	Differ.	
D.	D. M. S.	M. S.	D. M. S.	M. S.	D. M. S.	M. S.	D.
0	0 0 0		2 34 02		4 26 57		30
1	5 23	5 23	2 38 41	4 39	4 29 37	2 40	29
2	10 46	5 23	2 43 15	4 34	4 32 11	2 34	28
3	16 8	5 22	2 47 47	4 32	4 34 40	2 29	27
4	21 30	5 22	2 52 17	4 30	4 37 05	2 25	26
5	26 51	5 21	2 56 43	4 26	4 39 24	2 19	25
		5 21		4 23		2 14	
6	32 12		3 01 06		4 41 38		24
7	37 33	5 21	3 05 25	4 19	4 43 47	2 09	23
8	42 53	5 20	3 09 41	4 16	4 45 51	2 04	21
9	48 12	5 19	3 13 54	4 13	4 47 49	1 58	21
10	53 31	5 19	3 18 03	4 09	4 49 43	1 54	20
		5 16		4 06		1 47	
11	58 47		3 22 09		4 51 30		19
12	1 04 02	5 15	3 26 15	4 06	4 53 13	1 43	18
13	1 09 17	5 15	3 30 10	3 55	4 54 50	1 37	17
14	1 14 32	5 15	3 34 04	3 54	4 56 22	1 32	16
15	1 19 44	5 12	3 37 55	3 51	4 57 49	1 27	15
		5 10		3 46		1 20	
16	1 24 54		3 41 41		4 59 09		14
17	1 30 04	5 10	3 45 24	3 43	5 00 25	1 16	13
18	1 35 11	5 7	3 49 02	3 38	5 01 35	1 10	12
19	1 40 16	5 5	3 52 37	3 35	5 02 38	1 03	11
20	1 45 21	5 5	3 56 06	3 29	5 03 37	59	10
		5 1		3 25		54	
21	1 50 22		3 59 31		5 04 31		9
22	1 55 23	5 1	4 02 52	3 21	5 05 19	48	8
23	2 0 22	4 59	4 06 10	3 18	5 06 01	42	7
24	2 5 18	4 56	4 09 22	3 12	5 06 39	39	6
25	2 10 12	4 54	4 12 29	3 07	5 07 10	31	5
		4 49		3 04		24	
26	2 15 01		4 15 33		5 07 34		4
27	2 19 50	4 49	4 18 31	2 58	5 07 54	20	3
28	2 24 37	4 47	4 21 25	2 54	5 08 08	14	2
29	2 29 21	4 44	4 24 13	2 48	5 08 16	8	1
30	2 34 02	4 41	4 26 57	2 44	5 08 19	3	0
	V. Bor.		IV Bor.		III. Bor.		
	XI. Auft.		X. Auft.		IX. Auft.		

(*) N. B. Cette longitude vraie de la Lune eft celle qu'on trouve avant la reduction à l'Écliptique, qui ne doit point entrer ici en ligne de compte.

LATITUDE DE LA LUNE.

ARGUMENT I.	ARGUMENT III.
Lat. arg. moyenne de la Lune au Soleil, qui est a minuit égale au lieu de la Lune, moins la distance moyenne ou lieu ou lieu moyen du Nœud.	Double Argument XIV, moins l'Argument I. de la latitude.

D.	O. Bor. VI. auft. M. S.	I. Bor. VII. auft. M. S.	II. Bor. VIII auft. M. S.	D.	D.	O. Bor. VI auft. S.	I. Bor. VII. auft. S.	II. Bor. VIII. auft. S.	D.
0	0 0	4 45	8 19	30	0	0	11	20	30
1	9	4 52	8 23	29	1	0	11	20	29
2	19	5 02	8 29	28	2	0	12	20	28
3	29	5 10	8 34	27	3	1	12	20	27
4	39	5 18	8 38	26	4	1	13	21	26
5	48	5 27	8 43	25	5	2	13	21	25
6	59	5 35	8 46	24	6	2	13	21	24
7	1 08	5 43	8 50	23	7	2	13	21	23
8	1 19	5 52	8 54	22	8	2	14	21	22
9	1 28	6 00	8 59	21	9	3	14	21	21
10	1 38	6 07	9 02	20	10	3	15	22	20
11	1 47	6 15	9 05	19	11	4	15	22	19
12	1 58	6 23	9 08	18	12	4	15	22	18
13	2 05	6 29	9 13	17	13	5	15	22	17
14	2 16	6 38	9 15	16	14	5	16	22	16
15	2 26	6 44	9 17	15	15	5	16	22	15
16	2 34	6 52	9 20	14	16	6	16	22	14
17	2 45	6 58	9 22	13	17	6	17	22	13
18	2 55	7 05	9 25	12	18	7	17	23	12
19	3 05	7 12	9 28	11	19	7	17	23	11
20	3 13	7 18	9 29	10	20	7	17	23	10
21	3 23	7 25	9 31	9	21	8	18	23	9
22	3 32	7 32	9 32	8	22	8	18	23	8
23	3 41	7 37	9 34	7	23	9	18	23	7
24	3 50	7 43	9 36	6	24	9	19	23	6
25	3 59	7 50	9 37	5	25	9	19	23	5
26	4 09	7 55	9 37	4	26	10	19	23	4
27	4 18	8 02	9 38	3	27	10	19	23	3
28	4 27	8 08	9 39	2	28	11	19	23	2
29	4 35	8 14	9 40	1	29	11	20	23	1
30	4 45	8 19	9 41	0	30	11	20	23	0
	V. Bor.	IV. Bor.	III. Bor.			V. Bor.	IV. Bor.	III. Bor.	
	XI. auft.	X. auft.	IX. auft.			XI. auft.	X. auft.	IX. auft.	

POUR LA PARALLAXE DE LA LUNE.

Longitude vraie de la Lune, moins la longitude moyenne de l'Apogée.

D.	O^r. M. S.	I. M. S.	II. M. S.	III. M. S.	IV. M. S.	V. M. S.	D.
0	54 4	54 24	55 23	56 52	58 31	59 50	30
1	54 4	54 26	55 26	56 55	58 34	59 52	29
2	54 4	54 27	55 28	56 59	58 37	59 54	28
3	54 4	54 29	55 31	57 2	58 40	59 56	27
4	54 4	54 30	55 33	57 6	58 43	59 58	26
5	54 5	54 32	55 36	57 9	58 46	59 59	25
6	54 5	54 33	55 39	57 13	58 49	60 1	24
7	54 5	54 35	55 41	57 16	58 52	60 2	23
8	54 5	54 36	55 44	57 19	58 55	60 4	22
9	54 6	54 38	55 47	57 23	58 58	60 5	21
10	54 6	54 40	55 50	57 26	59 1	60 7	20
11	54 6	54 42	55 53	57 29	59 4	60 8	19
12	54 7	54 43	55 56	57 32	59 7	60 9	18
13	54 7	54 45	55 59	57 36	59 10	60 10	17
14	54 8	54 47	56 2	57 39	59 12	60 11	16
15	54 9	54 49	56 5	57 42	59 15	60 12	15
16	54 9	54 51	56 8	57 45	59 17	60 12	14
17	54 10	54 53	56 11	57 49	59 20	60 13	13
18	54 11	54 55	56 14	57 52	59 23	60 14	12
19	54 12	54 57	56 17	57 55	59 25	60 15	11
20	54 13	54 59	56 20	57 58	59 28	60 16	10
21	54 14	55 1	56 23	58 2	59 30	60 16	9
22	54 15	55 3	56 26	58 5	59 33	60 17	8
23	54 16	55 6	56 30	58 8	59 35	60 18	7
24	54 17	55 8	56 33	58 12	59 38	60 19	6
25	54 18	55 11	56 36	58 15	59 40	60 19	5
26	54 19	55 13	56 39	58 18	59 42	60 20	4
27	54 20	55 16	56 43	58 22	59 44	60 20	3
28	54 22	55 18	56 46	58 25	59 46	60 20	2
29	54 23	55 21	56 49	58 28	59 48	60 20	1
30	54 24	55 23	56 52	58 31	59 50	60 20	0
	XI.	X.	IX.	VIII.	VII.	VI.	

CORRECTIONS DE LA PARALLAXE.

I. CORRECTION. — II. CORRECTION.

I. CORRECTION						II. CORRECTION				
ARG XVI. De la longitude.						DOUBL ARG. XI. De la ...				
Otez en descendant.						Ajoutez en descendant.				
0s.	I.	II.				0s.	I.	II.		
Ajoutez en descendant.						Otez en descendant.				
	VI.	VII.	VIII.				VI.	VII.	VIII.	
D.	S.	S.	S.	D.		D.	S.	S.	S.	D.
0	40	35	20	30		0	30	25	15	30
1	40	35	19	29		1	30	25	15	29
2	40	34	19	18		2	30	25	15	28
3	40	34	18	27		3	30	24	14	27
4	40	34	17	26		4	30	24	14	26
5	40	33	17	25		5	30	24	13	25
6	40	33	16	24		6	30	24	13	24
7	40	32	15	23		7	30	24	12	23
8	40	32	15	22		8	30	23	12	22
9	39	31	14	21		9	30	23	11	21
10	39	31	13	20		10	30	23	11	20
11	39	30	13	19		11	29	22	10	19
12	39	30	12	18		12	29	22	10	18
13	39	29	11	17		13	29	21	9	17
14	39	29	11	16		14	29	21	9	16
15	39	28	10	15		15	29	21	8	15
16	38	28	9	14		16	29	20	8	14
17	38	27	9	13		17	28	20	7	13
18	38	27	8	12		18	28	19	6	12
19	38	26	7	11		19	28	19	6	11
20	38	26	7	10		20	28	19	5	10
21	38	25	6	9		21	27	18	5	9
22	37	24	6	8		22	27	18	4	8
23	37	24	5	7		23	27	18	4	7
24	37	23	4	6		24	27	17	3	6
25	37	23	4	5		25	26	17	3	5
26	36	22	3	4		26	26	17	2	4
27	36	21	2	3		27	26	17	1	3
28	36	21	2	2		28	26	16	1	2
29	35	20	1	1		29	26	16	0	1
30	35	20	0	0		30	25	15	0	0
	V.	IV.	III.				V.	IV.	III.	
	Ajoutez en montant.						Otez en montant.			
	XI.	X.	IX.				XI.	X.	IX.	
	Otez en montant.						Ajoutez en montant.			

EXEMPLE

Pour faire ufage de ces Tables.

SOIT propofé de trouver la longitude de la Lune, le 18 Mai 1761 à 10 heures 22 minutes 12 fecondes de de tems moyen au Méridien de Paris.

On ajoutera aux époques le moyen mouvement pour le dernier jour du mois d'Avril, celui qui répond à 18 jours pour le mois de Mai, & celui de 10^h 22′ 12″, de la maniere fuivante.

	Longitude moyenne du Soleil.				Anomalie moyenne du Soleil.				Longitude moyenne de la Lune.				Longitude moyenne de l'Apogée.				Anomalie moyenne de la Lune.				Nœud afcendant rétrograde.			
	Sig.	D.	M.	S.	Sig.	D.	M.	S.	Sig.	D.	M.	S.	Sig.	D.	M.	S.	Sig.	D.	M.	S.	Sig.	D.	M.	S.
1761.	09	10	20	07	06	01	32	39	07	01	01	57	08	18	37	10	10	12	24	47	02	07	38	33
Avril.	3	28	16	39	3	28	16	18	4	21	10	03	00	13	22	09	4	07	47	54	00	06	21	17
18 jour.		17	44	30		17	44	27	7	27	10	30		2	00	19	7	25	10	11			57	11
10 heur.			24	38			24	38	5	29	24				2	47	5	26	37				1	19
22 min.				54				54		12	05					6		11	57					3
12 fec.				1				1			7					c			7					0
																					00	07	19	50
	01	26	46	49	10	17	58	57	07	25	04	06	09	04	02	31	10	21	01	33	02	00	18	43

Le nœud étant rétrograde, il faut, pour avoir fa longitude moyenne 2^s. 0^d. 18′ 43″, fouftraire de l'époque 2^s. 7^d. 38′ 33″ la fomme 7^d 19′ 50″ des moyens mouvemens qui répondent au mois, au jour du mois, &c.

T t ij

I. Equation. Avec l'Anomalie moyenne du Soleil 10ˢ 17ˢ 58ʹ 57ʺ, on trouvera l'équation — 7ʹ 34ʺ.

II. Equation. De la Longitude moyenne du Soleil, si on retranche celle de l'Apogée de la Lune, on a 4ˢ 22ˢ 44ʹ 17ʺ, distance moyenne du Soleil à l'apogée moyen de la Lune, ou l'Argument II, avec lequel on trouve cette équation + 2ʹ 22ʺ 20‴.

III. Equation. De la Longitude moyenne du Soleil, ôtant celle du Nœud, on a 11ˢ 26° 28ʹ 05ʺ, distance moyenne du Soleil au lieu moyen du Nœud, ou l'Argument III, avec lequel on trouve cette équation + 8ʺ.

IV. Equation. L'Argument IV. 9ˢ 09° 00ʹ 28ʺ, est la somme de l'Anomalie moyenne de la Lune & de celle du Soleil. Il sert à trouver cette équation + 1ʹ 36ʺ.

V. Equation. De l'Anomalie moyenne de la Lune, ôtant celle du Soleil, il vient pour l'Argument V, 00ˢ 03° 02ʹ 36ʺ, avec lequel on trouve cette équation + 7ʺ.

VI. Equation. De la Longitude moyenne de la Lune, ôtant celle du Soleil, on a 05ˢ 28° 17ʹ 17ʺ, distance moyenne de la Lune au Soleil: on ajoute à cette distance l'Anomalie moyenne du Soleil; ce qui donne 04ˢ 16° 16ʹ 13ʺ, ou l'Argument VI, avec lequel on trouve cette équation — 13ʺ.

VII. Equation. Au double de la distance moyenne de la Lune au Soleil, ajoutant l'Anomalie moyenne du Soleil, la somme est l'Argument VII 10ˢ 14° 33ʹ 30ʺ, avec lequel on trouve cette équation — 16ʺ.

VIII. Equation. Du double de la diſtance moyenne de la Lune au Soleil, ôtant l'Anomalie moyenne du Soleil, la différence eſt l'Argument VIII, 1ˢ 08° 35′ 38″, qui ſert à trouver cette équation — 1′ 21″.

IX. Equation. Au double de la diſtance moyenne de la Lune au Soleil, ajoutant l'Anomalie moyenne de la Lune, la ſomme eſt l'Argument IX. 10ˢ 17° 36′ 6″, qui ſert à trouver cette équation + 2′ 2″.

X. Equation. L'Argument VII, moins l'Anomalie moyenne de la Lune, donne pour l'Arg. X. 11ˢ 23° 31′ 58″, avec lequel on trouve cette équation + 8″.

XI. Equation. L'Argument VIII, moins l'Anomalie moyenne de la Lune, donne pour l'Argument XI. 02ˢ 17° 34′ 06″, avec lequel on trouve cette équation + 3′ 27″ 30‴.

XII. Equation. La diſtance moyenne de la Lune au Nœud égale la longitude moyenne de la Lune, moins celle du Nœud. Or ſi du double de cette diſtance l'on ôte l'Anomalie moyenne de la Lune, la différence eſt l'Argument XII. 0ˢ 28° 29′ 12″, avec lequel on trouve cette équation + 29″ 30‴.

XIII. Equation. L'Argument VII, plus l'Argument XI donne l'Argument XIII. 01ˢ 02° 07′ 36″, qui ſert à trouver cette équation — 38″.

Somme des équations poſitives . . . . . 10′ 19″ 40‴
Somme des équations négatives 10 02

Eqution *A* poſitive 00 17 40

Si la fomme des équations négatives avoit furpaffé la fomme des équations pofitives, l'équation *A* auroit été négative.

XIV. Equation. A l'Anomalie moyenne de la Lune, il faut ajouter l'équation *A* pour avoir l'Argument XIV. 10ˢ 21° 01′ 50″, avec lequel on trouve l'équation du centre de 3° 45′ 41″ pofitive.

XV. Equation. A la diftance moyenne de la Lune au Soleil, il faut ajouter l'équation *A*. Cela donne l'Arg. XV. 5ˢ 28° 17′ 35″, qui fert à trouver la variation de − 2′ 33″.

XVI. Equation. Du double de l'Argument XV, ôtant l'Anomalie moyenne de la Lune, on a l'Argument XVI. 1ˢ 05° 33′ 36″, qui fait trouver la derniere équation de 44′ 25″.

Equation du centre pofitive . . .	3° 45′ 41″ 0‴
Equation *A*	17 40
Somme des équations pofitives . . .	3 45 58 40
Equation de la variation négative . . .	2′ 33″
XVI. Equation auffi négative	44 25
Somme des équations négatives . . .	46 58

La fomme des équations pofitives eft plus grande que celle des négatives : ainfi leur différence doit être ajoutée à la longitude moyenne de la Lune, pour avoir la longitude vraie de cet Aftre dans fon orbite.

Longitude moyenne de la Lune . . .	7ˢ 25° 04′ 06″
Equation additive	2 59 01
Long. vraie de la Lune dans fon orbite	7 28 03 07

Réduction à l'Ecliptique. De la longitude vraie de la Lune, ôtant la longitude moyenne du Nœud, il vient 5ˢ 27ᵈ 44′ 16″. Avec cet Argument on trouvera la réduction de + 33″. Ainſi la longitude vraie de la Lune réduite à l'Ecliptique, & comptée de l'Equinoxe, ſera de 7ˢ 28° 03′ 40″, dont il faudra retrancher 15″ à cauſe de l'équation de la *préceſſion* en longitude.

Correction du Nœud. L'Anomalie moyenne du Soleil donnera pour l'équation du nœud — 5′ 53″; la longitude du nœud corrigée ſera donc de 02ˢ 00° 12′ 50″.

Latitude. I. Equation. Si de la longitude vraie de la Lune dans ſon orbite, on ôte la longitude du nœud corrigée, on aura l'Argument premier de la latitude de 5ˢ 27° 50′ 17″. Avec cet Argument on trouve la latitude de 11′ 37″ boréale.

II. Equation. Retranchant la diſtance moyenne du Soleil au lieu moyen du Nœud, de la diſtance moyenne de la Lune au Soleil, & y ajoutant la derniere équation du lieu de la Lune, on a le ſecond Argument de la latitude de 6ˢ 01° 04′ 47″. Cet Argument fait trouver une ſeconde latitude de 10″ auſtrale.

III. Equation. Otant du double de l'Argument XIV, l'Argument I. de la latitude, il vient un troiſiéme Argument qui ſert à trouver une troiſiéme latitude de 22″ boréale.

La latitude vraie de la Lune ſera donc boréale, & de 11′ 49″.

Parallaxe. La longitude vraie de la Lune, moins la

longitude moyenne de l'Apogée, nous fera trouver pour la parallaxe 54′ 33″.

I. Correction. L'Argument XV. de la longitude donne pour cette premiere correction — 40″.

II. Correction. Le double de l'Argument XIV de la longitude, fait trouver pour cette feconde correction + 30″.

Ainfi la vraie Parallaxe de la Lune fe trouve être de 54′ 23″.

Si on s'en rapporte aux calculs faits dans la *Connoif-fance des Tems* fur les Tables de M. Mayer, on aura,

La longitude vraie fur l'orbite de ... 7ˢ 28° 04′ 16″

La longit. vraie réd. à l'Ecliptique de 7 28 04 46

La latitude vraie boréale de 10 37

La Parallaxe de .... 54′ 40″

Fin des nouvelles Tables de la Lune.

QUINZIÉME

QUINZIÉME MÉMOIRE.

De la Libration de la Lune.

I.

LA figure non circulaire de l'orbite de la Lune, & l'irrégularité du mouvement de la Lune dans cette orbite, ne font pas les feules caufes de la libration que l'on obferve dans cette Planète. Cette libration vient auffi en partie de deux autres caufes; 1°. de ce que l'axe de la Lune n'eft pas perpendiculaire à l'orbite de cette Planète; 2°. de ce que les nœuds de cette orbite, & probablement l'axe même de la Lune, ont un mouvement de rotation autour des pôles de l'Ecliptique.

I I.

Le mouvement des nœuds de l'orbite lunaire eft conftaté par les obfervations & par la théorie, & on en connoît affez éxactement la valeur. A l'égard du mouvement de l'axe lunaire, ni la théorie, ni les obfervations ne nous ont encore prefque rien appris à ce fujet. Cependant fi la Lune, comme on n'en fauroit douter,

tourne autour de fon axe, il s'enfuit qu'elle doit être
un fphéroïde applati, & dès-là il eft démontré par la
théorie de la préceffion des équinoxes, que cet axe ne
fauroit demeurer éxactement parallèle à lui-même.

I I I.

Ce n'eft pas tout ; la Lune nous préfentant toujours
à-peu-près la même face, il eft vifible que l'action de
la Terre doit allonger cette Planète dans le fens de la
ligne qui joint la Lune & la Terre ; or comme l'axe de
la Lune fait un angle de près de 90 degrés avec l'Ecliptique, la ligne qui joint les centres de la Terre & de
la Lune, eft à-peu-près dans le plan de l'équateur de
cette derniere Planète. L'équateur de la Lune doit donc
être allongé dans le fens du diametre qui va de la Lune
à la Terre, & par conféquent avoir la figure d'une Ellipfe, dont le grand axe foit à peu-près dans la direction
de la Lune à la Terre. D'un autre côté la rotation de
la Lune autour de fon axe, doit renfler l'équateur, &
rendre les méridiens des Ellipfes ; ainfi dans la Lune les
méridiens, l'équateur & les parallèles doivent être des
Ellipfes.

I V.

J'ai donné dans les Mémoires de l'Académie des
Sciences de 1754, une méthode pour trouver les mouvemens de l'axe dans de pareils fphéroïdes. Voici le
réfultat de cette méthode, qu'il eft néceffaire de rap-

peller ici. Suppofons qu'on faffe paffer un méridien par
l'axe de la Planète, & par un des deux axes de l'équateur, n'importe lequel; foit le demi axe de la Planète
(celui qui eft commun à tous les méridiens) $= 1$, &
un des demi-axes de l'équateur $1 + \alpha$, α étant pofitif
ou négatif; foit auffi l'autre demi axe de l'équateur $1 + \alpha$
$+ \rho$, ρ étant auffi pofitif ou négatif; les phénomenes
de la préceffion des équinoxes feront les mêmes que fi
l'équateur étoit circulaire, & que fon demi diametre fût

$$1 + \alpha + \frac{\rho}{2},$$ le demi axe de la Planète étant toujours

fuppofé égal à l'unité.

V.

Si on avoit fait paffer le méridien par les demi axes 1,
& $1 + \alpha + \rho$, l'autre demi axe $1 + \alpha$ auroit été $1 + \alpha$
$+ \rho - \rho$; & le demi diametre de l'équateur, fuppofé
circulaire, auroit été, fuivant la Propofition précédente,

$$1 + \alpha + \rho - \frac{\rho}{2} = 1 + \alpha + \frac{\rho}{2},$$ comme ci-deffus;

ce qui prouve ce que nous difions il n'y a qu'un moment, qu'il n'importe par lequel des deux axes de l'équateur on faffe paffer le méridien fuppofé, & que le réfultat fera toujours le même.

V I.

Or en fuppofant la Lune homogene (car c'eft la feule
fuppofition que nous puiffions faire ici) & en regardant

d'abord l'équateur comme circulaire, foit la maffe de la Terre . . . . θ,

Celle de la Lune . . . . λ,

Le tems de la révolution de la Terre autour de fon axe . . . . t,

Le tems de la révolution de la Lune autour de fon axe . . . . t',

Le rayon de la Terre . . . . r,

Celui de la Lune . . . . r',

Et on aura, comme il eft aifé de conclure de la feconde Partie de nos *Recherches fur le Syftéme du Monde*, art. 346;

$$\alpha = \frac{\theta \ r'^3 \ t^2}{230 \ \lambda \ r^3 \ t'^2} \ ;$$

quantité dans laquelle le rapport $\frac{\theta}{\lambda}$ de la maffe de la Terre à celle de la Lune $=$ à-peu-près 75, $\frac{r'}{r} =$ $\frac{100}{365}$, & $\frac{t}{t'} = \frac{23^h \cdot 56'}{27^j \cdot 7^h \cdot 43'}$; ce qui donne,

$$\alpha = \frac{1}{111936, 6720} .$$

V I I.

Faifons préfentement abftraction de la rotation de la Lune; & n'ayons égard qu'à l'action de la Terre, qui doit allonger cette Planète dans le fens de fon équateur: foit φ la quantité dont le demi axe de l'équateur de la Lune, qui eft à-peu-près dans la même ligne que le centre de la Terre, furpaffe l'autre demi axe ; & on aura par les formules que j'ai données dans mes *Recherches sur la Cause des Vents* (art. 31.), en nommant δ la distance de la Terre à la Lune,

$$p = \frac{3 \, \theta \, r'^3}{2 \, \lambda \, \delta^3} \times \frac{5}{2}.$$

Et par conséquent,

$$\frac{\varrho}{2} = \frac{15 \, \theta \, r'^3}{8 \, \lambda \, \delta^3};$$

Donc supposant $\delta =$ 60 fois le rayon de la Terre, on trouvera $\dfrac{\varrho}{2} = \dfrac{1}{74691, 2640}.$

V I I I.

Maintenant, puisque α est la quantité dont le Globe de la Lune seroit applati par la rotation, & p celle dont il seroit allongé par l'action de la Terre; il s'ensuit, comme il a été démontré dans les *Recherches sur la Cause des Vents*, art. 62, que ces deux causes conjointes produiront sensiblement le même effet sur le sphéroïde lunaire; ensorte que le demi axe étant supposé $= 1$, le demi axe de l'équateur lunaire qui passe par le centre de la Terre, sera à-très-peu-près $1 + \alpha + p$, & l'autre demi axe, distant de celui-là de 90 degrés, sera $1 + \alpha$.

I X.

Donc en regardant la Lune comme homogene, le mouvement de son axe autour des poles de l'Ecliptique sera le même que si le demi axe étant $= 1$, l'équateur

Cette circulaire, & avoit pour rayon $1 + a + \dfrac{a^2}{2} =$

$$1 + \frac{1}{11536,6723} + \frac{1}{74691,2640} = 1 + \frac{1}{41666,1634}$$

Voyons ce qui résulte de cette supposition.

X.

Nous nous rappellerons d'abord, que suivant l'art. 345 de la seconde Partie des *Recherches sur le Systéme du Monde*, si on fait

l'angle de l'axe de la Lune avec l'Ecliptique $= \pi$;

$1 + 6 = 178\frac{1}{4} = 179$ à-très-peu-près ;

$$k = -\frac{27^{i}.7^{h}.43^{i}}{365^{i}.6^{h}.9^{i}} \; ;$$

le mouvement rétrograde des points équinoxiaux lunaires pendant une année solaire, sera

$$\frac{1}{2}\left(a + \frac{6}{2}\right) \times \frac{2+6}{-k} \times 360° \times \sin. \pi.$$

Et comme l'angle de l'axe de la Lune avec l'Ecliptique est de près de 90 legrés, si on regarde sin. π comme $= 1$, on aura le mouvement rétrograde cherché égal à

$$\frac{1}{2}\left(a + \frac{6}{2}\right) \times \frac{2+6}{-k} \times 360° = \text{environ } 11'8''$$

dans le cours d'une année solaire.

X I.

Dans le cours d'un mois périodique lunaire, qui n'est que de $27^{i}7^{h}43'$, il faudra, pour avoir la précession des points équinoxiaux lunaires, multiplier la quantité pré-

cédente par $\dfrac{2^r \cdot 7^h \cdot 43'}{3^j \cdot 6^h \cdot 9'}$; ce qui donnera la précession
pendant un mois lunaire, égale à 50″, précisément
comme celle qu'on obferve dans les points équinoxiaux
de la Terre pendant le tems d'une révolution de cette
Planète.

Ainfi, en fuppofant la Lune homogene, fes points
équinoxiaux rétrograderoient pendant le tems d'une
révolution de la Lune autour de la Terre, précifément
de la même quantité que les points équinoxiaux de la
Terre rétrogradent pendant le tems d'une révolution
de la Terre autour du Soleil. Propofition qui m'a paru
digne d'être remarquée; quoique je ne prétende d'ailleurs en tirer aucune conféquence. Car outre que nous
ignorons fi la Lune eft homogene, & fi par conféquent
la préceffion de fes points équinoxiaux eft réellement
de 50″ dans l'efpace d'un mois périodique, il eft certain
que fi la Terre étoit homogene, la préceffion annuelle
de fes points équinoxiaux, feroit de beaucoup plus de
50″; en effet par l'action feule du Soleil, cette préceffion feroit d'environ 21″ 13‴, & la préceffion par l'ac-
tion feule de la Lune feroit environ $21'' \, 13''' \times \left(\frac{179}{75}\right)$
$= 21'' \, 13''' \times \left(2 + \frac{29}{75}\right) = 21'' \, 13''' \times \left(2 + \frac{2}{5}\right)$ à-
très-peu-près. Ainfi la préceffion totale des points équi-
noxiaux de la Terre feroit d'environ 1′ 12″, fi la Terre
étoit homogene (*a*).

(*a*) Dans nos *Recherches fur le Syftême du Monde*, feconde Partie art. 374
à la fin, nous avons remarqué une autre analogie finguliere entre la rotation

XII.

Outre cette préceffion, l'axe de la Lune aura un mouvement de nutation répondant au mouvement des nœuds
de la Lune, & qui s'achevera dans le même tems ; &
fi on appelle m' la tangente de l'inclinaifon de l'orbite
lunaire au plan de l'Ecliptique, n' le rapport du mouvement annuel des nœuds de la Lune à l'arc de 360°,
on trouvera (art. 345 des *Recherches fur le Syftême du
Monde, feconde Partie*) 1°. que la nutation de l'axe fera

$$\frac{1}{2} \left(\alpha + \frac{e}{2} \right) \times \frac{1 + e}{- k} \times \frac{\text{fin. } \pi \times m'}{n' - M}, \; M \text{ étant}$$

$$= \frac{11' \, 8''}{360°} \text{ ; c'eft-à-dire, égal au rapport du mouve-}$$

ment annuel des points équinoxiaux lunaires à l'arc de
360 degrés.

2°. Que l'équation de la préceffion fera $\frac{1}{2} \left(\alpha + \frac{e}{2} \right)$

$$\times \frac{1 + e}{- k} \times \frac{m'}{n' - M} \times \frac{\text{cof. } 2 \pi}{\text{cof. } \pi} \times 57° \, 17' \, 44''.$$

XIII.

Or comme les nœuds de la Lune parcourent environ
19° 21' par an, on aura $n' = \dfrac{19° \, 21'}{360°} = $ environ $\dfrac{29}{540}$;
& il eft clair que cette fraction étant confidérablement
plus grande que $M = \dfrac{11' \, 8''}{360°}$, on peut dans la formule

---

de la Terre & celle de la Lune, fuppofées toutes deux homogènes. Nous
y renvoyons le Lecteur.

précédente mettre fimplement n' au lieu de $n' - M$; de plus la tangente m' de l'inclinaifon de l'orbite lunaire $=$ tang. $5° 9' = \frac{901273}{10000000}$. Donc en fuppofant fin. $\pi =$ au finus total $= 57° 17' 44''$, on trouvera (à caufe de $1 + 6 = 179$) la nutation de l'axe de la Lune $= 2' 48''$ environ.

X I V.

A l'égard de l'équation de la préceffion, comme π eft à-peu-près 90 degrés, cof. 2π fera à-peu-près $=$ au finus total; mais pour cof. π nous prendrons le cofinus de 88 degrés, l'angle de l'axe lunaire avec l'Ecliptique étant à-peu-près de cette quantité, fuivant les obferva-tions de M. Caffini. Donc on aura cof. $\pi = \frac{348995}{10000000}$; & pour avoir l'équation de la préceffion, il faudra mul-tiplier la quantité de la nutation, trouvée dans l'article précédent, par $\frac{1}{\text{cof. } \pi}$, ou $\frac{10000000}{348995}$; ce qui donnera pour cette équation, $1° 20' 13''$.

X V.

Donc, en récapitulant tout ce qui vient d'être trouvé, on voit que fi la Lune eft fuppofée homogene,

Ses points équinoxiaux rétrograderont pendant une année folaire d'environ . . . . $11' 8''$,

Et pendant un mois périodique lunaire, d'environ $50''$.

Que de plus le mouvement des points équinoxiaux

sera sujet à une équation d'environ 1° 20', tantôt additive, & tantôt souftractive, pendant le tems d'une révolution des nœuds de la Lune, c'eft-à-dire, en dix-huit ans & sept mois.

Qu'enfin pendant ce même-tems de dix-huit ans & sept mois, l'axe de la Lune fera sujet à une nutation d'environ 2' 48", tantôt pour s'approcher, tantôt pour s'éloigner de l'Ecliptique ; & par conféquent à une nutation totale d'environ deux fois 2' 48", c'eft-à-dire, de 5' 36".

X V I.

Tels font les phénomenes de la nutation de l'axe de la Lune & de la préceffion des points équinoxiaux de la Lune, dans l'hypothèfe que cette Planète foit homogène. Mais comme cette fuppof. .on eft abfolument gratuite, les conféquences qui en réfultent par rapport au mouvement de l'axe Lunaire, le font auffi. Cependant j'ai cru que les Mathématiciens verroient avec plaifir cet effai fur les mouvemens de l'axe de la Lune, dans l'hypothèfe la plus fimple que l'on puiffe faire à ce fujet, & par laquelle on peut au moins donner quelque idée de ces mouvemens.

X V I I.

Pour déterminer par la théorie les loix du mouvement de l'axe lunaire, il faudroit connoître par obfervation ; 1°. le rapport de cet axe aux deux axes de l'équateur ; 2°. le rapport des deux axes de l'équateur ; 3°. la difpofition intérieure des parties qui compofent la maffe de la Lune; car la variété de cette difpofition doit faire varier les mouvemens de l'axe, comme il eft aifé de le conclure des formules que nous avons données fur cela dans les Mém. de l'Académie de 1754, p. 421.

Or quant à ce dernier article, aucune obfervation, ni aucune théorie ne peuvent nous le faire connoître. Quant au fecond, comme un des axes de l'équateur lunaire eft à-peu-près dans la ligne qui joint la Lune & la Terre, il n'eft pas poffible non plus de connoître cet axe par l'obfervation, ni par conféquent le rapport des axes de l'équateur lunaire. Quant au troifiéme, la différence de l'axe de la Lune & de celui des axes de l'équateur que nous pouvons voir & mefurer, eft fi petite qu'elle échappe à une mefure éxaˆcte. M. Mayer laiffant à part le diametre de la Lune qui paffe par la Terre, & qu'on ne fauroit mefurer, a obfervé la différence des deux diametres vifibles; il l'a trouvée tantôt en plus, tantôt en moins, & raffemblant enfuite les différences par une efpéce de milieu, il juge que l'axe de la Lune eft plus petit d'environ 2″ à 3″, que le diametre vifible de l'équateur lunaire. Mais cet habile Aftronome ne diffimule pas lui-même combien ces déterminations font peu certaines.

XVIII.

Au refte il n'eft pas étonnant, vˆu la lenteur du mouvement de rotation de la Lune, que la différence de

ſes deux diametres viſibles ſoit ſi petite ; la théorie hy-
pothétique que nous avons expoſée ci-deſſus, ne donne
pour la différence de ces deux diametres qu'environ
$\frac{1}{113000}$, ce qui eſt fort au-deſſous de 1" ; car le diametre de la Lune étant ſuppoſé d'environ 34', une
feconde de différence dans les deux diametres donneroit $\frac{1}{2040}$ pour cette différence, quantité fort au-deſſus
de $\frac{1}{112000}$ que nous a donné la théorie. Et quand même
la différence des deux diametres de la Lune feroit de
$\frac{1}{2040}$, il feroit très-difficile, fuivant la remarque de
M. Mayer, de s'en aſſurer ; puiſque les erreurs qu'on
peut commettre dans l'obſervation des diametres de la
Lune, font de 1" au moins, & par conſéquent au moins
égales à la fraction $\frac{1}{2040}$.

X I X.

Il réſulte de tout ce qu'on vient de dire, qu'on ne
peut connoître par la théorie le mouvement de l'axe
de la Lune, faute d'élémens ſuffiſans pour le déterminer.
Ce ne peut donc être que par les obſervations, qu'on
peut eſpérer d'y parvenir. M. Mayer a publié ſur ce
ſujet un ſavant Ecrit dans les Ephémérides de Nurem-
berg ; & un habile Géometre Italien ayant cherché une

méthode (*a*) pour trouver la pofition de l'axe de la Lune par trois obfervations d'une tache, trouve, d'après les obfervations de M. Mayer, que la pofition de l'axe de la Lune eft variable, que fon inclinaifon eft, fuivant les circonftances, de 2° 8′, de 1° 22″, de 1° 38″; d'où il conclud que l'inclinaifon moyenne eft de 1° 43′; ce qui eft fort différent de l'inclinaifon fixée par M. Caffini à deux degrés $\frac{1}{2}$. Il trouve auffi que par une des obfervations, le nœud de l'équateur lunaire, fon point d'interfection avec l'Ecliptique, eft de 12° plus oriental que le nœud de l'orbite lunaire; dans une feconde obfervation il le trouve de 4° plus oriental; & enfin dans une troifiéme de 21°. plus occidental; d'où il conclud que les nœuds de l'équateur lunaire ont un mouvement rétrograde beaucoup plus prompt que les nœuds de l'orbite de la Lune; ce qui fuffiroit pour renverfer, s'il étoit néceffaire, la prétention de quelques Aftronomes, qui ont fuppofé, fans aucune preuve tirée des obfervations ni de la théorie, que les nœuds de l'équateur lunaire, & ceux de l'orbite lunaire, ont le même mouvement. Au refte le Géometre dont nous venons de parler, convient que toutes les déterminations précédentes font affez incertaines, parce qu'une légere erreur dans les obfervations, en produit une fort grande dans le réfultat

---

(*a*) Cette méthode que M. Delifle a bien voulu me communiquer, ainfi que la traduction françoife de l'Ouvrage de M. Mayer, n'eft, je crois, encore que manufcrite; je ne la donne point ici, afin de laiffer à l'Auteur l'avantage de la publier lui-même, s'il le juge à propos.

qu'on cherche. Ce n'eſt donc que par des obſervations multipliées & réitérées, qu'on pourra parvenir à quelques connoiſſances certaines ſur les vrais mouvemens de l'axe de la Lune.

X X.

Il eſt d'autant plus néceſſaire de connoître éxactement ces mouvemens, que c'eſt le ſeul moyen de décider ſi la rotation de la Lune autour de ſon axe eſt éxactement égale à ſon mouvement moyen autour de la Terre. En effet nous avons déja fait voir dans nos *Recherches ſur le Syſlême du Monde*, II. Partie art. 374, que ſi l'axe de la Lune n'eſt pas ſuppoſé toujours parallèle à lui-même, l'égalité prétendue entre le mouvement de rotation de la Lune, & ſon mouvement moyen autour de la Terre, n'eſt pas rigoureuſement vraie; ce qui ne doit pas paroître ſurprenant; car le mouvement conique de l'axe autour du centre, produit dans le reſte du globe une ſorte de rotation qui doit ſe combiner avec la rotation autour de ce même axe, & d'où il réſulte une ſeule & unique rotation qui ſe fait à chaque inſtant autour d'un axe mobile & variable, & qui elle-même n'eſt pas uniforme.

X X I.

Avant que de finir ce Mémoire, je ferai quelques obſervations ſur la ſolution du Problême de la préceſſion des Equinoxes, dans l'hypothèſe des Méridiens ſemblables ou diffemblables entr'eux. Nous avons trouvé dans les Mémoires de l'Académie de 1754, $dP = -d\varepsilon$ fin. $\pi + k\,d\chi$, dP exprimant le mouvement de rotation du fphéroïde, $d\varepsilon$ le mouvement de rotation de l'axe projetté fur le plan de l'Ecliptique, π l'angle de l'axe avec l'Ecliptique, & $k\,d\chi$ une conftante. Or il eft aifé de voir que tandis que la projection de l'axe parcourt l'angle $d\varepsilon$, le point de l'équateur qui fe trouve dans le plan paffant par l'axe, & perpendiculaire à l'Ecliptique, décrit dans le plan même de l'équateur un angle $= + d\varepsilon$ fin. π; & cela en vertu du feul mouvement de l'axe, tel que nous l'avons fuppofé dans la folution de ce Problême, & dans le fecond Mémoire imprimé au *Tome I.* de ces Opufcules. Donc combinant ce mouvement $+ d\varepsilon$ fin. π avec le mouvement dP, il en réfulte que le point de l'équateur dont il s'agit, décrit réellement un angle $= + d\varepsilon$ fin. $\pi - d\varepsilon$ fin. $\pi + k\,d\chi$, c'eft-à-dire, un angle conftant $k\,d\chi$. D'où il s'enfuit que fi au lieu de fuppofer mobile avec l'axe, comme nous l'avons fait, le rayon de l'équateur qui eft perpendiculaire à la commune fection de l'équateur & de l'Ecliptique, on fuppofe d'abord ce rayon immobile à cet égard pendant l'inftant $d\varepsilon$, & qu'on appelle dP le mouvement de rotation que cet axe auroit enfuite dans le plan de l'équateur, on trouveroit alors fimplement $dP = k\,d\chi$, ou $ddP = o$; ce qui pourroit rendre les équations plus fimples, au moins à certains égards. C'eft une vûe que nous propofons à ceux qui voudront dans la suite résoudre par une méthode semblable à la nôtre, le Problême de la précession des Equinoxes ; & même celui qui est résolu dans le second Mémoire de ces Opuscules, *Tome I.* Peut-être pourrai-je moi-même revenir sur cette matiere dans quelqu'autre occasion, si je ne suis là-dessus prévenu par personne.

XXII.

Une autre remarque que je ne dois pas omettre, c'est que la solution du Problême de la précession des Equinoxes, dans l'hypothèse des Méridiens dissemblables, cesseroit d'être éxacte, & peut-être possible, si k n'étoit pas un nombre assez grand par rapport à l'unité. Car, comme je l'ai remarqué, p. 418 des Mémoires de l'Académie de 1754, cette solution demande que l'on puisse négliger dans l'intégration les termes qui contiendroient sin. kz, ou cos. kz ; & pour cela il faut que la quantité kk qui se trouve au dénominateur de ces termes après la double intégration, soit beaucoup plus grande que l'unité. Or cela arrive en effet ; 1°. dans le mouvement de rotation de la Terre, où k est $= 366\frac{1}{4}$; 2°. dans celui de la Lune, où $k = 13\frac{1}{2}$ à-peu-près, & où $kk =$ environ 180. Mais si k étoit, par exemple, $= 1$, c'est-à-dire, si le tems de la rotation de la Lune autour de son axe étoit de $365^j\frac{1}{4}$, alors la solution ne pourroit plus être admise.

Fin du Tome second.

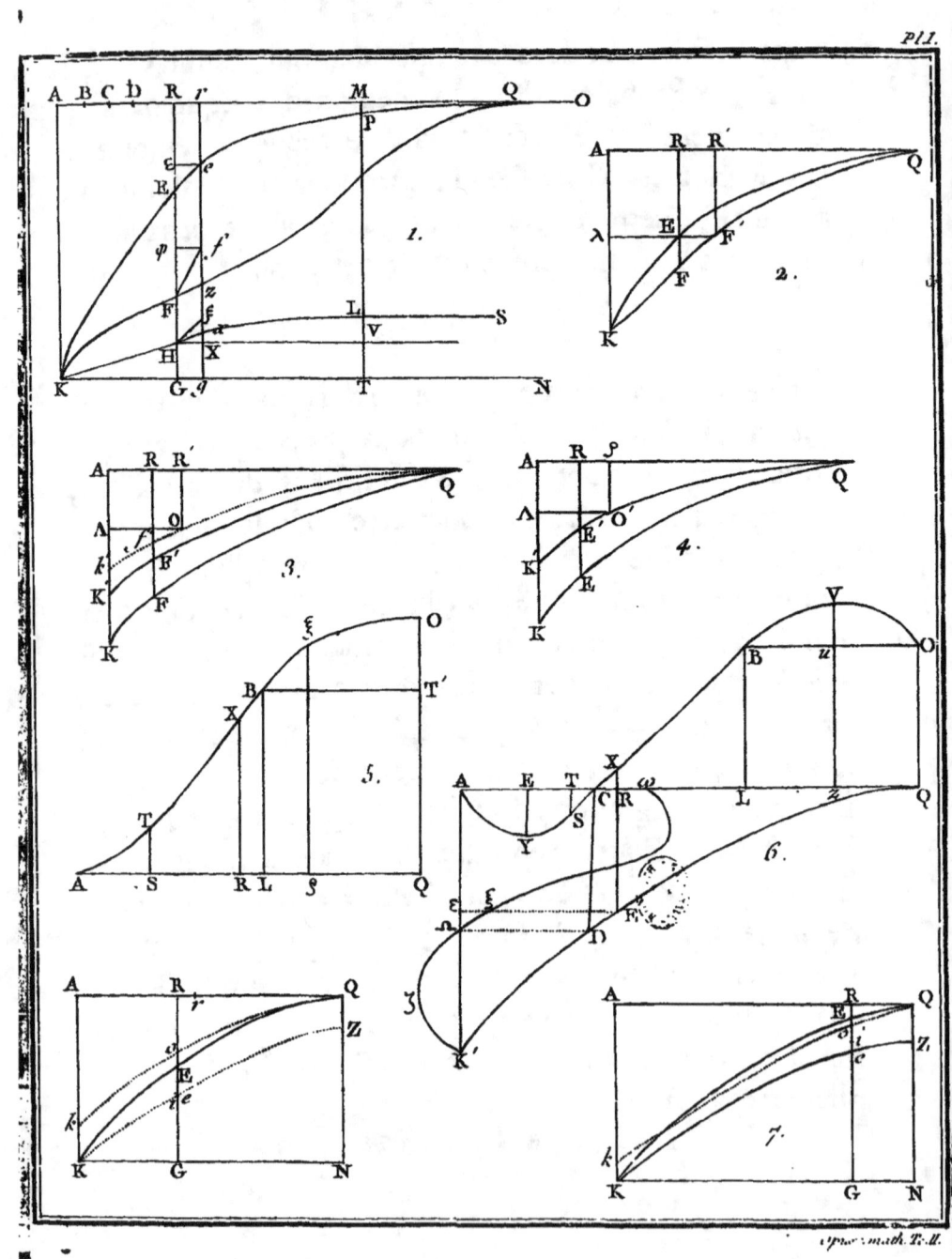

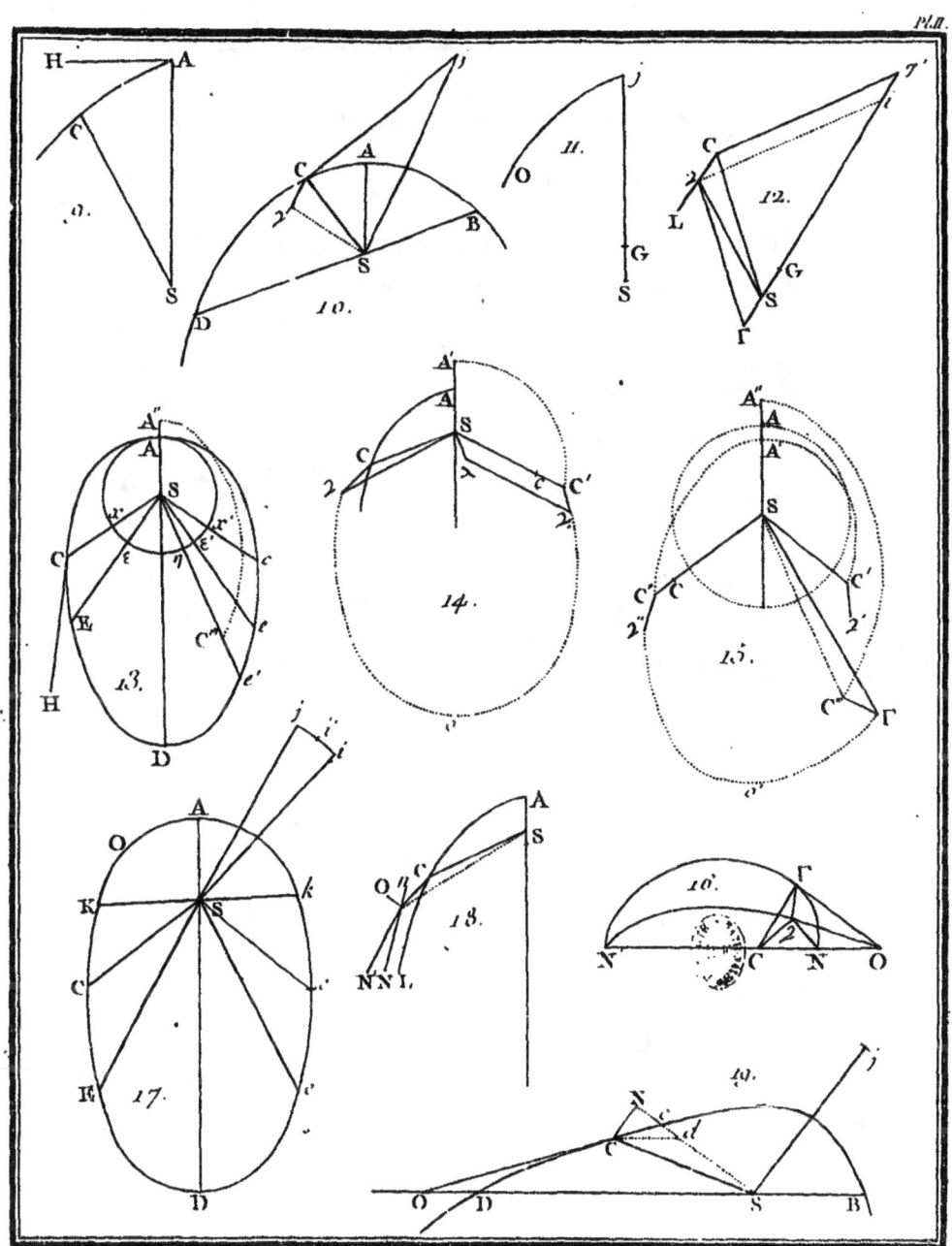

FAUTES À CORRIGER.

Dans ce fecond Tome.

PAge 80, lig. 8, *au lieu de* plus grand, *lifez* plus petit; & lig. 9, *au lieu de* plus petit, *lifez* plus grand.

Page 110, lig. 19. *au lieu de* nous y avions, *lifez* nous avions.

Page 125, lig. 6, *au lieu de* $- Q X$, lifez $+ Q X$; & *au lieu de* $+ \int X \, d \, Q$, lifez $- \int X \, d \, Q$.

Page 160, lig. 3, *au lieu de* $4''$, *lifez* $44''$.

Page 166, lig. 8, *au lieu de* cof. $a' = \dfrac{- 1000000 + \delta}{\delta - a}$, *lifez*

cof. $a' = \dfrac{\theta}{1000000} - \varrho$.

Page 175, lig. 10, *au lieu de* Y, lifez Y''.

Page 246, lig. 15, *après* $\dfrac{u}{\text{cof. } \zeta}$ *mettez* une virgule.

EXTRAIT DES REGISTRES

DE L'ACADÉMIE ROYALE DES SCIENCES,

Du 17 Juin 1761.

MEssieurs LE MONNIER & BEZOUT, qui avoient été nommés pour examiner un Ouvrage de M. D'ALEMBERT, intitulé *OPUSCULES MATHÉMATIQUES*, en ayant fait leur rapport, l'Académie a jugé cet Ouvrage digne de l'impreffion ; en foi de quoi j'ai figné le préfent Certificat. A Paris le 17 Juin 1761.

GRANDJEAN DE FOUCHY,
Secrétaire perpétuel de l'Académie Royale des Sciences.

PRIVILEGE DU ROI.

LOUIS, par la grace de Dieu, Roi de France & de Navarre, à nos amés & féaux Conseillers, les Gens tenans nos Cours de Parlement, Maitres des Requêtes ordinaires de notre Hôtel, Grand'Conseil, Prévôt de Paris, Baillifs, Sénéchaux, leurs Lieutenans Civils, & autres nos Justiciers qu'il appartiendra, SALUT. Nos bien amés LES MEMBRES DE L'ACADÉMIE ROYALE DES SCIENCES de notre bonne Ville de Paris, nous ont fait exposer qu'ils auroient besoin de nos Lettres de Privilége pour l'impression de leurs Ouvrages : A CES CAUSES, voulant favorablement traiter les Exposans, nous leur avons permis & permettons par ces Présentes, de faire imprimer, par tel Imprimeur qu'ils voudront choisir, toutes les Recherches ou Observations journalieres, ou Relations annuelles de tout ce qui aura été fait dans les Assemblées de ladite Académie Royale des Sciences, les Ouvrages, Mémoires ou Traités de chacun des Particuliers qui la composent, & généralement tout ce que ladite Académie voudra faire paroitre, après avoir fait examiner lesdits Ouvrages, & jugé qu'ils sont dignes de l'impression, en tels volumes, forme, marge, caracteres, conjointement ou séparément, & autant de fois que bon leur semblera, & de les faire vendre & débiter partout notre Royaume, pendant le tems de vingt années consécutives, à compter du jour de la date des Présentes ; sans toutefois qu'à l'occasion des Ouvrages ci-dessus spécifiés, il puisse en être imprimé d'autres qui ne soient pas de ladite Académie : faisons défenses à toutes sortes de personnes, de quelque qualité & condition qu'elles soient, d'en introduire d'impression étrangere dans aucun lieu de notre obéissance; comme aussi à tous Libraires & Imprimeurs d'imprimer ou faire imprimer, vendre, faire vendre & débiter lesdits Ouvrages, en tout ou en partie, & d'en faire aucunes traductions ou extraits, sous quelque prétexte que ce puisse être, sans la permission expresse & par écrit desdits Exposans, ou de ceux qui auront droit d'eux, à peine de confiscation des Exemplaires contrefaits, de trois mille livres d'amende contre chacun des contrevenans ; dont un tiers à Nous, un tiers à l'Hôtel-Dieu de Paris, & l'autre tiers ausdits Exposans, ou à celui qui aura droit d'eux, & de tous dépens, dommages & intérêts ; à la charge que ces Présentes seront enregistrées tout au long sur le Registre de la Communauté des Libraires & Imprimeurs de Paris, dans trois mois de la date d'icelles ; que l'impression desdits Ouvrages sera faite dans notre Royaume, & non ailleurs, en bon papier & beaux caracteres, conformément aux Réglemens de la Librairie ; qu'avant de les exposer en vente, les Manuscrits ou Imprimés qui auront servi de copie à l'impression desdits Ouvrages, seront remis ès mains de notre très-cher & féal Chevalier le sieur DAGUESSEAU, Chancelier de France, Commandeur de nos Ordres, & qu'il en sera ensuite remis deux Exemplaires dans notre Bibliothéque publique, un en celle de notre.

Château du Louvre, & un en celle de notre-dit très-cher & féal Chevalier le Sieur DAGUESSEAU, Chancelier de France ; le tout à peine de nullité desdites Présentes : du contenu desquelles vous mandons & enjoignons de faire jouir lesdits Exposans & leurs ayans caule, pleinement & paisiblement, sans souffrir qu'il leur soit fait aucun trouble ou empêchement. Voulons que la copie des Présentes, qui sera imprimée tout au long au commence-ment ou à la fin desdits Ouvrages, soit tenue pour dûement signifiée, & qu'aux copies collationnées par l'un de nos amés féaux Conseillers & Se-crétaires, foi soit ajoutée comme à l'Original. Commandons au premier notre Huissier ou Sergent sur ce requis, de faire pour l'exécution d'icelles, tous actes requis & nécessaires, sans demander autre permission, & nonobstant Clameur de Haro, Charte Normande & Lettres à ce contraires; CAR tel est notre plaisir. DONNÉ à Paris le dix-neuviéme jour du mois de Mars, l'an de grace mil sept cens cinquante, & de notre Régne le trente-cinquiéme. Par le Roi en son Conseil. MOL.

Regiftré fur le Regiftre XII. de la Chambre Royale & Syndicale des Libraires & Imprimeurs de Paris, No. 430. fol. 309. conformément au Réglement de 1723, qui fait défenses, article IV, à toutes personnes, de quelque qualité qu'elles soient, autres que les Libraires & Imprimeurs, de vendre, débiter & faire afficher aucuns Livres pour vendre, soit qu'ils s'en disent les Auteurs ou autrement ; à la charge de fournir à la susdite Chambre huit Exemplaires de chacun, prescrits par l'art. CVIII. du même Réglement. A Paris le 5 Juin 1750.

Signé, **LE GRAS**, *Syndic.*

De l'Imprimerie de J. CHARDON.

BIBLIOTHEQUE   NATIONALE

SERVICE DES NOUVEAUX SUPPORTS

58, rue de Richelieu, 75084 PARIS CEDEX 02 Téléphone 266 62 62

Acheve de micrographier le   14 / 11 / 1977

0   1   2   3   4   5   6   7   8   9   10 cm

Défauts constatés sur le document original

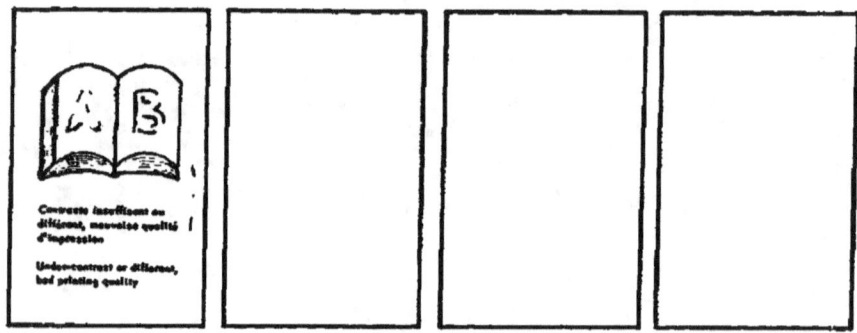

Contraste insuffisant ou
différent, mauvaise qualité
d'impression

Under-contrast or different,
bad printing quality